有问必答

新手学电脑故障排除有问必答

力诚教育 编著

电子科技大学出版社

图书在版编目（CIP）数据

新手学电脑故障排除有问必答/力诚教育编著.—成都：电子科技大学出版社，2008.2
（有问必答）

ISBN 978-7-81114-711-7

I. 新… II.力… III.电子计算机－故障修复－问答 IV.TP306-44

中国版本图书馆 CIP 数据核字（2007）第 204147 号

内 容 提 要

本书是《有问必答》丛书之一，从电脑新手的实际要求出发，针对读者在日常使用电脑的过程中可能会碰到的各种问题以问答的方式进行讲解，并在讲解的过程中穿插了大量对电脑新手有帮助的操作技巧和方法。本书为读者安排了如下内容：电脑故障基础知识、操作系统故障、常用软件故障、网络软件故障、主板常见故障、CPU 和内存常见故障、板卡常见故障、存储器常见故障、显示器常见故障。

本书非常适合于电脑爱好者购买阅读，也可作为大中专院校和各种电脑培训班的教材。对于家庭用户和广大办公人员来说，本书还是一本非常实用的电脑故障排除速查手册。

有 问 必 答

新手学电脑故障排除有问必答

力诚教育　编著

出　　版：电子科技大学出版社（成都市一环路东一段 159 号电子信息产业大厦　邮编：610051）
策划编辑：张蓉莉
责任编辑：唐雅邻　郎志千
主　　页：www.uestcp.com.cn
电子邮箱：uestcp@uestcp.com.cn
发　　行：新华书店经销
印　　刷：四川嘉华印业有限公司
成品尺寸：185mm×230mm　　印张　14.5　　字数　322 千字
版　　次：2008 年 2 月第一版
印　　次：2008 年 2 月第一次印刷
书　　号：ISBN 978-7-81114-711-7
定　　价：26.00 元（含 1 CD）

前言

✸ 最专业的解答专家现场指导

✸ 超丰富的实用内容一学就会

✸ 从此不用再求人，有问题自己就可以全部解决

在科学技术飞速发展的今天，电脑早已代替了人们经常使用的纸和笔，成为人们生活、学习、工作和娱乐的重要组成部分。比如普通人可以使用电脑上网，在足不出户的情况下了解这个大千世界；办公工作人员可以使用电脑编写文件，进行数据处理；老师可以使用电脑制作多媒体课件实现远程教学；而设计师可以使用电脑设计精美的作品……掌握和熟练操作电脑已经成为人们必不可少的技能之一。可是电脑新手在学习过程中常常会遇到一些问题，不知道该怎么办？靠自己老是解决不了，请教他人又不好意思，上培训班又没时间，所以面对电脑经常感到焦头烂额无从下手。本书针对电脑新手学电脑的困惑与难题，组织多位电脑专家策划和编写了这套《有问必答》系列丛书，希望能够帮助电脑新手排除学电脑过程中的障碍，少走弯路，使自己尽快从“电脑新手”一跃而成为电脑专家。

本书共分为 9 章，第 1 章讲解了电脑故障基础知识；第 2 章讲解了操作系统故障；第 3 章讲解了常用软件故障；第 4 章讲解了网络软件故障；第 5 章讲解了主板常见故障；第 6 章讲解了 CPU 和内存常见故障；第 7 章讲解了板卡常见故障；第 8 章讲解了存储器常见故障；第 9 章讲解了显示器常见故障。

本书内容丰富、语言简练、结构新颖，具有实用性、可操作性以及指导性等特点，按照新手学电脑的学习习惯，精心筛选学习过程中容易遇到的问题，从简到繁、由浅入深地进行讲解。读者在操作电脑过程中遇到的问题都可查阅本书寻找答案。本书针对每个问题都给出了具体的解决步骤，真正做到了“有问必答”。

本书特色鲜明，结构安排如下：

操作知识问答

本书涵盖了电脑故障排除各个方面的知识，全面、系统地讲解了读者在操作电脑过程中遇到的极具代表性的问题，对一些比较特殊的问题也稍加提点，这样可以让读者在掌握基本操作时兼顾对实用技巧的把握。

新手上路

对电脑新手遇到的问题详细解答以后，将讲解过的知识运用到解决实际问题上，使读者通过体验实际操作来加深理解，从而更加熟练，不易忘记。

知识加油站

对讲解的知识点进行补充、说明和扩展，通过让读者了解更多有用的知识，更加全面地掌握故障排除操作知识与技巧。

专业提升

结合“入门”知识的讲解，还特地安排了“精通”的专业技能，并辅以详细的操作步骤讲解，实现了从入门到精通的全过程，大大提高了读者的操作水平。

技巧点拨

总结实际操作中的技巧与经验，像电脑高手一样现场指导，为读者提供更多的学习捷径，使电脑新手在起步时少走弯路。

本书配套的是一张精彩的多媒体教学光盘，光盘中包含了本书问答的多媒体教学内容，用声音、图像以及视频的方式将处理电脑故障的各种技巧传授给大家，采用类似于老师授课的方式向读者进行生动演示。多媒体教学光盘是读者处理电脑故障的良师益友，关于光盘的具体内容与使用方法请参见“教学光盘使用说明”。

本书由力诚教育编著，在此对参与本书组稿、编写和排版的人员表示由衷的感谢！由于时间紧迫，本教程难免存在纰漏之处，请读者谅解。你如果有什么意见或者建议，请发送邮件至 Scdzpub@163.com 与我们联系。

教学光盘使用说明

CD–ROM

光盘内容

光盘内容包括：BIOS 的设置、硬盘分区操作、硬盘的格式化、安装 Windows XP、防治电脑病毒等、电脑日常维护。

运行环境

- ❖ 操作系统：Windows 9x/2000/XP/2003/NT/Me。
- ❖ 显示模式：1024×768 以上分辨率、16 位色以上。
- ❖ 光驱：32 倍速以上的 CD-ROM 或 DVD-ROM。
- ❖ 其他：配备声卡、音箱或耳麦。

特别提示：进入案例学习时，如果在你的电脑中出现只有声音而没有视频的现象，请退出程序双击运行光盘根目录下的“TTS_ED”文件，然后再执行“Autorun.exe”启动程序即可。

使用说明

将光盘放入电脑光驱后，电脑屏幕将自动弹出光盘主界面，如右图所示（如果光盘未能自动运行，请用鼠标右键单击光驱所在盘符，选择打开命令，然后双击光盘根目录下的“Autorun.exe”文件）。

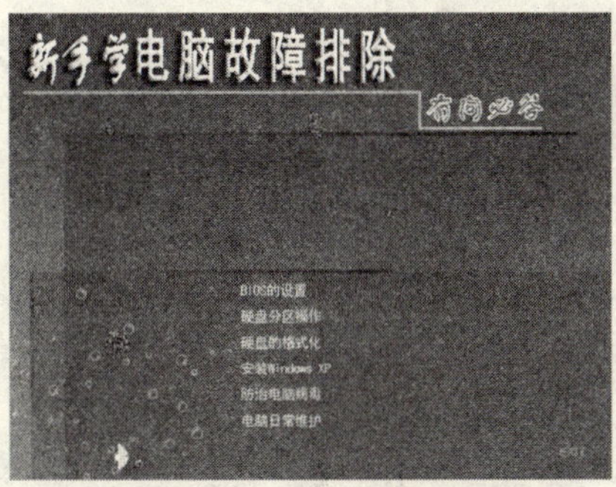

单击光盘主界面上的任一目录按钮，可进入相应的视频演示界面进行互动学习，如右图所示。在视频演示界面中，单击“暂停”按钮可以控制视频的暂停和播放。

目录 Contents

第 1 章 电脑故障基础知识

第 2 章 操作系统故障

第 3 章　常用软件故障

第 4 章　网络软件故障

第5章 主板常见故障

第 7 章 板卡常见故障

第 8 章 存储器常见故障

第 9 章 显示器常见故障

第 1 章　电脑故障基础知识

- 检测电脑故障有哪些常用方法
- 处理电脑故障的一般原则是什么
- 处理电脑故障大致有哪些步骤
- 排除电脑故障需要些什么工具
- 处理电脑故障的注意事项有哪些
- 电脑“死机”的软件原因有哪些
- 怎样及时安装系统安全补丁
- 怎样安装杀毒软件及防火墙

1.1 硬件故障

硬件故障包括板卡、外设等出现电气或机械等物理故障的真故障，也包括受硬件安装、设置或外界因素影响造成系统无法正常工作的假故障。

1 电脑硬件故障怎样分类

电脑硬件故障主要包括以下几个方面：

❖ 电源故障：系统和部件没有供电，或者只有部分供电。

❖ 元器件与芯片故障：元器件与芯片失效、松动、接触不良、脱落，或者因温度过热而不正常工作。

❖ 跳线与开关故障：系统与各部件上及印制板上的跳线连接脱落、错误连接、开关设置错误，构成不正常的系统配置。

❖ 连线与接插件故障：电脑外部和电脑内部的各个部件间的连接电缆或者接插头（座）松动，以致脱落，或者错误连接。

❖ 部件工作故障：电脑中的主要部件如显示器、键盘、磁盘驱动器、光驱等硬件产生的故障，造成系统工作不正常。

❖ 系统硬件兼容性故障：涉及各个硬件部件和各种电脑芯片能否相互配合，在工作速度、频率、温度等方面能否具有一致性。

2 检测电脑故障有哪些常用方法

对于电脑故障的检测方法常有以下几种：

1．直接观察法

主要指看、听、闻、摸。

❖ 看：即观察系统板卡的插头、插座是否歪斜，电阻、电容引脚是否相碰，表面是否烧焦，芯片表面是否开裂，主板上的铜箔是否烧断。还要查看是否有异物掉进主板的元器件之间而造成短路，也可以看看板卡上是否有烧焦变色的地方，印刷电路板上的走线是否断裂等。

❖ 听：即监听电源风扇、硬盘电机或寻道机构、显示器、变压器等设备的工作声音是否正常。另外，系统发生短路故障时常常伴随着异常声响。监听可以及时发现一些故障隐患和帮助用户在故障发生时及时采取措施。

❖ 闻：即辨闻主机、板卡中是否有烧焦的味道，便于发现故障和确定短路所在地。

❖ 摸：即用手按压管座的活动芯片，看芯片是否松动或接触不良。另外，在系统运行时用手触摸或靠近 CPU、显示器、硬盘等设备的外壳，根据其温度可以判断设备运行是否正常。用手触摸芯片的表面，如果发烫，则该芯片可能已经损坏。

2．清洁法

对于工作环境太差，或使用时间较长的电脑，首先应该进行清洁。可用毛刷轻轻刷去板卡和外设上的灰尘，如果灰尘已经清扫掉，或无灰尘，再进行下一步的检查。另外，由于板卡上一些插卡或芯片采用插脚形式，震动、灰尘等其他原因，常会造成引脚氧化而导致接触不良。可用橡皮擦先擦去表面的氧化层，重新插接好后开机检查故障是否排出。

3．最小系统法

保留系统能够运行的最小环境。即把其他适配器和输出输入设备从系统扩展槽中临时取掉，再通电观察最小系统能否运行，如果在最小系统内电脑能够正常稳定地运行，则说明故障应该发生在没有加载的部件上或有兼容性问题。

> **提 示**
>
> 最小系统一般指主板上插有 CPU、CPU 风扇、内存和显卡，并连接显示器。

4．插拔法

插拔法是一种比较好的判断电脑故障的方法，其原理是通过插拔板卡后，观察电脑的运行状态来判断故障所在。若拔出除 CPU、内存、显卡外的所有板卡后系统工作仍不正常，则说明故障很可能就在主板、CPU、内存或显卡上。另外，插拔法还可以解决一些芯片、板卡与插槽接触不良所造成的故障。

5．替换法

替换法是指将无故障的相同型号、相同总线方式、相同功能的部件相互交换，根据故障现象的变化情况判断故障所在，这种方法多用于易插拔的维修环境，如内存自检出错。如果替换某部件后故障消失，则表示被替换的部件有问题。

6．比较法

运行两台或多台相同或类似的电脑，根据正常运行的电脑与出现故障的电脑在执行相同操作时的不同表现，可以初步判断故障产生的部位。

7．振动敲击法

用手轻轻敲击机箱的外壳，有可能解决因接触不良或虚焊造成的故障问题。然后进一步检查故障点的位置将故障排除。

8．程序测试法

通过诊断测试卡、诊断测试程序以及其他一些诊断方法来判断电脑故障。这种方法具有快速、准确的好处。

3 处理电脑故障的一般原则是什么

尽管电脑的故障五花八门、千奇百怪，但由于电脑是由一种逻辑部件构成的电子装置，因此，检测和处理电脑故障时应遵循正确的处理原则，不要随心所欲。处理电脑故障时一般要遵循以下几个原则：

1．注意安全

做好安全措施。电脑需要接通电源后才能运行，因此在拆机检修时要记得检查电源是否已经切断。另外，静电的预防与绝缘也很重要，所以要做好安全防范措施，不但保护了自己，同时也保障了电脑部件的安全。

2．充分了解

维修前要弄清楚电脑的配置情况、所用操作系统和应用软件；了解电脑的工作环境和条件；了解系统近期发生的变化，如移动、装卸软件等；了解诱发故障的直接或间接原因等。

3．仔细分析

在检修之前应先根据故障的现象分析该故障是软件故障还是硬件故障，以及应选择哪种方式进行检修。切记不可盲目动手，以免造成故障的扩大化。

4. 先假后真

即先确定系统是否真有故障，操作过程是否正确，连线是否可靠。排除假故障的可能性后才去考虑真故障。

5. 先软后硬

当我们的电脑发生故障时，应该先从应用软件和操作系统上分析原因，排除软件方面的原因后，再开始检查硬件的故障。千万不要一开始就盲目地拆卸硬件，避免做无用功。

首先用手中的检测软件或工具软件对操作系统及其软件进行检测，找出故障原因，然后再对硬件进行检修，排除硬件的故障，这是电脑急救的基本原则。

6. 先外后内

在电脑出现故障时，要遵循先外设，再主机，从大到小，逐步查找的原则，逐步找出故障点，同时应该根据系统给出的错误提示来进行检修。

要仔细地确定发生故障的大概位置，如打印机、键盘、鼠标等，并查看电源线、信号线的连接是否正确。因为很多故障都是因为这些原因引起的，再排除其他故障，最后到主机，直至把故障原因确定到一定的设备上，再进行故障处理。

7. 归类分析

即在检修电脑时，要善于运用已掌握的知识或经验，将故障进行分类，然后寻找相应的方法和对策分别进行处理。在故障排除之后，还应该认真记录故障的现象和处理方法，及时总结经验教训，以便日后查询，提高自己的故障检修水平。

4 处理电脑故障有哪些大致步骤

在处理电脑故障时，使用正确的处理步骤可以快速、准确地找出故障所在。一般来说，处理电脑故障主要按下面的步骤进行：

❶ 关闭电源，并移除所有连接在主板上的周边设备、连接线缆和电源线。

❷ 确认主板是否和机箱短路。如果是，则将短路的地方隔离；如果没有，请继续执行下面的操作。

❸ 检查跳线是否设置正确。如果没有，则将跳线调整到正确设定；如果没有，请继续执行下面的操作。

❹ 检查CPU风扇是否与CPU接触良好，风扇电源线是否松动。如果没有，则将散热风扇重新安装并正确连接电源线，在重新安装时，最好擦拭掉CPU背面的导热硅胶，重新涂抹；如果是，请继续执行下面的操作。

❺ 检查内存条是否安装良好。如果没有，则将内存条从插槽中取出，重新插一次；如果是，请继续执行下面的操作。

❻ 将显卡从插槽中取出，再次插入，接通电源，启动电脑。如果故障仍然存在，请继续执行下面的操作。

❼ 观察主板上的工作指示灯是否发亮，CPU风扇是否运转。如果没有，就有可能是电源、CPU、内存条、CPU、内存插槽故障；如果发亮，请继续执行下面的操作。

❽ 开机之后，显示器上是否有画面出现。如果没有，就有可能是显卡/显卡插槽或显示器的信号连接线缆有问题；如果有，请继续执行下面的操作。

❾ 关闭电脑，插好鼠标、键盘，重新启动电脑。

❿ 检查键盘、鼠标是否工作正常。如果

不正常，就有可能是键盘、鼠标或 PS2 接口有问题；如果正常，请继续执行下面的操作。

⓫ 进入 BIOS，选择"LOAD Optimized Defaults"，然后存储并离开 BIOS 设置。

⓬ 关闭电源，接上 IDE 设备，检查一次确认无误之后，启动电脑。如果电脑不能正常启动，可能是 IDE 设备、接口或数据线有问题；如果电脑能启动，请继续下面的操作。

⓭ 重新安装操作系统，然后将其他设备依次连接、安装，排除故障。

5 排除电脑故障需要些什么工具

当我们的电脑发生故障之后，合理地利用各种工具进行检修，可以迅速、准确地查出和排除电脑故障。一般来说，处理电脑故障时需要用到下列工具：

1．清洗工具

电脑使用一段时间后，应当进行全面清洗，否则就会产生一些故障。比如当光驱出现读取错误时，应首先检查驱动器磁头是不是脏了。因此需要准备一套磁头清理工具，如清理盘、酒精、毛刷、脱脂棉等。

2．检测和检修时必备的系统和工具软件

软件是电脑中必不可少的组成部分，排除电脑故障时也离不开一些适当软件，下面介绍几种在电脑故障急救时必备的工具。

（1）系统的诊断、维护盘：在处理电脑故障的时候，最好借助于一些诊断工具和软件，最好备有各种系统和机型的随机诊断盘。例如：

Qaplusa 工具　这种工具的功能很强大，主要有设置或修改电脑系统的硬件配置参数；测试硬件系统，并提供了对硬盘进行低级格式化、分区和高级格式化等磁盘管理的功能；对电脑系统的硬件进行全面的诊断测试，并提供测试报告，方便我们查明故障发生的位置；对电脑系统各部分进行诊断，测出各部分发生的故障，并且以报告的形式给出；对内存进行映像、定位和检测等，使我们可以方便地运用该工具找出故障原因。

Norton 和 Pctools 工具软件包　Norton 和 Pctools 都是功能强大的工具软件包，包含了许多检修和维护电脑的实用工具。现在流行很多这方面的软件实用工具，有兴趣的朋友可以试一试。

（2）不同版本的 DOS 和 Windows 启动盘：不同的操作系统功能有所不同，并且启动时所需的引导文件也有很大的不同，一般表现在"Command.com"文件上不同。有些朋友在检修电脑时直接将别人电脑上的"Command.com"文件拷贝到自己的电脑上，这样做有可能出现由于系统版本不同，而使电脑不能正常工作的错误。这时就必须准备好适合自己电脑操作系统的启动盘，以便在维修和检测电脑时使电脑能够顺利地启动，甚至修复系统文件。

3．杀毒软件

在电脑故障中，有很多是由于电脑中的系统文件、数据感染上了病毒所引起的。因此，检查和排除病毒也是电脑检修的一个重要步骤。

为了更好地检修电脑，准备几种优秀的杀毒软件是十分必要的。目前国内使用最为广泛的反病毒软件有：江民 KV、Norton、瑞星和金山毒霸等，我们可以根据自己的需要进行选择。

4. 硬盘低格工具

在电脑安装系统之前，为了更换或扩充系统硬盘，或者由于硬盘无法引导，经常需要对硬盘进行低级格式化和分区，其中有很多种方法：最常见的就是有些电脑的BIOS里提供了硬盘低级格式化（以下简称低格）的程序（这种程序现在大多数主板都不集成了）；另外还有许多硬盘低格的工具软件，比如：用DM和ADM对SEAGATE公司的硬盘进行低格，Qaplusa软件5.03以上的版本可以对任何格式的硬盘进行低格。

5. 其他辅助工具

在电脑的急救过程中，还需要准备一些其他辅助工具，这样会对检查工作带来极大的方便。

比如，一些外部设备的数据通信线、电缆、电源，如果我们有能力，还可以准备一套备用插卡（显卡、声卡、网卡等），这些都会给电脑故障急救带来方便。

此外，电脑的故障诊治，一般是对硬盘上的系统软件、驱动软件和应用软件进行检修。因此，我们最好备份一套完整的系统软件。当我们的电脑出现故障时，就可以用备份的文件替换掉被损坏的文件，使电脑恢复到原来的工作环境。

另外，硬盘引导失败也是电脑产生故障的一个原因，最好事先备份好硬盘上主引导区和引导区的一些信息。当硬盘不能正常引导时，就可以通过启动盘来引导系统启动，然后再将事先备份的硬盘主引导区和引导区的信息复制到硬盘上，将备份的FAT表信息放到硬盘相应的区域，使硬盘能够重新引导操作系统，减少硬盘数据损失，提高数据安全性。

6 处理电脑故障的注意事项有哪些

在处理电脑故障时，我们首先应该准确地判断出引起故障的原因，只有找到了病因才能“对症下药”。其次是在对电脑故障进行处理时，还需要注意避免这个故障引发另一个故障。

因此，在检测电脑故障时，我们要注意以下三点：

1. 切断电源

在拆装零部件的过程中，一定要将电源切断，最好不要进行热插拔，以免不小心误触而损坏部件。

2. 小心静电

维修电脑时要注意静电对电脑的破坏，尤其是在冬天，空气湿度较低的情况下，手上通常带有静电，所以在接触电脑部件前要先释放身上的静电，否则会损坏电脑元器件。

3. 备妥工具

在开始检修电脑之前，先备妥各种常用的硬件和软件工具，否则会在维修中因为缺少某个必需的工具而无法继续下去。

专业提升

电脑的硬件很多，这里对常用的硬件做一个简单的介绍。

（1）主板：主板又叫做 Mother Board（母板），实际上就是一块电路板，CPU、内存、显卡等都是直接安装在主板上的，硬盘、软驱等部件也需要通过数据线和主板连接。

（2）CPU：CPU 又叫做中央处理器，是英文 Central Processing Unit 的缩写。因为 CPU 是决定电脑性能的核心部件之一。

（3）CPU 风扇：CPU 是电脑里的发热大户，因此 CPU 风扇是必不可少的装备，没有风扇，CPU 很快就会因为温度过高而“罢工”。

（4）内存：内存是指 CPU 可以直接读取的内部存储器，主要是以芯片的形式出现。内存又叫做“主存储器”，简称“主存”。我们一般见到的内存芯片是条状的，所以也叫做“内存条”，它需要插在主板上的内存槽中才能工作。

（5）硬盘：硬盘是电脑内部使用的主要数据存储设备。用户的软件、资料等都存放在硬盘中。我们平常见到的硬盘容量从几十吉字节到几百吉字节都有。

（6）光驱：光驱和声卡一样，没有它电脑也能运作，但其实却是个人用户必不可少的配件之一。无论是安装操作系统，还是安装其他的应用软件或者玩游戏，大多是利用光驱进行的。

（7）键盘：键盘是电脑系统中最基本的输入设备，用户给电脑下达的各种命令、程序和数据都可以通过键盘输入到电脑中去。

（8）鼠标：鼠标用于确定光标在屏幕上的位置，可以快速、方便地完成某种特定的功能。随着 Windows 操作系统的普及，鼠标已成为电脑的标准输入设备。

（9）显卡：显卡又叫做显示卡或显示适配卡，是主机最基本的组成部分之一。显卡的用途是将电脑所需要的显示信息进行转换，并向显示器提供行扫描信号，控制显示器的正确显示，是连接显示器和电脑主机的重要组件，是实现“人机对话”的重要设备之一。

（10）显示器：显示器是电脑的主要输出设备，电脑操作的各种状态、结果，编辑的文本、程序、图形等都需要在显示器上显示出来。

（11）声卡：声卡是用于发出声音或者进行录音的适配卡。虽然没有声卡电脑仍然能够正常工作，但个人电脑多用于娱乐等方面，没有声卡将会减少很多乐趣。

（12）网卡：网卡是电脑和其他网络设备通信所用的设备。网卡安装在主板上，用来接收和发送网络信息。

（13）机箱和电源：机箱是用来放置电脑各个配件的金属箱，它不仅为电脑的核心运转提供了一个安全稳定的工作环境，还有效地屏蔽了大多数电磁辐射，保护了使用者的身体健康。电源向整个电脑提供电力，因此电源的质量直接影响着电脑的稳定性。

1.2 软件故障

软件故障包括电脑软件设置不当或者受到损害造成的故障，也包括由电脑病毒、木马软件、流氓软件等造成的故障。

1 电脑软件故障怎样分类

软件故障主要包括以下几个方面：

（1）软件与系统不兼容引起的故障：软件的版本与运行的环境配置不兼容，造成系统不能运行、系统死机、某些文件被改动和丢失等。

（2）软件相互冲突产生的故障：两种或多种软件和程序的运行环境、存取区域、工作地址等发生冲突，造成系统工作混乱、文件丢失等故障。

（3）误操作引起的故障：误操作分为命令误操作和软件程序运行误操作，执行了不该执行的命令，选择了不该选择的操作，运行了某些具有破坏性的程序、不正确或不兼容的诊断程序、磁盘操作程序、性能测试程序等而使文件丢失、磁盘格式化等。

（4）电脑病毒引起的故障：电脑病毒严重地干扰和影响电脑的使用，可以使电脑存储的数据和信息遭受破坏，甚至全部丢失，并且会传染给其他的电脑。大多数电脑病毒可以隐藏起来，像定时炸弹一样待机发作。

（5）不正确的系统配置引起的故障：系统配置主要指基本 CMOS 芯片配置（即 BIOS 设置）、引导过程配置两种。如果这些配置的参数和设置不正确，或者没有设置，电脑也可能产生操作故障甚至不工作。

在电脑的实际使用过程中，软件故障最多。在处理这类故障时，我们不需要拆开机箱，只要通过键盘、鼠标等输入设备就能将故障排除，使电脑工作正常。

软件故障一般可以恢复，不过在某些情况下有的软件故障也可能转化为硬件故障。硬件的工作性能不稳定，如硬盘、内存出现不稳定故障时（进行单独测试时性能正常，但在正常使用时却会无规律地出现蓝屏、死机、数据丢失等情况）也会出现所谓的软件故障。这类软件故障会经常性地重复出现，最后表现为硬件故障，只有更换硬件才能最终排除。

2 电脑“死机”的软件原因有哪些

（1）电脑病毒感染

电脑病毒可以使电脑工作效率急剧下降，造成频繁死机。这时，我们需用杀毒软件如江民 KV、金山毒霸、瑞星等来进行全面查毒、杀毒，并做到定时升级杀毒软件的病毒库。

（2）CMOS 设置不当

该故障现象很普遍，如硬盘参数设置、模式设置、内存参数设置不当从而导致电脑无法启动。如将无 ECC 功能的内存设置为具有 ECC 功能，这样就会因内存错误而造成死机。

（3）系统文件的误删除

由于 Windows 9x 启动需要有 Command.

com、Io.sys、Msdos.sys 等文件，如果这些文件遭破坏或被误删除，即使在 CMOS 中各种硬件设置正确无误也无济于事。解决方法：使用同版本操作系统的启动盘启动电脑，然后键入“SYS C:”，重新传送系统文件即可。

（4）初始化文件遭破坏

由于 Windows 9x 启动需要读取 System.ini、Win.ini 和注册表文件，如果存在 Config.sys、Autoexec.bat 文件，这两个文件也会被读取。只要这些文件中存在错误信息都可能出现死机，特别是 System.ini，Win.ini，User.dat，System.dat 这四个文件尤为重要。

（5）动态链接库文件（DLL）丢失

在 Windows 操作系统中还有一类文件也相当重要，这就是扩展名为 DLL 的动态链接库文件，这些文件从性质上来讲是属于共享文件，也就是说，一个 DLL 文件可能会有多个软件在运行时需要调用它。如果我们在删除一个应用软件的时候，该软件的反安装程序会记录它曾经安装过的文件并准备将其逐一删去，这时候就容易出现被删掉的动态链接库文件同时还会被其他软件用到的情形，如果丢失的链接库文件是比较重要的核心链接文件的话，那么系统就会死机，甚至崩溃。我们可用工具软件如“超级兔子”对无用的 DLL 文件进行删除，这样会避免误删除。

（6）硬盘剩余空间太少或磁盘碎片太多

运行一些应用程序需要大量的内存，如果内存不够，就需要虚拟内存，虚拟内存是由硬盘提供的，因此硬盘要有足够的剩余空间以满足虚拟内存的需求。同时用户还要养成定期整理硬盘、清除硬盘中垃圾文件的良好习惯。

（7）BIOS 升级失败

应备份 BIOS 以防不测，但如果系统需要对 BIOS 进行升级的话，那么在升级之前最好确定我们所使用 BIOS 版本是否与电脑版本相符合。如果 BIOS 升级不正确或者在升级的过程中出现意外断电，那么系统就可能无法启动。所以在升级 BIOS 前千万要搞清楚 BIOS 的型号。如果所使用的 BIOS 升级工具可以对当前 BIOS 进行备份，那么请把以前的 BIOS 在磁盘中拷贝一份。同时看系统是否支持 BIOS 恢复并且还要懂得怎样恢复。

（8）软件升级不当

大多数人可能认为软件升级是不会有问题的，事实上，在升级过程中都会对其中共享的一些组件也进行升级，但是其他程序可能不支持升级后的组件从而导致各种问题。

（9）滥用测试版软件

最好少用软件的测试版，因为测试软件通常带有一些 BUG 或者在某方面不够稳定，使用后会出现数据丢失的程序错误、死机或者是系统无法启动。

（10）非法卸载软件

不要把软件安装所在的目录直接删掉，如果直接删掉的话，注册表以及 Windows 目录中会有很多垃圾存在，久而久之，系统也会变得不稳定而引起死机。

（11）应用软件的缺陷

这种情况是常见的，如在 Windows 98 中运行那些在 DOS 或 Windows3.1 中运行良好的 16 位应用软件。因为 Windows98 是 32 位的，尽管它号称兼容，但是有许多地方是无法与 16 位应用程序协调的。还有一些情况，如在 Windows 95 下正常使用的外设驱动程序，当操作系统升级后，可能会出现问题，使系统死机或不能正常启动。遇到这种情况应该找到外设的新版驱动。

（12）启动的程序太多

启动的程序太多系统资源消耗殆尽，使个

别程序需要的数据在内存或虚拟内存中找不到，也会出现异常错误。

（13）非法操作

用非法格式或参数非法打开或释放有关程序，也会导致电脑死机。请注意要牢记正确格式和相关参数，不随意打开和释放不熟悉的程序。

（14）非正常关闭电脑

不要直接使用机箱上的电源按钮，否则会造成系统文件损坏或丢失，引起自动启动或者运行中死机。对于 Windows 98/2000/NT 等系统来说，这点非常重要，严重的话，会引起系统崩溃。

（15）内存资源冲突

有时候运行各种软件都正常，却忽然间莫名其妙地死机，重新启动后运行这些应用程序又十分正常，这是一种假死机现象。出现的原因多是 Windows 98 的内存资源冲突。大家知道，应用软件是在内存中运行的，而关闭应用软件后即可释放内存空间。但是有些应用软件由于设计的原因，即使在关闭后也无法彻底释放内存，当下一个软件需要使用这一块内存地址时，就会出现冲突。

3 什么是电脑病毒

电脑病毒就是一组程序或指令集合，通过传染潜伏在其他程序里，当满足激活条件时执行既定活动，通常是破坏被感染电脑的资源。

电脑病毒的特点主要体现在以下几个方面：

（1）隐蔽性　指电脑病毒的存在、传染和发作过程不易被发现。

（2）寄生性　电脑病毒通常并不作为单独的文件而存在，而是插入在其他文件中。

（3）传染性　电脑病毒能对其他文件进行感染，并使之成为一个新的传染源。

（4）触发性　病毒的发作一般都需要触发条件，条件可以是日期、时间、特定操作等。

（5）破坏性　病毒在发作时，对电脑文件进行破坏。

（6）不可预见性：病毒相对于防毒软件永远是超前的，目前没有任何杀毒软件能预防所有的病毒。

4 什么是木马

木马也称特洛伊木马，其英文名为“Trojan Horse”，出自于希腊神话《木马屠城记》。木马是一种远程控制工具，具有隐蔽性和非授权性的特点。

木马本身不带伤害性，但是通过它可以对电脑系统进行强有力的远程控制，危害不可小视。

现在的木马具有和病毒合二为一的趋势。早期的木马不具有传染性，需要采用欺骗的手段在目标电脑上运行，而后来的木马则加入了传播模块，可以像病毒一样自动传播。

根据木马的攻击类型，可分为以下几类：

❖ 网络游戏木马：针对网络游戏而设计，盗取用户账号和虚拟装备。

❖ 网络银行木马：针对网络银行系统，盗取账户和密码，窃取资金。

❖ 即时通信木马：利用即时通信软件进行传播，盗取账户和密码。

❖ 僵尸网络木马：将控制的电脑当作中转站，去攻击别的目标。由受控电脑组成的网络称为僵尸网络。受控电脑也称为“肉鸡”，意即任人宰割。

5 什么是广告软件

广告软件是近年来发展的一种不法程序，它被植入到用户电脑内以后，采用各种方式强迫用户浏览广告，如弹出网页窗口、定时自动访问广告网站等。广告软件为了避免被删除，往往采用多种方法“扎根”于用户电脑中，如多处写入启动项、多处备份、在内存中运行监视进程、把自己写入操作系统底层驱动中等，十分难以删除，因此又被称为“流氓软件”。

广告软件这些特性最近也被电脑病毒所吸收，因此形成的自动传染型广告软件和难以删除型病毒，更是令人十分头痛。

广告软件的植入方式主要有以下几种：

❖ 通过网页漏洞，对使用 IE 内核浏览器的电脑进行植入。

❖ 通过软件的安装程序，对习惯于一路点击“下一步”来安装软件的电脑用户的电脑进行植入。

❖ 通过类似病毒的传染方式进行植入。

❖ 通过网页询问浏览者进行植入。这种方式看似合法，但实际上并没有告知用户此广告软件难以卸载，因此还是属于欺骗手段。

6 电脑病毒从何而来

电脑病毒的来源主要有以下几种：

1．无聊程序或实验品

主要是部分电脑工作人员或业余爱好者为了纯粹个人兴致而制造出来的，有的是用来测试个人的编程能力，有的则纯粹是为了开玩笑，这类电脑病毒一般以良性电脑病毒为主。

2．蓄意破坏

一般多表现为电脑病毒作者对某个人或组织的报复性行为，也有一些是团体行为，比如现代战争中的信息战，实施有组织、有规模的电脑病毒攻击是打击敌方信息系统的一个有效手段。

3．研究实验用

这类电脑病毒则是用于研究或实验而设计的样本程序，由于某种原因失去控制扩散出实验室或研究所，从而成为危害四方的电脑病毒。

7 电脑病毒有什么特点

电脑病毒具有以下几个明显的特征：

1．传染性

这是电脑病毒的基本特征，是判别一个程序是否为电脑病毒的最重要特征，一旦电脑病毒被复制或产生变种，其传染速度之快令人难以预防。

2．破坏性

任何电脑病毒感染了系统以后，都会对系统产生不同程度的影响。发作时轻则占用系统资源，影响电脑系统的运行速度，降低电脑的工作效率，使我们不能正常使用电脑，重则破坏电脑中的数据，甚至破坏电脑硬件，给我们带来巨大的损失。

3．寄生性

一般的电脑病毒都不是独立存在的，而是寄生于其他的程序，当执行这个程序时，病毒代码就会被执行。一般在正常程序未启动之前，我们是不易发觉病毒的存在的。

4．隐蔽性

电脑病毒具有很强的隐蔽性，它通常附在正常的程序之中或藏在磁盘的隐秘地方，有些病毒采用了极其高明的手段来隐藏自己，如使用透明图标、注册表内的相似字符等，而且有的病毒在感染了系统之后，电脑系统仍能正常工作，我们不会感到有任何异常。

5. 潜伏性

大部分的病毒感染系统之后一般不会马上发作，它隐藏在系统中，就像定时炸弹一样，只有在满足其特定条件时才会启动。比如黑色星期五病毒，不到预定时间不会察觉出异常，一旦逢到 13 日是星期五就会爆发开来，对电脑系统进行破坏。

6. 顽固性

现在的电脑病毒一般很难一次性根除，被病毒破坏的系统、文件和数据等更是难以恢复。

8 电脑病毒的传播途径是什么

电脑病毒具有自我复制和传播的特点，因此，研究电脑病毒的传播途径极为重要。从电脑病毒的传播机理分析可知，只要是能够进行数据交换的介质都可能成为电脑病毒传播的途径。传统的手工传播电脑病毒的方式与现在通过 Internet 传播相比速度要慢得多。

目前，电子邮件已经成为最重要的电脑病毒传播途径。此外，传统的软盘、光盘等传播途径也占据了相当的比例，而其他通过互联网的电脑病毒传播途径近年来也呈快速上升趋势。电脑病毒主要有以下几种传播途径：

- ❖ 可移动存储设备。
- ❖ 不可移动的电脑硬件设备。
- ❖ 网络。

随着 Internet 的高速发展，电脑病毒也走上了高速传播之路，网络已经成为电脑病毒的第一传播途径。除了传统的文件型电脑病毒以文件下载、电子邮件的附件等形式传播外，新兴的电子邮件病毒，如“美丽莎”、“我爱你”等电脑病毒就是完全依靠网络来传播的。甚至还有利用网络分布计算技术将自身分成若干部分，隐藏在不同的主机上进行传播的电脑病毒。

9 怎样检测电脑病毒

要判断我们的电脑是否感染了电脑病毒，首先应该注意内存的情况，因为绝大部分的电脑病毒都是要驻留内存的。对于使用 DOS 的用户，可以使用系统盘启动电脑，然后通过 MEM 命令查看全部基本内存是否为 640KB。如果电脑的全部基本内存为 638KB 或 637KB，那么您的电脑就可能被感染了电脑病毒。不过有的电脑其全部基本内存为 639KB 也是正常的，如某些 COMPAQ 机。另外还应该注意被占用的内存数是否无故减少。

其次应该注意常用的可执行文件的字节数。绝大多数的电脑病毒在对文件进行传染后，会增加文件的长度。在查看文件字节数时应首先用干净的系统盘启动。

其他诸如软件运行速度变慢、输出端口异常等现象都有可能是电脑病毒所造成的。最准确的方法就是查看中断向量及引导扇区是否被无故改变，当然这需要对系统及磁盘格式有一定的了解。

10 怎样防治电脑病毒

电脑病毒的防治是一项比较严肃重要的工作，防治电脑病毒可以从电脑病毒的传播途径、用户的操作习惯和安全保护意识方面入手。

1. 切断电脑病毒的传播途径

网络是目前电脑病毒最大的传染源，特

别是电子邮件使用的泛滥和网络病毒的传播有很大的关系，因此，对于那些来历不明的电子邮件，我们在处理时要慎重。另外，盗版软件也是电脑病毒一个较为重要的传播途径，我们应该拒绝使用盗版软件，坚持使用正版软件。

2．养成良好的操作习惯

不使用来历不明的软件和存储载体，主要是光盘，不打开来历不明的电子邮件，不下载未经过安全认证站点认证的不明资源，在电脑上安装一款病毒监测和查杀软件等。

3．增强安全防护意识

在使用电脑的过程中，我们应该有较强的安全防护意识，如及时更新操作系统安全补丁、备份硬盘的主引导区和分区表、安装杀毒软件并经常更新病毒库、开启杀毒软件的实时监测功能等。

11 怎样及时安装系统安全补丁

所谓系统安全补丁，主要是针对操作系统来量身订制的。

比如最常用的 Windows 系统，蓝屏、死机或者是非法错误是家常便饭了。记得当初在微软推出号称“永不死机”的 Windows 2000 展示会上，显示器上就出现一个蓝色的画面，后来才知道这是一个系统漏洞所致。而在如今的网络时代，当你在 Internet 上冲浪、与好友交流的时候，没准就有人会利用系统的漏洞让你无法正常连接到 Internet 上，甚至侵入你的电脑盗取重要文件，对一些分区进行格式化操作！因此微软公司就接二连三地推出各种系统安全补丁，旨在增强系统安全性和稳定性。

12 怎样安装杀毒软件及防火墙

电脑病毒有它特有的嵌入程序代码，这样的代码就是电脑病毒的特征。杀毒软件都自己带有这一种电脑病毒特征的病毒库，软件引擎就是根据病毒库来查杀病毒的，这是所有杀毒软件的共同特点。所以病毒库能否保持最新的数据，是衡量杀毒软件好坏的根本指标。

杀毒软件的种类有许许多多，如金山毒霸、瑞星、江民、卡巴斯基、诺顿、熊猫卫士等等，其作用都差不多，在发现病毒后的病毒特征他们基本是共享的，但是在升级病毒库的手段上有不同之处。金山毒霸、瑞星之的类软件是提供在线升级，或者去网站下载离线升级包。而卡巴斯基在安装以后，默认的设置就是在线的时候软件自动每隔 3 小时查找有没有新的病毒特征发布，如果有，在第一时间就为你的电脑升级病毒库，这个是其他软件所不具备的优势条件。

在安装了杀毒软件之后，要记得经常去升级杀毒软件的病毒库。如果不经常更新病毒库文件，安装的杀毒软件就会失去保护电脑的作用。

提 示

一台电脑上不要同时安装两种或以上的杀毒软件，否则会造成杀毒软件之间的病毒库冲突，一种杀毒软件会把另一种杀毒软件当成病毒处理。

在安装了杀毒软件之后，要记得经常去升级杀毒软件的病毒库。如果不经常更新病毒库文件，安装的杀毒软件就会失去保护电脑的作用。

安装杀毒软件仅仅是防止了电脑病毒的入侵，而对于黑客的攻击就要借助于防火墙了。

防火墙是指设置在不同网络或网络安全域之间的一系列部件的组合。它可通过监测、限制、更改跨越防火墙的数据流，尽可能地对外部屏蔽网络内部的信息、结构和运行状况，以此来实现网络的安全保护。

在逻辑上，防火墙是一个分离器、一个限制器，也是一个分析器，有效地监控了内部网和 Internet 之间的任何活动，保证了内部网络和电脑的安全。对于在个人电脑中提到的防火墙，通常是指防火墙软件，通过该软件能够在个人电脑与 Internet 之间建立一个防护网，以确保个人电脑的安全使用。

13 怎样防止私人信息遭泄漏

在网络上，还有一类需要防范的，就是私人信息遭泄露的问题。由于目前网站大量使用 Cookies，虽然是方便了使用者，但也造成了私密信息遭一些别有用心的人窃取的问题。

避免这类情况出现的最好方法就是尽量禁止使用 Cookies，定期清除浏览记录等一些访问过的网站资料，不要在网页上保存用户名和密码等。

知识加油站

电脑上常用的软件分为三大类，即系统软件、大型应用软件和工具软件。对于系统软件和大型应用软件，读者可能多多少少也知道一些，如微软的 Windows 操作系统、Linux 系统、微软的 Office 办公软件、Adobe 的 Photoshop 图像处理软件等。

在表 1-1 中，列出了常见的软件分类，每个分类给出了一个代表性的软件，并对其功能进行解释。

表 1-1 工具软件按用途分类

分 类	代表性软件	功 能
系统软件	Windows XP	用于管理计算机本身和应用程序
系统工具软件	3DMARK	3D 图形卡性能基准测试
网络软件	FlashGet	网络资源多线程下载
多媒体软件	Winamp	多种音乐格式播放
图像处理软件	Photoshop	多种图片格式浏览、修改
办公软件	Office	各种办公文档、数据的处理
游戏娱乐软件	FPE	修改游戏数据
行业管理软件	美萍网管大师	网吧终端管理
桌面软件	Alarm Notes	桌面留言
数码工具软件	SmartMovie	手机电影播放
杀毒软件	瑞星	查杀病毒
教育教学软件	轻轻松松背单词	循环播放单词以加强用户记忆

部分软件的主界面介绍如下：

（1）网络软件 FlashGet 主界面

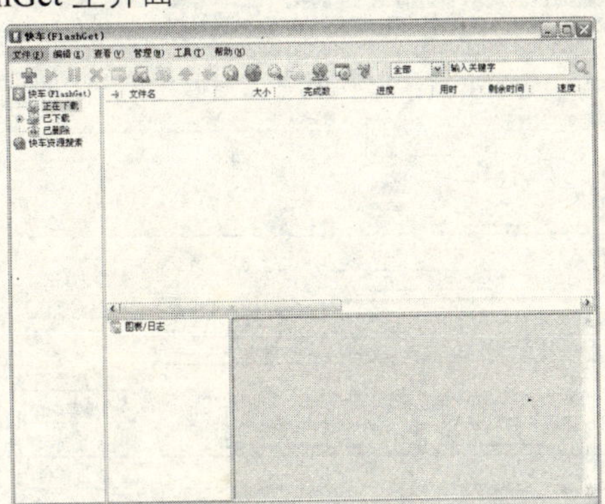

（2）多媒体软件 Winamp 主界面

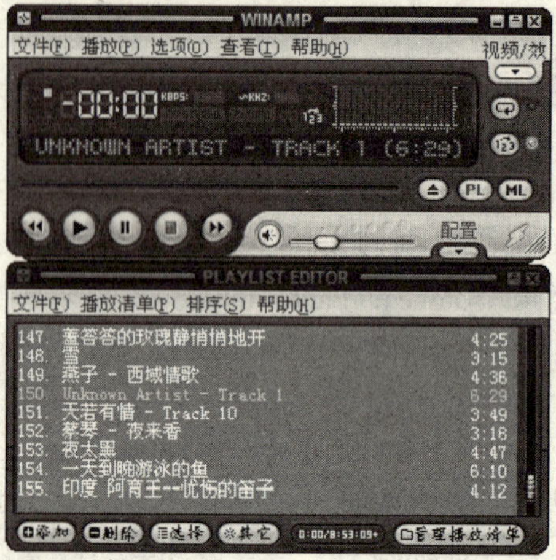

（3）办公软件 Office 中的 Word 主界面

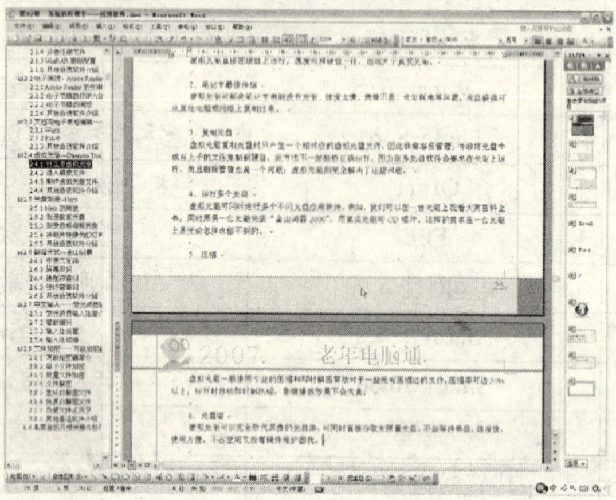

（4）游戏娱乐软件 FPE 主界面

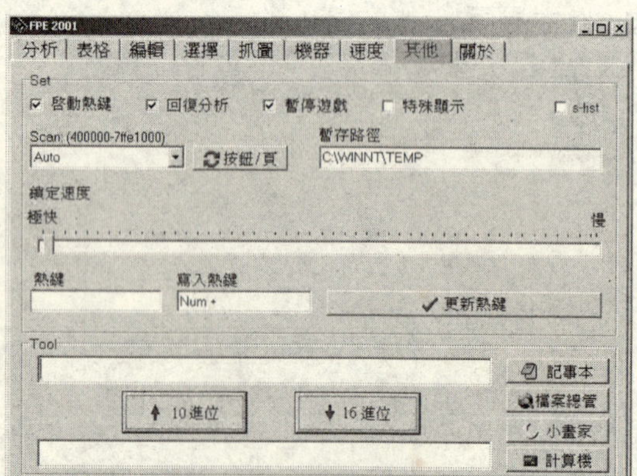

第 2 章 操作系统故障

- Windows 2000 不能安装的原因有哪些
- Windows 2000 不支持 DMA66 控制器怎么办
- 为什么不能将 Windows XP 安装到其他分区中
- 为什么升级安装 Windows 2000 不能检测当前系统
- 怎样创建 Windows 2000 紧急修复盘
- 为何安装双系统却成了升级安装
- 在 Windows Vista 中怎样安装侧边栏
- 为何任务栏上的任务要重叠在一起

2.1 系统安装常见故障

Windows 操作系统在安装中，有时会出现意外，导致安装无法顺利进行。本节主要解答有关操作系统安装的问题。

1 怎么在 Windows XP 系统下卸载 Windows Vista

Windows Vista 的启动管理程序不像 Windows 2000 和 Windows XP 一样，它的位置在硬盘的 MBR 上。可以使用 Windows Vista 的安装光盘将启动管理程序卸载掉，其操作步骤如下：

❶ 启动 Windows XP，并放入 Windows Vista 的安装光盘。

❷ 选择“开始”→“运行”命令，输入“cmd”后按下<Enter>键。

❸ 在命令提示符窗口输入以下命令：

X: （X 代表光驱盘符）

cd boot

bootsect /nt52 SYS （使用启动修复程序改变系统盘启动管理器）

❹ 重新启动，Vista 的 启动管理器已经消失了，此时可删除在启动分区中的以下文件和文件夹：

Boot 文件夹

Boot.BAK

Bootmer

BOOTSECT.BAK

❺ 格式化 Vista 所在的分区，或者删除 Vista 的文件夹。

2 在没有 Windows Vista 安装光盘的情况下怎么卸载 Windows Vista

使用 Windows XP 安装光盘也可将 Windows Vista 卸载掉，其操作步骤如下：

❶ 进入 BIOS，设置系统从光驱启动，将 Windows XP 安装光盘插入光驱，启动系统。

❷ 在出现安装选项的启动画面时，选择“R”进入故障恢复控制台。如果此电脑使用了 SATA 硬盘或者 RAID 磁盘阵列，则应在出现此界面前按<F6>键首先加载相应的驱动。

❸ 选择要登录到的 Windows XP 系统，系统会给出相应的操作系统列表，输入正确的序号;输入管理员密码，以进行修复。

❹ 运行“fixboot”命令，重写系统硬盘的引导信息，再输入“exit”退出故障恢复控制台并重启，此时，Windows Vista 的 Boot Loader 已从系统中清除了。

❺ 启动进入 Windows XP，将该 Windows Vista 所在分区格式化。

3 为何不能在 Windows 98 中安装 Windows 2000

故障现象：

安装好 Windows 98 后，准备全新安装 Windows 2000 组成双系统，但是安装 Windows 2000 的过程中，在拷贝完文件后死机。

故障分析与处理：

Windows 98 是基于 DOS 的操作系统，为了充分利用、高效率管理内存，Windows 98 会在“Config.sys”这个配置文件中加载“Himem.sys”和“Emm386.exe”，即使系统中没有使用“Config.sys”，Windows 98 也会在进入图形界面的时候加载“Himem.sys”。

这两个管理基本内存的文件，带有多种参数，不同的配置会带来不同的内存分配环境。因此，一旦这两个文件的配置有问题，则往往会导致安装 Windows 2000 失败。另外，计算机硬件故障也会导致安装 Windows 2000 出现这种情况。因此，在解决这个问题前，用户首先应该检查硬件的基本安装情况，如风扇和连线的正常与否。另外，如果计算机被超频，也可能出现这样的安装故障，因此最好将超频后的机器调整到正常状态，然后再重新安装。

如果硬件都没有毛病，则可以从系统配置下手，首先得屏蔽掉“config.sys”里的这两个程序，具体的方法是：

❶ 在 Windows 98 中依次单击“开始”→“运行”，打开运行窗口，然后在运行栏中输入“msconfig”回车，将含有这两个程序的命令行取消，也就是去掉其前面复选框中的“√”。

❷ 单击“Autoexec.bat”选项卡，将该窗口中所有的命令行都取消，单击“确定”按钮后重新启动计算机即可。

4 Windows 2000 不能安装的原因有哪些

故障现象：

低配置的机器无法安装 Windows 2000，另外还有一些硬件档次较高的机器也无法安装 Windows 2000。

故障分析与处理：

导致机器无法安装 Windows 2000 的原因不多，最常见的有：

1．硬件档次太差

不能达到 Windows 2000 的最低系统要求：Windows 2000 Professional 要求 133MHz 或更高主频的 Pentium 级兼容 CPU；至少有 64MB 内存；至少有 1GB 可用磁盘空间的 2GB 以上硬盘。如果机器达不到这个标准，将无法安装 Windows 2000。

2．硬件不兼容

Windows 2000 支持绝大部分主流的硬件产品，但是，某些电脑的部分硬件设备并不被 Windows2000 所支持，因此用户在安装 Windows 2000 之前，最好检查一下自己的硬件是否被 Windows 2000 所兼容；在 Windows 2000 安装光盘的“drive://support\”中有一个“Hcl.txt”文件，用户可以打开该文件，查看里面的硬件兼容列表中是否包含自己机器上配置的硬件产品。由于这个兼容列表比较旧，用户还可以到微软的网站上去查看最新的兼容列表（http://www.microsoft .com/hcl/）。

如果是因为硬件档次太低不能安装 Windows 2000，那就只能升级硬件了。至于兼容性引起的安装问题，可以通过更换部分不兼容的配件来解决。

5 ACPI 技术的主板无法安装 Windows 2000 是怎么回事

故障现象：

采用支持 ACPI 技术主板的电脑，在安装 Windows 2000 时出现无法安装的信息。

故障分析与处理：

安装 Windows 2000 时出现蓝底白字的提示："The ACPI Bios in the system is not fully compliant with the ACPI specification…" 重新启动电脑，在出现安装向导时按<F7>键跳过 ACPI 模式的安装，直接跳到"文本模式"安装就可以继续安装 Windows 2000 了。如果担心由此会造成电脑出现问题，也可以在运行 Windows 2000 安装程序时按<F5>键，会出现 4 个选项，选择"Standard PC"进行 Windows 2000 的安装。

6 为什么 Windows 2000 安装好后，界面显示为乱码

故障现象：

Windows 2000 安装好后，操作界面上的中文全部显示为乱码。

故障分析与处理：

出现这种情况是由于用户在安装 Windows 2000 的过程中，在选择计算机的"地区"时，没有选择"China（PRC）"，而选择了其他国家或地区。一般可以按照以下方法解决：

❶ 在 Windows 2000 中依次单击"开始/设置/控制面板/区域选项"。

❷ 打开"区域选项"窗口后，单击"常规"选项卡，将"你的区域设置"选择为"中文（中国）"，然后按"确定"按钮保存，退出并重新启动电脑即可。

Windows 2000 对多语言有极好的支持，假如用户安装的是英文版 Windows 2000，也只需要将区域设置为"中国"就可以正常显示中文了；但是，即使用户安装的是简体中文版 Windows 2000，如果没有正确设置区域，则看到的中文全部是乱码。

7 为什么用光盘安装 Windows 2000 时出现错误提示

故障现象：

尝试使用 Windows 2000 安装光盘启动电脑并安装 Windows，系统出现以下信息："Setup cannot load the keyboard layout file kdbus.dll"，"Setup cannot continue . shutdown or restart you computer"。

故障分析与处理：

出现这个故障的原因是因为当前机器中的硬盘分区数据超过了 24 个。如果只有一块硬盘，则只好将其中的一些分区合并。

8 Windows 2000 不支持 DMA66 控制器怎么办

故障现象：

某些 BX 芯片组的主板由于其本身不支持 DMA66，所以通过另外加装 DMA66 控制器的方式来达到支持 DMA66 的目的。这类电脑在安装 Windows 98/Me 时都不会出现问题，但是一旦用户安装 Windows 2000，不管是升级安装还是全新安装，屏幕上都会出现一个错误信息提示："安装出现错误，如果此画面第一次出现，请重启机器，如果是第二次出现，请检测病毒，卸载最近安装的硬件或硬盘控制器……"

故障分析与处理：

出现这种故障后，首先检查是不是由病毒造成的。如果不是，则应该是 Windows 2000 自身不支持 HPT368 Ultra DMA66 controller 控制器造成的。对于这种集成了第三方控制器的主板，实际上在安装 Windows 2000 时，安

装向导会提示“Press F6 if you need to install a third party SCSI or RAID diver…”。

根据提示按<F6>键，进入下一个界面后，Windows 2000 就能找到该控制器了。如果 Windows 2000 还是不能找到该控制器，也能通过主板厂商提供的驱动盘来安装此控制器。接着便能正常安装 Windows 2000 了。

9 为什么升级安装 Windows 2000 不能检测当前系统

故障现象：

Windows 2000 能够在 Windows 98 上进行升级安装，但是在安装 Windows 2000 时出现“Windows 2000 无法检测到你目前运行的 Windows 版本”的提示。

故障分析与处理：

在非正式版或某些盗版 Windows 98 中安装 Windows 2000 时，会出现上述情况，原因是 Windows 2000 不能正确识别其 Windows 版本号。由于微软不把 Windows 98 SE 认为是正式版软件，因此在 Windows 98 SE 上升级安装 Windows 2000 也会出现这个问题。对于这个故障，可用以下两种方法解决：

1. DOS 下安装

重新启动电脑，然后用 Windows 98 的安装光盘或者启动软盘启动电脑，在 DOS 下执行 Windows 2000 安装光盘“i386”目录下的“Winnt”命令，然后根据提示进行安装。

2. 修改当前 Windows 98 的注册表

❶ 在 Windows 98 中依次单击“开始”→“运行”，然后在运行窗口中输入“regedit”按回车键.

❷ 打开注册表编辑器，定位到“HKEY_LOCAL_MACHINESOFTWARE\Microsoft\Windows\CurrentVersion”子键。

❸ 在右边的窗口中修改字符串“Product Name ”的数值为“Microsoft Win98”，修改字符串“Product Name”的数值为“Microsoft Win98”，修改字符串“SubVersionNumber”的数值为“. 1”，最后修改字符串“ProductID”的数值为“50578-000-0000016-08727”。

❹ 退出注册表编辑器，然后重新启动 Windows 98，就能在 Windows 98 中升级安装 Windows 2000 了。

10 为什么不能将 Windows XP 安装到其他分区中

故障现象：

在 Windows 98 中插入 Windows XP 安装光盘，并进行“全新”安装。想将 Windows XP 安装到 D 盘，可是无法进行选择，Windows XP 被安装到 C 盘。

故障分析与处理：

在 Windows 环境中安装 Windows XP 时，并不是不能选择 Windows XP 的安装位置，而往往是设置时疏忽了一点。

❶ 当用户在 Windows 环境中插入 Windows XP 安装光盘后，自动弹出安装向导。

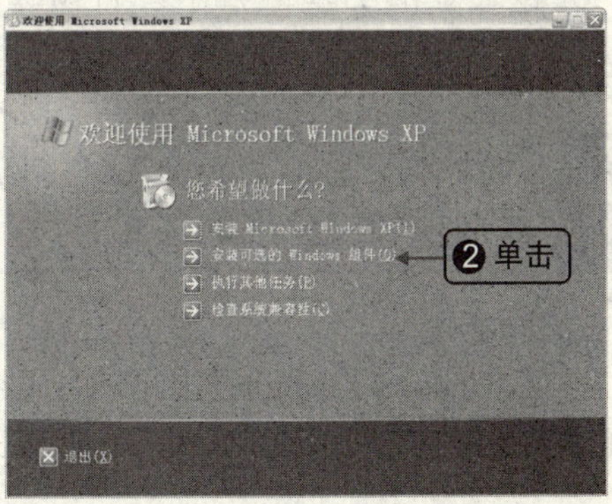

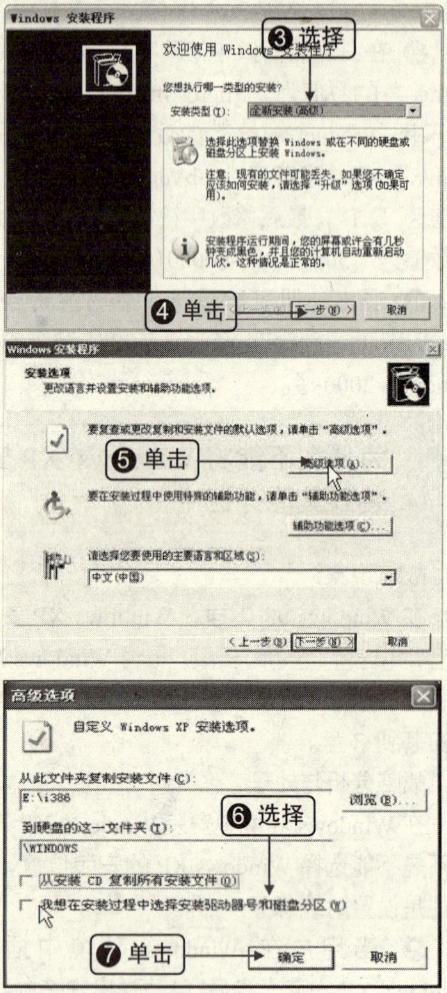

在接下来的安装过程中就可以选择Windows XP的安装分区了。

11 为什么安装 Windows XP 时提示必须转换分区的格式

故障现象：

安装Windows XP的过程中，安装向导提示必须将分区格式转换成NTFS，否则无法安装。

故障分析与处理：

出现这种情况，可以肯定我们是在Windows 98环境中安装Windows XP的，具体的问题同上例中“不能将Windows XP安装到其他分区中”是一模一样的。

❶ 在出现“安装选项”窗口时，单击“高级选项”按钮，然后选中“我想在安装过程中选择安装驱动器号和磁盘分区”项。

❷ 在安装的过程中看到一个分区选择窗口时，从中根据自己的实际情况选择不同的分区格式。

12 在 DOS 下 Windows XP 安装速度非常缓慢怎么解决

故障现象：

利用Windows 98的启动盘启动系统并加载光驱驱动，之后在DOS下执行Windows XP的安装命令“Winnt”，可是安装速度非常缓慢。

故障分析与处理：

之所以会出现这种情况，主要是因为在DOS下安装Windows XP前，没有加载高速缓存。如果没有加载硬盘高速缓存，将导致系统的磁盘性能非常低，不仅安装程序检测硬盘的速度很慢，而且在复制文件时会像蜗牛一样！至于怎样加载硬盘高速缓存，操作很简单：

❶ 在Windows 98的安装光盘或安装Windows 98的硬盘分区中，都有一个名为“Smartdrv”的可执行程序，想办法将这个文件拷贝到一张软盘上（建议将其拷贝到Windows 98启动盘上）。

❷ 通过启动盘进入DOS之后，先不要执行Windows XP的安装命令，而是先执行“A:\smartdrv”，接着再执行“X:\i386\winnt”（X就是此时的光驱盘符），就能非常快速地安装Windows XP了。

13 多重启动菜单消失了怎么办

故障现象：

安装好多个 Windows 操作系统之后，重新启动计算机，没有出现多重启动菜单供选择，只能直接进入某个 Windows 版本。

故障分析与处理：

出现这种情况，大都是因为用户在安装 Windows 时，没有按“从 Windows 的低版本到高版本”这样一个顺序安装而造成的。比如准备安装 Windows 2000+Windows 98 的系统，则最好先安装 Windows 98，然后再安装 Windows 2000。另外，如果两个操作系统同处在一个硬盘分区的话，某些关键的引导文件会被覆盖，造成多重启动菜单不正常。对于这种情况，最好的方法就是按照安装顺序来重新安装。

微软的 Windows 系列系统从 Windows 2000 开始，其安装程序都有自动检测生成多重启动菜单的功能。所以除了注意每个 Windows 独占一个分区外，还要注意先安装较低版本的 Windows，再安装相对高级版本的 Windows。只有这样 Windows 才能自动检测到已存在的操作系统，自动生成多重启动菜单。

以安装 Windows 98+Windows 2000+Windows XP 这样一个三系统为例：

❶ 我们可以先按照顺序将 Windows 98 安装在 C 盘，然后在 DOS 下安装 Windows 2000（在 DOS 下安装可以省去很多不必要的麻烦）。当 Windows 2000 安装好之后，启动 Windows 之前，将会看到一个 Windows 98 +Windows2000 的启动菜单。

❷ 然后可以在 Windows 2000 下安装 Windows XP，等 Windows XP 安装好之后，其安装程序会自动检测到以前的那个启动菜单，并自动接管该菜单，以一个“Windows 98 +Windows 2000+Windows XP”的新姿态出现。

14 怎样创建 Windows 2000 紧急修复盘

故障现象：

Windows 2000 的紧急修复盘中保存了大量的系统信息，能够将已经崩溃的 Windows 2000 挽救回来，因此每一个 Windows 2000 的用户都应该准备这样一套紧急修复盘。

故障分析与处理：

其制作流程如下：

❶ 在 Windows 2000 中依次单击“开始”→“程序”→“附件”→“统工具”→“系统信息”，打开“系统信息”窗口。

❷ 单击该窗口上的“工具”→“Windows”→“备份”，接着在弹出的“备份”窗口中，单击“紧急修复盘”按钮，当单击该按钮后，将打开一个提示窗口，要求我们插入一张已经格式化的空白盘，此时单击“确定”开始进行紧急修复盘的制作。

❸ 根据提示插入软盘之后单击“确定”按钮，便会看到正在复制系统数据的画面，稍等片刻便会看到紧急修复磁盘已制作成功的信息。

15 Windows 98+Windows XP 双系统启动菜单丢失了怎么办

故障现象：

在 Windows 98 下全新安装了一个 Windows XP，组成了一个 Windows 98+Windows XP 的双系统。但是在一次误操作之后，双系统启动菜单丢失，无法进入 Windows XP。

故障分析与处理：

出现这种情况之后，我们可以通过下面的操作来修复启动菜单：

❶ 启动计算机，进入 Windows XP，插入 Windows XP 的安装光盘。执行该光盘根目录下的“Setup”程序，进入 Windows XP 安装光盘的欢迎窗口。

❷ 选择“安装 Windows XP”，按照正常流程在 Windows 98 下“全新安装”Windows XP。

❸ 当 Windows XP 提示需要重新启动计算机并继续安装之后，根据提示重新启动。

❹ 进入 Windows XP 的安装界面之后，安装向导提供了三个选项。此时需要选择第二项——用“恢复控制台”修复 Windows XP。

❺ 根据提示按下<R>键之后进入恢复控制台。此时控制台会询问我们要登录到哪个 Windows XP 安装，一般就选择默认的“1”，接着键入系统管理员密码，就进入了控制台的 Windows 目录下，在 Windows 目录下键入“bootcfg/Add”，控制台会扫描已安装的 Windows。几秒钟后扫描完成，提示选择要添加的安装，选“1”。接着提示输入加载识别符，可输入“Microsoft Windows XP Professional”。提示输入“OS”加载选项，键入“fastdetect”，按<Enter>键，输入“EXIT”。

❻ 重新启动计算机，就可以看到熟悉的双系统启动菜单了。

16 启动时提示“Boot.ini 文件非法”是怎么回事

故障现象：

计算机安装的是 Windows 2000 与 Windows XP 双操作系统，一次在删除 C 盘的一些文件后，再重新启动计算机，系统提示“Boot.ini 非法，程序将由 C:\WinNT 启动”，原来的双重启动菜单不见了，直接进入了 Windows 2000（Windows 2000 安装在 C 盘）。

故障分析与处理：

很明显，出现这种故障就是因为“Boot.ini”文件被错误删除造成的，在 Windows 2000 和 Windows XP 组成的多系统中，引导装入程序和多重引导都由一个具有隐含属性的初始化文件“Boot.ini”控制。在“Boot.ini”中包含有控制计算机可用的操作系统的设置，引导的缺省操作系统以及应当等待多少时间的信息。由于“Boot.ini”实际上就是一个系统配置文件，所以完全可以自己制作一个出来：

在 Windows 中新建一个文本文件，打开后在里面输入以下信息：

[boot loader]

timeout=30

default=multi（0）disk（0）rdisk（0）partition（1）\WinNT

[operating systems]

Multi（0）disk（0）partition（1）\WinNT=“Microsoft Windows2000 professional”/fastedtect multi（0）disk（0）rdisk（0）partition（2）Windows=“Microsoft Windows XP professional”/fastedtect

输入完成之后，执行记事本菜单中的“文件”→“另存为”命令，然后将文件名写成“Boot.ini”，将保存类型选择为“所有文件”（这是最关键的一步），然后单击“保存”按钮保存。

将上一步创建的这个“Boot.ini”文件复制到 C 盘根目录下，最后重新启动，启动菜单就会出现。

17 双系统中，升级 Windows 98 到 Windows 2000 后无法启动怎么办

故障现象：

电脑中安装了 Windows 98 与 Windows XP 的双系统，由于 Windows 98 不稳定，所以就将 Windows 98 升级为 Windows 2000，成功将 Windows 98 升级为 Windows 2000 之后，却发现 Windows XP 无法启动了。

故障分析与处理：

因为在将 Windows 98 升级到 Windows 2000 后，Windows 2000 改写了由 Windows XP 所创建的“Ntldr.com”、“Ntdetect.com”、“Boot.ini ”这三个重要的启动文件。由于 Windows 2000 的版本较低，所以无法引导 Windows XP，造成 Windows XP 无法启动。要解决这个问题，有好几种方法。

第一种方法：

❶ 重新启动计算机，将 Windows XP 的安装光盘插入光驱中，然后按<Del>键进入 BIOS 设置，将第一启动改为“CD-ROM”。

❷ 进入 Windows XP 安装界面之后，选择用“恢复控制台”修复 Windows XP，根据提示按<R>键之后进入恢复控制台。

❸ 进入控制台的光驱盘符，然后进入 Windows XP 安装光盘中的“i386”文件，输入“Copy ntldr C:\”，按<Enter>键之后，系统提示“要改写 Ntldr 吗？”。输入“Y”并按<Enter>键，系统就会提示“复制了一个文件”。

● 接着在 i386 提示符下输入“Copy ntdetect.com C:\”并回车，将光盘中的“ntdetect.com”也拷贝到 C 盘根目录下，替换 Windows 2000 的“ntdetect.com”。

❺ 输入“EXIT”便可退出 Windows XP 的恢复控制台，重新启动计算机，等进入 Windows 2000 之后，只需根据前面介绍的方法，将 C 盘根目录下的“Boot.ini ”修复即可。

第二种方法：

❶在 Windows 2000 系统下插入 Windows XP 的安装光盘，当出现 Windows XP 安装光盘的欢迎窗口后，选择“安装 Windows XP”。

❷ 按照正常流程在 Windows 2000 下“全新安装”Windows XP，当 Windows XP 提示需要重新启动计算机并继续安装之后，根据提示重新启动。

❸ 进入 Windows XP 的安装界面之后，选择用“恢复控制台”修复 Windows XP。根据提示按<R>键之后进入恢复控制台。此时控制台会提示我们要登录到哪个 Windows XP 安装，一般就选默认的“1”，接着键入系统管理员密码，用户就进入了控制台的 Windows 目录下。在 Windows 目录下键入“BOOTCFG/ADD”，控制台会扫描 Windows 安装。几秒钟后扫描完成，提示选择要添加的安装，选“1”。接着提示输入加载识别符，可输入“Microsoft Windows XP Professional”。接着提示输入“OS”加载选项，键入“Fastdetect”，按<Enter>键，输入“EXIT”，重新启动计算机即可。

18 为何安装双系统却成了升级安装

故障现象：

一台已经安装了 Windows 98 的电脑，想再安装一个 Windows 2000，组成一个 Windows 98 与 Windows 2000 的双系统，但是安装完成后，只有一个 Windows 2000 系统，Windows 98 却不见了。

故障分析与处理：

出现这种情况完全是因为操作者疏忽造成，由于这种故障已经无法弥补，所以我们只能解释为什么会出现这种问题，避免类似的错误产生。

❶ 当我们在光驱中插入 Windows 2000 安装光盘后，会自动弹出一个“Microsoft Windows 2000 CD”的窗口，询问是否要将 Windows 98 系统升级到 Windows 2000，如果想建立双系统，此时绝对不能单击“是”按钮，而必须单击“否”按钮。

❷ 选择“否”按钮后，进入 Windows 2000 安装向导窗口，单击该窗口上的“安装 Windows 2000”选项，进入 Windows 2000 安装向导。

❸ 在打开的安装方式选择窗口中，此时一定得选择第二项“安装新的 Windows 2000”，否则就会出现前面提到的那种故障。

专业提升

开机时显示出很多英文提示，然后电脑就停止运作了，这是因为系统自检没有通过，英文提示就是错误报告。以下是常见的错误报告列表，用户可对照着找出电脑故障。

Bad CMOS Battery：主板的 CMOS 电池电力不足。

Cache Controller Error：Cache Memory 控制器损坏。

Cache Memory Error：Cache Memory 运行错误。

CMOS Checks UM Error：CMOSRAM 存储器出错，应重新执行 CMOSSETUP。

Diskette Drive Controller Error：原因有五：软盘驱动器未与电源连接；软盘驱动器的信号线与 I/O 卡之间的连接不正确；软盘驱动器损坏；多功能卡损坏；CMOS 里软驱参数设置错。

Display Card Mismatch：主机内装显示卡与系统设定值不匹配。

Equipment Configration Error：硬件设备参数不合，重新设置 CMOS。

Fixed Disk Controller Error：原因可能是：硬盘未接电源；硬盘信号线与 I/O 卡之间的连接不正确；硬盘已损坏。

Fixed Disk0 Error：硬盘 0 磁道损坏。

Insert System Diskette, Press ENTER Key To Reboot：没有系统引导盘。

I/O Parity Error：输入输出程序无法正确运行。

Keyboard Error：键盘连接错误或键盘损坏。

Memory Error：主板上 DRAM、SIMM 或附加的内存条损坏。

Memory Size Mismatch：系统检测到的内存条容量与实际不符。

Press FI To Continue or Ctrl+Alt+Esc For SETUP：系统设定错误。

Protected Mode Test Fail：CPU 保护模式错误。在该情况下，系统仍可在实模式（Real Mode）DOS 环境下运行。

RAM BIOS Not Exist：当用户想启动 SHADOWRAM，但 SHADOWRAM 不存在。

RAM Parity Error：主板上 DRAM 或 SIMM 无法正常运行。

RealTime Clock Error：时钟设定不正确。

2.2 系统使用常见故障

Windows 在使用中会出现各种各样的问题，有的是设置不当，有的则是系统故障，读者要注意进行区别。

1 Windows Vista 系统中“天气”小工具无法使用，是怎么回事

这是因为区域设置造成的，解决方法如下：

❶ 依次打开“控制面板”→“时钟”、“语言和区域”→“区域和语言”选项。

❷ 将“当前格式”设置为“英语(美国)”。

❸ 再转到“位置”将“当前位置”设置为“美国”。

❹ 再转到“管理”,单击“更改系统区域设置”,设置为“英语(美国)”。

❺ 重新启动计算机之后，“天气”小工具即可使用了。

❻ 单击天气小工具右上角的设置按钮，在“当前位置”文本框中使用英文或汉语拼音输入要查找的城市名称，例如北京可输入“beijing”或“peking”，乌鲁木齐可输入“wulumuqi”或“urumqi”，即可看该城市的天气了。

❼ 经过以上步骤以后，会将区域设置为美国，导致系统“数字”→“货币”→“时间”→“日期”等以英文显示，同时会造成非 Unicode 程序(QQ 等)不能显示汉字。用户可以在区域和语言选项中单击“自定义此格式”，按照中文习惯，重新设“数字”→“货币”→“时间”→“日期”即可。

2 为什么在 Windows Vista “开始”菜单的底部再也看不到“运行”命令

很简单，只要按下<Win>+<R>组合键，即可打开熟悉的运行对话框。

3 Windows Vista 的关机速度还是太慢了，有没有什么方法可以加快呢

要加快 Windows Vista 的关机速度，在保证系统稳定性前提下可做的优化是通过尽量缩短关闭前的等待时间。同 Windows XP 一样，可以通过修改注册表调整相应选项来实现。

❶ 缩短关闭服务前的等待时间

打开注册表编辑器，找到如下注册表项：

“HKEY_LOCAL_MACHINE\System\CurrentControlSet\Control”

在右面的窗口中，双击名为“WaitToKillServiceTimeout”的注册表项，将它的数值从默认的 20000（单位为 ms）调整到一个较小的数值，如 5000 甚至 1000 等，这样，如果 Windows Vista 在设置的 5s(5000)或 1s(1000)内没有收到服务关闭信号，系统即会弹出一个警告窗口，通知用户该服务无法中止，并给出强制中止服务或继续等待的选项等待用户选

择。

❷ 缩短关闭应用程序与进程前的等待时间

在注册表中找到如下分支：

"HKEY_CURRENT_USER\ControlPanel\Desktop"

双击右侧面板中的 "WaitToKillAppTime-out"，将其值从默认的 20000（单位同样为 ms）修改为较小的 5000 或 1000，这样，Windows 在发出关机指令后如果等待 5s 或 1s 仍未收到某个应用程序的关闭信号，将弹出相应的警告信号，并询问用户是否强行中止。

在右侧面板中还有一个名为 "HungApp Timeout" 的注册表项，该项对应于系统在用户强行关闭某个进程或应用程序后，如果该对象没有响应时的等待时间。其默认值为 "5000"，一般可将其修改为 "1000"。

在注册表中找到如下分支：

"HKEY_USERS\.DEFAULT\Control Panel\Desktop"

重复上面的操作，即修改"WaitToKill-App Timeout"与 "HungAppTimeout" 两个注册表项的值。

❸ 在关机或注销时自动中止应用程序或进程

即便将 "HungAppTimeout" 的值设得很小，并不意味着 Windows Vista 在等待时间超过该时限后会自动中止该程序或进程，而仍会弹出对话框让用户确认是否中止。如果您感觉这样的方式过于繁琐，可通过修改注册表项让 Windows Vista 在超过等待时限后自动强行中断该进程的运行。

在注册表中找到如下分支：

"HKEY_CURRENT_USER\ControlPanel\Desktop registry"

可看到项中有一名为 "AutoEndTasks" 的注册表项，其默认值为 "0"，将其修改为 "1"，即是让 Windows Vista 自动终止所有的进程，而不再需用户的确认。

4 Windows Vista 系统在打开窗口时使用了动画效果，严重影响打开窗口的速度怎么办

对内存较小的用户来说，改善的方法就是将动画效果关闭。

按<Win>+<R>组合键打开 "运行" 窗口，输入 "Regedit" 运行注册表，找到 "HKEY_CURRENT_USER\Control Panel\Desktop\Window Metrics" 分支，在右边的窗口中找到 "MinAniMate" 键值，把它的值由 "1 "修改为" 0 "即可关闭动画显示。

5 在 Windows Vista 中怎样安装侧边栏呢

❶ 拷贝 Windows Sidebar 目录到系统分区的 Program Files 目录下。

❷ 拷贝 Parts 目录到 C:\Users\username 目录下（username 根据具体用户而定）。

❸ 运行 sidebar.exe 即可。

6 Vista 中怎样开启 Windows 边栏

❶ 在 Windows Vista 中，选择 "开始" → "所有程序" → "附件" → "Windows 边栏"：就可以打开 Windows 边栏了。

❷ 在 Windows Vista "控制面板" 中选择 "经典视图"，然后在里面选择 "Windows 边栏" 即可。

7 为何 CPU 占用率 100%

故障现象：

在 Windows XP 中，查看系统资源占用率时，发现 CPU 始终处于 100%的使用状态。

故障分析与处理：

Windows XP 操作系统经常出现 CPU 占用 100%的情况，主要问题可能发生在下面的某些方面：

1．杀毒软件

由于新版的江民 KV、金山、瑞星等杀毒软件都加入了对网页、插件、邮件的随机监控，无疑增大了系统负担。

处理方式：尽量使用最少的监控服务，或者升级硬件配备。

2．驱动没有经过认证

大量的测试版的驱动在网上泛滥，造成了难以发现的故障原因。

处理方式：尤其是显卡驱动特别要注意，建议使用微软认证的或由官方发布的驱动，并且严格核对型号、版本。

3．病毒、木马

大量的蠕虫病毒在系统内部迅速复制，造成 CPU 占用资源率居高不下。

解决办法：用杀毒软件彻底清理系统内存和硬盘，并且打开系统设置软件，查看有无异常启动的程序。经常更新升级杀毒软件和防火墙，加强防毒意识。

4．不必要的启动项

解决办法：依次单击“开始”→“运行”，输入“msconfig”并回车，打开“系统配置实用程序”，关闭不必要的启动项。

5．“svchost”进程

“svchost”是 Windows XP 系统的一个核心进程。它不单单只出现在 Windows XP 中，在使用 NT 内核的 Windows 系统中都会有“svchost”的存在。一般在 Windows 2000 中，“svchost”进程的数目为 2 个，而在 Windows XP 中“svchost”进程的数目就上升到了 4 个及 4 个以上，大量占用 CPU。

6．网络连接

当安装了 Windows XP 的计算机做服务器的时候，收到端口 445 上的连接请求时，它将分配内存和少量地调配 CPU 资源来为这些连接提供服务。当负荷过重的时候，CPU 占用率可能过高，这是因为在工作项的数目和响应能力之间存在固有的权衡关系。需要确定合适的“MaxWorkItems”设置以提高系统的响应能力。如果设置的值不正确，服务器的响应能力可能会受到影响，或者某个用户独占太多系统资源。

要解决此问题，我们可以通过修改注册表来解决：在注册表编辑器中定位到“HKEY_LOCAL_MACHINE\SYSTEM\CurrentControlSet\Services\lanmanserver“子键，在右侧窗口中新建一个名为“maxworkitems”的 DWORD 值。然后双击该值，在打开的窗口中键入下列数值并保存退出：

如果计算机有 512MB 以上的内存，键入“1024”；如果计算机内存小于 512 MB，键入“256”。

8 安装 Windows XP SP2 时，出现“访问拒绝”错误怎么处理

故障现象：

安装 Windows XP SP2 时，出现“访问拒

绝”错误。

故障分析与处理：

很有可能是当前的登录用户对于某些安装 SP2 所需的文件夹和注册表项没有相应的权限。

解决办法：

（1）检测注册表的权限设置

❶ 依次单击“开始”→“运行”，在打开的运行窗口中输入“regedit”并回车，打开注册表编辑器。

❷ 在注册表中定位到“HKEY_LOCAL_MACHINE”子键。

❸ 在该注册表项目上单击鼠标右键，从弹出的快捷菜单中选择“权限”项，在打开的权限对话框上确保在“组或用户名称”列表框中有“Administrators”组。

如果没有的话，请添加“Administrators”组到该列表框。同时保证“Administrators”组拥有“完全控制”的权限。

（2）检测 Windows 安装目录的权限设置

❶ 依次单击“开始”→“运行”，在打开的运行窗口中输入“%systemdrive%”并回车。

❷ 在打开的窗口中，用鼠标右键单击“Windows”文件夹，从弹出的菜单中选择“权限”项，在打开的权限对话框上确保在“组或用户名称”列表框里有“Administrators”组。

如果没有的话，请添加“Administrators”组到该列表框。同时保证“Administrators”组拥有“完全控制”的权限。

（3）完成以上两步的设置之后，重新启动电脑进入安全模式，安装 SP2。

9 安装 Windows XP SP2 时，出现“Unable...”错误怎么处理

故障现象：

安装 Windows XP SP2 时，出现“Unable…”错误。

故障分析与处理：

出现这种情况很有可能是以下几个原因所造成的：

“%systemroot%\system32\catroot2”文件夹下的数据库文件或者日志文件被破坏。

Cryptographic Services 服务没有启动。

本地安全数据库被破坏。

其他 Windows 所需的文件被破坏。

解决办法：

（1）停止“Cryptographic Services”服务

❶ 依次单击“开始”→“运行”，在打开的运行窗口中输入“Services.msc”并回车，打开“服务”窗口。

❷ 在该窗口的右侧选中“Cryptographic Services”服务，然后单击工具栏中的“停止服务”按钮。

（2）删除“Catroot2”文件夹

❶ 依次单击“开始”→“运行”，在打开的运行窗口中输入“%windir%\sysytem32”并回车。

❷ 在打开的文件夹窗口中，找到并删除“Catroot2”文件夹。

（3）重启“Cryptographic Services”服务

❶ 依次单击“开始”→“运行”，在打开的运行窗口中输入“Services.msc”并回车，打开“服务”窗口。

❷ 在该窗口的右侧选中“Cryptographic Services”服务，然后单击工具栏中的“启动服务”按钮。

（4）重新注册“dll”文件

❶ 依次单击“开始”→“运行”，在打开的运行窗口中输入“regsvr32 softpub.dll”并回车。

❷ 用同样的方法注册以下的 dll 文件：

regsvr32 wintrust.dll

regsvr32 initpki.dll

regsvr32 dssenh.dll

regsvr32 rsaenh.dll

regsvr32 gpkcsp.dll

regsvr32 sccbase.dll

regsvr32 slbcsp.dll

regsvr32 cryptdlg.dll

如果按照上面提供的方法还不能够解决问题，我们还可以试试下面两个方法。

方法一：依次单击“开始”→“运行”，在打开的运行窗口中输入“CMD”并回车。然后在打开的命令提示符窗口中输入“ESENTUTL /p %windir%\security\database\secedit.sdb”。

方法二：依次单击“开始”→“运行”，在打开的运行窗口中输入“%windir%\security”并回车。然后在打开的文件夹窗口中，将所有的“edb*.log”文件重新命名为“edb*.log.old”。

10 安装 Windows XP SP2 时，系统提示文件保护错误怎么处理

故障现象：

安装 Windows XP SP2 时，系统提示文件保护错误。

故障分析与处理：

引起该问题的原因很可能是安装了诸如 Style XP 等启动画面修改程序，这些程序会修改系统的“Boot.ini”文件，导致 SP2 无法升级（可能提示系统核心文件不正确）。

解决方法：

出现这种情况时，可以尝试通过下面的操作来处理。

❶ 首先删除这些启动画面修改程序。

❷ 依次单击“开始”→“运行”，在打开的运行窗口中输入“Sysdm.cpl”并回车。

❸ 将打开的系统属性对话框切换到“高级”选项卡下，然后单击“启动和恢复”下的“设置”按钮。

❹ 单击“编辑”按钮，打开“Boot.ini”文件。

❺ 将“timeout”的值设置为“0”，并将“[operating systems]”部分的语句设置如下：

multi(0)disk(0)rdisk(0)partition(2)\WINDOWS="Microsoft Windows XP Professional" /noexecute=optin /fastdetect

本例中 Windows XP 安装在电脑的 D 盘，如果在 C 盘，则应为 partition(1)。

安装的启动画面修改程序会在“[operating systems]”语句后添加类似于“Kernel=****.exe”这样的变量，可以将这些添加的变量删除，确保该语句和上面内容类似，然后保存并重新启动电脑即可。

11 程序安装到一半提示硬盘空间不足，怎么办

故障现象：

在安装一个游戏时，安装向导提示需要 1GB 的硬盘空间，将其安装到 C 盘时，明明 C 盘还有 1.5GB 的剩余空间，却在安装到一半时出现硬盘空间不足的警告。

故障分析与处理：

出现这样的问题，可以从以下两方面着手解决：

（1）在安装软件时，软件都需要一个临时的空间来暂时存放安装文件，等软件安装好后，再自动清除临时空间中的临时文件，而这些软件又都喜欢拿 C 盘作为临时空间。如此一来问题就来了，以安装一个 1GB 的软件为例，虽然 C 盘有 1.5GB 的剩余空间，但是在安装这个软件时，安装程序往往会霸占大量的 C 盘空间来存放临时文件。且随着安装的进行，安装程序霸占的硬盘空间越来越大，而此时软件也已经部分安装到硬盘上了，因此也就会出现软件安装到一半时出现空间不足的警告。

解决方法：

要么用分区软件扩大 C 盘的空间，要么将游戏安装到其他分区。

（2）默认状态下，Windows 都将虚拟内存放在 C 盘，由于虚拟内存实际占用的硬盘空间是变化的，所以也很容易导致该故障的出现。

❶ 要解决这个问题，可以单击“开始”→“设置”→“控制面板”→“系统”→“性能”，然后单击“虚拟内存”按钮，进入“虚拟内存”窗口。

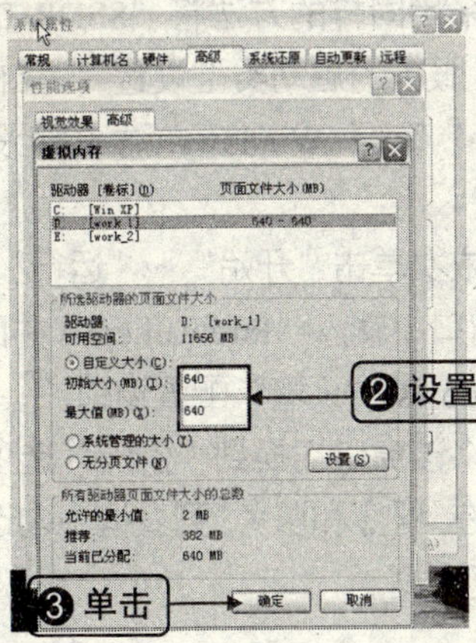

12 为什么光盘无法自动运行

故障现象：

将一张可以自动运行的光盘放入光驱，光盘却无法自动运行。

故障分析与处理：

该故障可能是由以下两种原因所造成的：

（1）光驱的“自动插入通告”被关闭了

在正常状态下，光驱能自动检测到光盘的插入，但是一旦该项功能被关闭，则当我们将一张光盘插入光驱后，系统并不会自动监测光盘的插入，而必须由我们去手动检测（也就是在资源管理器中进入光驱盘符后，按<F5>键执行“刷新”功能，以便让系统去检测光驱中是否有光盘）。因此，当出现光盘自动运行功能失效的故障后，首先得检查 Windows 的“光盘自动插入通告”是否正常（以 Windows 98 为例）。

❶ 打开“系统属性”设置窗口，单击“设备管理器”选项卡，在“设备管理器”窗口中，单击“CD-ROM”前面的“+”，然后选中“CD-ROM”下面的光驱。

❷ 单击“属性”按钮，在弹出的“光驱属性”窗口中，单击“设置”选项卡，保证该窗口中“自动插入通告”前的复选框被选中。

❸ 单击“确定”按钮，重新启动电脑即可。

（2）系统注册表的相关键值出错

如果 Windows 中与“自动运行”相关的键值出错，也会造成光盘的自动运行功能失效。因此，除了检查光驱的“自动插入通告”选项外，还要检查注册表。

Windows 98 中的操作如下：

❶ 在 Windows 98 中，依次单击“开始”→“运行”，然后在运行框中输入“regedit”

并回车，打开注册表编辑器。

❷ 定位到“HDEY_CURRENT_USER\Software\microsoft\Windows \currentversion\policies\explorer“子键。

❸ 在右边的键值窗口中，双击“No DrivetypeAutorRun”项值，把它打开，检查键值是不是以下数值：“0000 95 00 00 00”，如果不是的话，请改成上述值，然后单击“确定”按钮进行保存。接着退出注册表编辑器，重新启动电脑即可。

Windows XP 中的操作如下（Windows 2000 中操作相同）：

❶ 在 Windows XP 中依次单击“开始”→“运行”，然后在运行窗口中输入“regedit”并回车，启动注册表编辑器。

❷ 定位到“HKEY_LOCAL_MACHINE\SYSTEM\Currentcontrolset\services\cdrom”子键。

❸ 双击右边键值窗口中的“Autorun”项值，在弹出的“编辑 DWORD 值”窗口中，确保“数值数据”为“1”。

13 安装 Windows XP SP2 后，无法利用 UPNP 功能怎么办

故障现象：

电脑安装 Windows XP SP2 后，无法利用 UPNP 功能。

故障分析与处理：

出现这个故障，很可能是由于没有正确安装系统的 UPNP 支持，没有启动相应的服务，或者没有升级网络设备的 firmware。

解决方法：

（1）安装 UPNP 用户界面

❶ 打开“控制面板”窗口，用鼠标双击“添加或删除程序”组件按钮，然后单击“添加/删除 Windows 组件”选项。

❷ 在“Windows 组件向导”对话框中，勾选“网络服务”项，如下图所示：

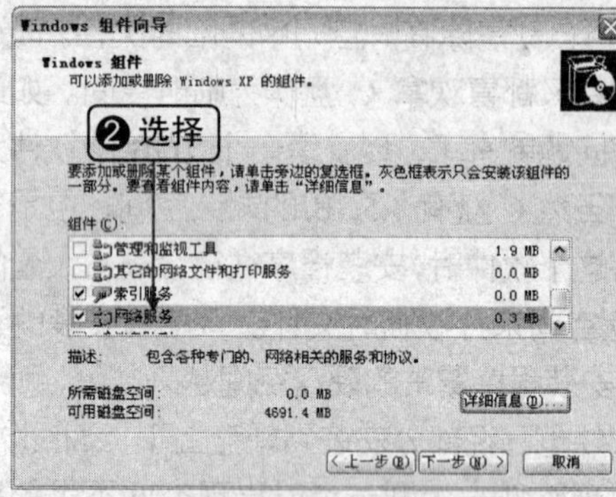

❸ 单击“详细信息”按钮，在打开的“网络服务”对话框中，勾选“UPNP 用户界面”复选框。

❹ 按照提示操作，完成安装 UPNP 支持。

（2）启动 UPNP 服务

❶ 依次单击“开始”→“运行”，在打开的运行窗口中输入“Services.msc”并回车，打开“服务”窗口。

❷ 用鼠标双击“Universal Plug and Play Device Host”服务，在打开的服务属性对话框中，将启动类型改成“自动”，同时单击“启动”按钮，启动该服务。

❸ 采用同样的方法将“SSDP Discovery Service”服务的启动类型设置为“自动”。

（3）确保 Windows 防火墙没有阻挡 UPNP

❶ 依次单击“开始”→“运行”，在打开的运行窗口中输入“Firewall.cpl”并回车，打开“Windows 防火墙”配置窗口。

❷ 将该窗口切换到“例外”选项卡。

❸ 在“程序和服务”列表框中勾选“UPNP 框架”复选框。

❹ 确保“UPNP 框架”项处于选定状态，单击“编辑”按钮，在弹出的“编辑服务”窗口中单击“更改范围”按钮，然后选择“任何计算机（包括 Internet 上的计算机）”，最后单击“确定”按钮。

（4）正确配置路由器

❶ 联系网络设备制造商或经销商，以获得最新的 Firmware、驱动程序，并按照产品说明书进行升级。

❷ 由于升级 Firmware 以后，网络设备可能会恢复出厂时的设置，应确保对网络设备重新进行正确的配置，以保证支持 UPNP。

（5）排除其他因素的干扰

请确保电脑上没有安装第三方的防火墙，或者其他可能干扰系统 UPNP 功能的其他应用软件。

14 下载的 Windows 更新文件丢失了，怎么找回来

故障现象：

下载的 Windows 更新文件丢失。

故障分析与处理：

这是因为当前 Windows XP 所用的 V5 版本的 Windows 更新，其默认的更新补丁保存的临时文件夹不再是分区根目录下的 WuTemp 子目录。

解决方法：

❶ 打开“我的电脑”，进入“X:\Windows\SoftwareDistribution\Download”目录（X 为 Windows XP 所在的盘符）。

❷ 在该目录下可能存在几个子目录，可以通过在窗口菜单栏中依次执行“查看”→“详细信息”命令，使得这些子目录以详细信息方式显示，可以按照以下三个条件判断 SP2 文件所在的位置。

条件一：查看子目录的修改日期，如果是我们进行 Windows 更新的日期，那么可能就是 SP2 文件所在的位置；

条件二：通过 Windows 更新下载所得到的 SP2 安装文件的大小约为 400 多兆字节，如果该目录的大小接近这个数字，那么可能就是 SP2 文件所在的位置；

条件三：进入根据以上两个条件筛选出来的子目录，然后在其下的“\update”目录下打开“Eula.txt”文件，如果里面含有“SERVICE PACK 2”字样，基本上可以判断为 SP2 文件所在的位置。

15 安装了 Windows XP SP2，出现 Explorer 进程崩溃，是什么原因

故障现象：

电脑在安装 Windows XP SP2 了之后，出现 Explorer 进程崩溃。

故障分析与处理：

可能是第三方的应用程序替换了系统的 Shlwapi.dll 文件，导致 Explorer 进程出错。

解决方法：

❶ 准备一张能够引导电脑启动的 Windows XP 安装光盘，用它来引导计算机，进入故障恢复控制台。

❷ 在命令行提示符下，输入以下命令“expand X:\i386\shlwapi.dll_Y:\Windows\system32\shlwapi.dll /y”（X：光驱所在的盘符；Y：Windows XP 所在分区的盘符）。

❸ 运行“exit”命令退出故障恢复控制台，并重新启动电脑。

16 安装了 Windows XP SP2，无法看到网页中的验证码，是什么原因

故障现象：

电脑在安装了 Windows XP SP2 之后，无法看到网页中的验证码。

故障分析与处理：

SP2 引入了增强的安全特性，默认会禁止“XBM”格式图片的显示，所以导致这些验证码无法看到。

解决方法：

❶ 依次单击“开始”→“运行”，在打开的运行窗口中输入“regedit”并回车，打开注册表编辑器。

❷ 在注册表编辑器的左侧定位到“HKEY_LOCAL_MACHINE\SOFTWARE\Microsoft\Internet Explorer\Security”注册表项，在右侧窗口中新建一个“DWORD”键值“Block XBM”，并将其值设置为“0”。

> **提 示**
>
> ·如果该键值已经存在，可以直接将其值修改为“0”即可。

❸ 重新启动电脑。

17 安装了 Windows XP SP2，网页文字显示为乱码是什么原因

故障现象：

电脑在安装了 Windows XP SP2 之后，部分网页里的文字显示为乱码。

故障分析与处理：

该故障可能是 SP2 本身的问题，可以通过安装 Windows 更新补丁解决。

解决方法：为系统安装微软的 KB886677 补丁包。

> **提 示**
>
> 该补丁只能安装在已经安装过 SP2 的 Windows XP 操作系统上。

18 安装了 Windows XP SP2，任务栏出现异常现象是什么原因

故障现象：

电脑在安装了 Windows XP SP2 之后，任务栏有时出现异常现象。

故障分析与处理：

该故障是由第三应用软件的互相冲突而造成的。

解决方法：

（1）新建用户

❶ 依次单击“开始”→“运行”，在打开的运行窗口中输入“Nusrmgr.cpl”并回车。

❷ 在打开的用户管理窗口中新建一个用户。

❸ 利用刚刚新建的用户重新登录 Windows XP。

（2）借助第三方工具

如果上面提供的方法无法解决问题，还可以尝试下载使用“Taskbar Repair Tool Plus”工具。

❶ 下载并安装“Taskbar Repair Tool Plus”。

❷ 启动“Taskbar Repair Tool Plus”软件，在“Taskbar Problem”下拉列表框中选择“Minimized Programs Missing”项。

❸ 单击“Repair”按钮，系统将会弹出一个消息框，提示系统将会重新启动

“Explorer”，单击“是”按钮重新启动“Explorer”。

19 安装了 Windows XP SP2，不能检测到杀毒软件是什么原因

故障现象：

安装 Windows XP SP2 的电脑，不能检测到杀毒软件。

故障分析与处理：

Windows XP 安全中心的检测功能可以帮助我们更好地检查杀毒软件的状态，但是这种检测功能并不能代替杀毒软件的功能。同时需要注意的是：需要由杀毒软件自己确定其状态，并通过 WMI Provider 将这些状态报告给 Windows 安全中心。也就是说 Windows 安全中心所报告的杀毒软件的状态，都是来自于杀毒软件本身的报告功能。如果杀毒软件本身由于版本比较旧，而不支持这种报告，那么 Windows 安全中心就可能会误报，但是这并不会影响系统的正常运行。

解决方法：

由于 Windows XP 安全中心仅仅是一个检测功能，并不真正代替第三方杀毒软件的功能。首先推荐联系杀毒软件厂商，以获得最新版本的、可以正式支持 SP2 的版本；但是由于种种原因，如果 Windows XP 安全中心无法识别杀毒软件，则可以使用以下方法进行设置。

❶ 依次单击“开始”→“运行”，在打开的运行窗口中输入“Wscui.cpl”并回车，打开“Windows 安全中心”窗口。

❷ 在病毒防护部分单击“建议”按钮，然后勾选“我已经安装防病毒软件并将自己监视其状态”项，最后单击“确定”按钮。

20 鼠标双击操作无效怎么处理

故障现象：

在 Windows 窗口中，鼠标的单击和拖拽操作有效，但无法通过双击鼠标来启动应用程序。

故障分析与处理：

该故障是我们无意中将鼠标双击的时间间隔设置得太短，致使系统将用户的双击操作视为两次不连续的单击操作。我们只需适当调整鼠标双击的速度即可解决该问题。

具体操作为：

打开“控制面板”，选中“鼠标”选项，单击鼠标右键，然后选择弹出菜单中的“打开”命令，启动鼠标设置功能。在“鼠标属性”对话框中选择“按钮”选项卡，然后将“双击速度”中的滑杆向左移动，适当调节鼠标的双击速度（此速度可通过旁边的“测试区域”进行测试），使之与我们自己的操作速度相适应。

21 “添加/删除程序”对话框不能打开，是怎么回事

故障现象：

“添加/删除程序”出现问题，当想打开它删除程序时，刚刚打开就自动关闭了。

故障分析与处理：

出现这种情况可能是“添加/删除程序”所需的链接文件损坏了，需要重新注册。具体操作步骤如下：

依次单击“开始”→“运行”，打开“运行”窗口，在运行窗口中分别输入“regsvr32 mshtml.dll、regsvr32 shdocvw.dll –i、regsvr32 shell32.dll –i”并回车即可。

22 为什么安装程序进行到 18%的时候不能继续

故障现象：

电脑能启动，并能进入 BIOS，设为光驱启动，进入安装系统界面，系统安装到 18%的时候停了，再也装不下去（重装了两次）。把硬盘拿到别的机子测试，安装成功，把 C 盘格式化之后，再把硬盘拿回来，重装，问题依旧！

故障分析与处理：

该情况说明硬盘没有问题。很可能是由数据线断裂所造成。建议更换硬盘数据线。

23 系统任务栏不见了，怎么找回来

故障现象：

电脑启动过程中，没出现异常情况，运行程序也正常，故怀疑是任务栏属性被设置成了“自动隐藏”并被拖到了上边、左边或右边的任一边上。

故障分析与处理：

❶ 将鼠标移到上边、左边或右边的任一边上，任务栏就会显现出来。然后单击任务栏中的空白处，选择弹出菜单中的“属性”选项。

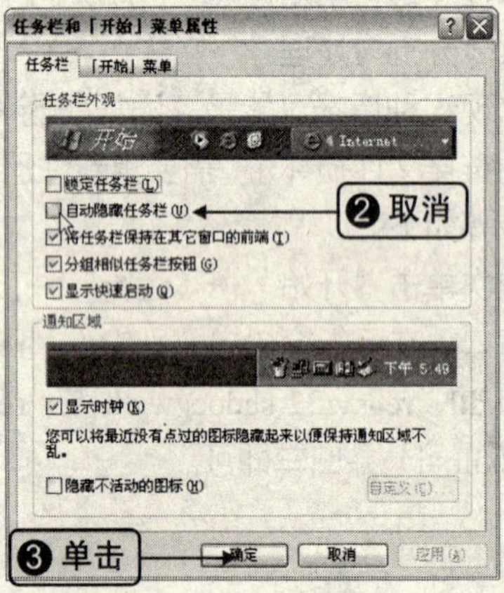

24 系统的快速启动工具栏不见了，怎么找回来

故障现象：

Windows 提供了一个由“IE”、“Windows Media Player”和“显示桌面”等图标按钮组成的快速启动工具栏，但进入系统，发现该快速启动工具栏不见了。

故障分析与处理：

该故障是我们无意中关闭了 Windows 的快速启动工具栏造成的，只需要重新将其打开即可。

❶ 在系统任务栏上单击鼠标右键，从弹出的快捷菜单中选择“属性”项，打开“任务栏和『开始』菜单属性”窗口。

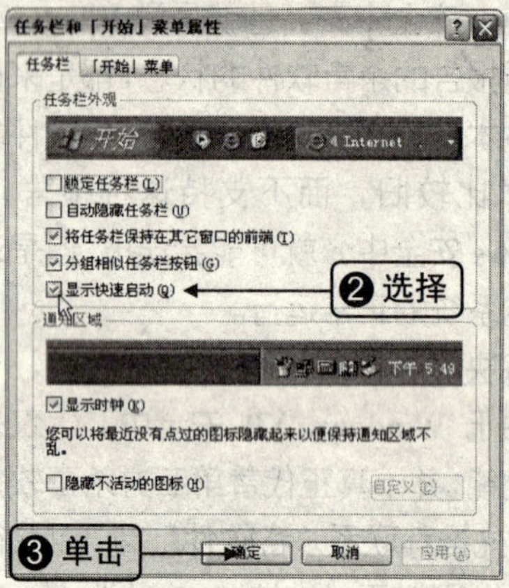

25 为什么在 Windows XP 中，不同文件夹查看方式不同

故障现象：

在 Windows XP 中，如果某个文件夹中的文件含有图片，则进入该文件夹之后，Windows XP 会自动启动“相册”（也就是进入该文件夹后，能直接在该文件夹中浏览图片并进行简单的编辑）查看模式查看该文件夹中的所有文件。

除了“相册”外，Windows XP 还提供了“图片”、“音乐”、“文档”、“视频”等多种查看模板，虽然这些智能化服务能够方便某些用户的使用，但大多数时候我们更喜欢 Windows 98/2000 中那种普通的“文档”模式，也就是直接显示每个文件的图标，这样便于管理文件。那么该怎样让 Windows XP 不这样“自作多情”呢？

故障分析与处理：

❶ 打开“资源管理器”，然后任意选择一个文件夹，右键单击该文件夹，选择右键菜单中的“属性”，选择“自定义”选项卡。

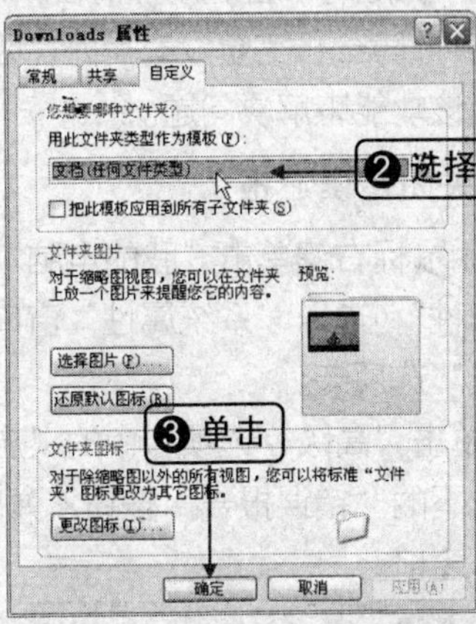

26 Windows XP 中有些系统组件不必要，却无法删除怎么办

故障现象：

Windows XP 中自带了大量的软件，其中有很多软件根本就用不着，但是在控制面板的“添加删除程序”窗口中，根本就看不到这些软件，难道真的就无法删除了？

故障分析与处理：

在 Windows XP 中，“添加/删除 Windows 组件”窗口中的软件列表其实被保存在一个名为“SYSOC.INF”的信息文件中。我们只需把保存在其中的程序属性更改，便可删除一些隐蔽的系统组件。

❶ 进入 Windows 资源管理器，然后单击“查看/文件夹选项”，选择“查看”选项卡。

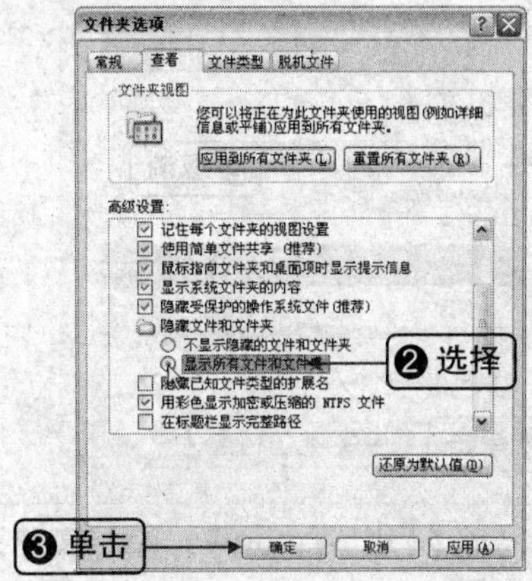

❹ 进入 Windows XP 的系统盘，然后打开“Windows”文件夹下的“INF”文件夹，找到“Sysoc.inf”文件，用记事本将它打开。

❺ 该文件的每一行内容都代表一个在“添加/删除 Windows 组件”窗口中的项目。因此，想要某个项目显示出来，只需将该项目的“hide”字样删除掉，然后保存“Sysoc.inf”即可。

❻ 打开“添加/删除 Windows 组件”，就能看到以前看不见的那些系统组件了。

27 为何任务栏上的任务要重叠在一起

故障现象：

在 Windows XP 下打开了多个同一程序的窗口（比如打开了多个 IE、多个 Word 窗口）后，系统会自动对同类的任务栏按钮进行分组，然后以“层叠”的形式呈现出来。

故障分析与处理：

❶ 关闭所有窗口，在任务栏上单击鼠标右键，选择“属性”选项，打开“任务栏和「开

始」菜单属性”窗口，选择“任务栏”选项卡。

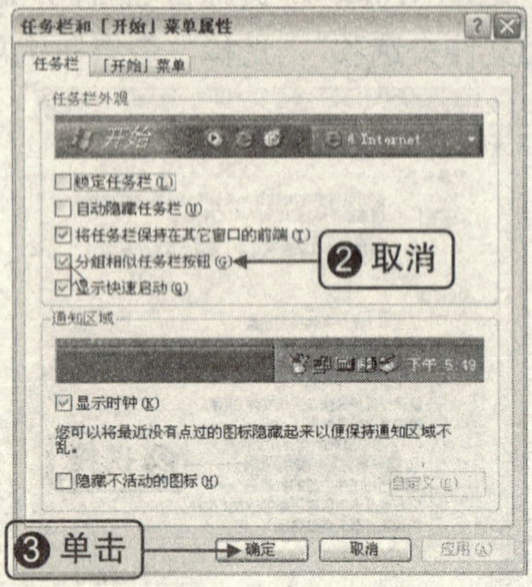

28 怎样防止 Windows XP 意外关机

故障现象：

在 Windows XP 系统中，不小心按了一下机箱上的电源开关，Windows XP 就自动关机，并且没有任务警告信息。

故障分析与处理：

为了预防这种情况的发生，我们可以通过更改计算机的电源选项来达到目的：

❶ 依次单击“开始”→“控制面板”→“电源选项”，进入“电源选项 属性”窗口，选择“高级”选项卡。

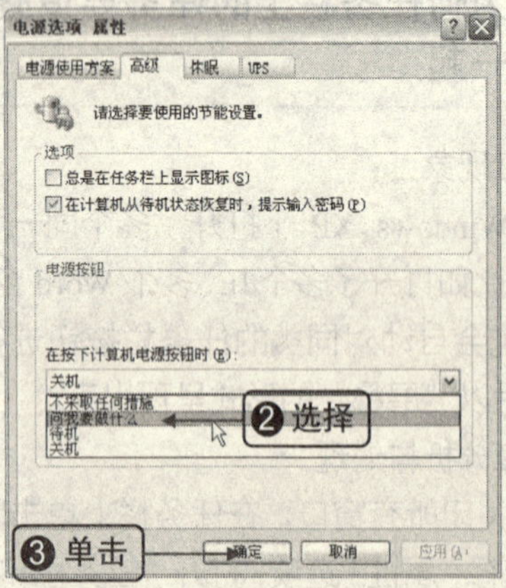

29 程序出错时系统一直读硬盘，怎么处理

故障现象：

有时候软件出了问题被关闭之后，Windows XP 不停地读写硬盘，并且持续时间比较长。

故障分析与处理：

在默认状态下，Windows XP 会在应用程序出错时，将内存的内容转存在一个专门的文件中以便进行故障分析，因此才会出现狂读硬盘的情况；但是对于普通用户而言，Windows XP 的这种故障分析完全没有用处，因此可以通过禁止该功能来解决问题。

1. 关闭错误汇报

❶ 用鼠标右键单击“我的电脑”图标，选择“属性”，进入“系统属性”窗口后，单击“高级”选项卡。

❷ 单击“高级”选项卡中的“启动和故障恢复”下的“错误报告”按钮，弹出 “错误汇报”窗口。

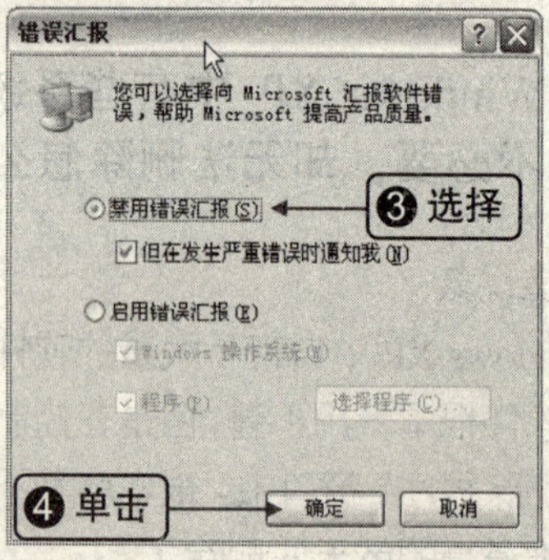

2. 设置系统失败的事件记录

❶ 进入“系统属性”窗口后，选择“高级”选项卡，然后单击“启动和故障恢复”下的“设置”按钮。

❷ 在弹出的“启动和故障恢复”窗口中，

将“系统失败”下的“将事件写入系统日志”、“发送管理警报”取消，然后将“写入调试信息”设置为“无”，如下图所示。

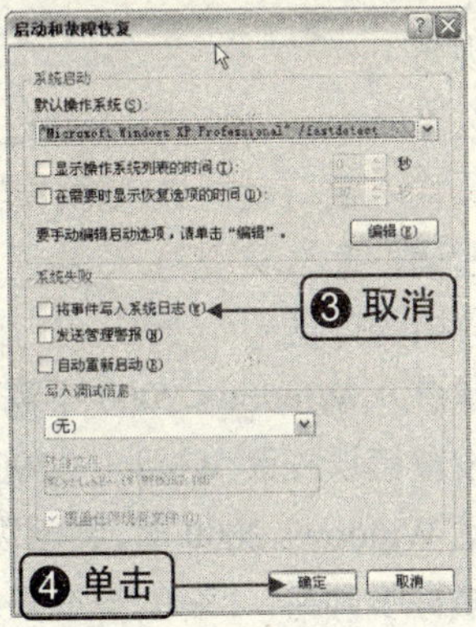

3．关闭 Dr.Watson

❶ 依次单击“开始”→“运行”，在运行窗口中输入“Drwtsn32”并回车。

❷ 在弹出的“Dr.watson For Windows”窗口中，将“选项”下的所有选项都取消，如下图所示。

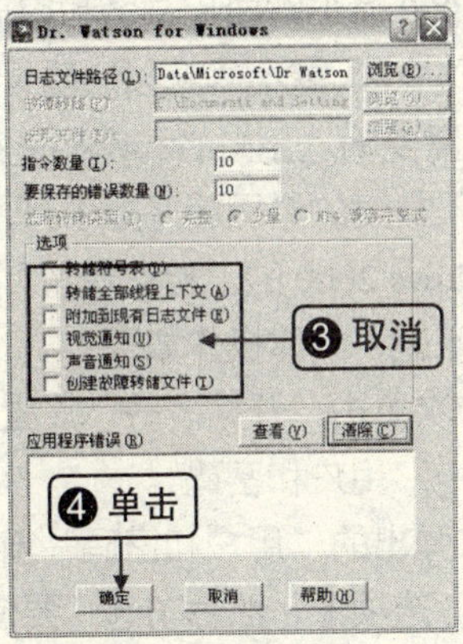

❺ 重新启动电脑。

30 为什么 Windows XP 中复制/粘贴时会出现乱码

故障现象：

在 Windows XP 中复制/粘贴文字时，总是出现乱码，即使是在记事本中也会出现这样的问题。

故障分析与处理：

问题出在输入法里面，Windows XP 默认的输入法为英语，键盘模式为美式键盘，同时提供的还有中文键盘模式，由于 Windows 98 中只使用美式键盘模式，所以就不会出现乱码问题，而 Windows XP 则有可能会出现以上问题。解决的办法是删除美式键盘模式，添加中文键盘模式并且设置为默认值，具体的操作步骤如下：

❶ 打开“控制面板”窗口，双击“区域和语言选项”，然后在弹出的“区域和语言选项”窗口中单击“语言”选项卡。

❷ 单击该窗口中的“详细信息”按钮，在弹出的“文字服务和输入语言”窗口中，单击“设置”选项卡。

❸ 在“设置”选项卡下面的“已安装的服务”中，选中“英语”的“美式键盘”，然后单击右边的“删除”按钮，将该服务删除。

❹ 单击“添加”按钮，在弹出的“添加输入语言”窗口中，将“输入语言”选为“中文(中国)”，“键盘布局/输入法”选为“简体中文–美式键盘”，如下图所示。

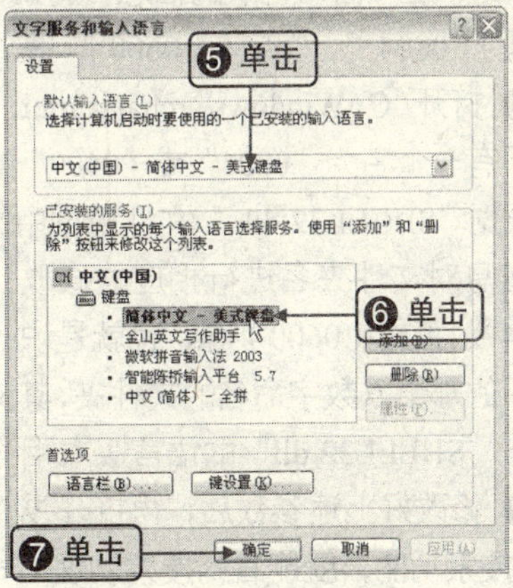

31 为什么 Windows XP 的搜索功能助理不能用了

故障现象：

Windows XP 的搜索功能助理不能用了。

故障分析与处理：

问题出在文件版本上，可以按以下方法解决：

❶ 依次单击“开始”→“运行”，在“运行”窗口中输入“regedit”并回车，打开注册表编辑器。

❷ 定位到“HKEY_CURRENT_USER\Software\Microsoft\Windows\CurrentVersion\Explorer\CabinetState”子键。

❸ 在右边框中新建一个“字符串值”，然后将该字符串值的名称设置为“Use Search Asst”，数值数据输入“NO”。

❹ 在“C:\Windows\system32”目录中找到一个名为“SHELL32.dll”的文件，用鼠标右键单击该文件，选择快捷菜单中的“属性”选项，然后在弹出的文件属性窗口中，单击“版本”选项卡。

❺ 在“项目名称”栏中，单击“语言”，查看右边“值”窗口栏中的信息，例如“中文（中国）（0804）”、“英文（0600）”等。

❻ 打开“C:\Windows\srchasst\mui”目录，目录下有一个名为“0804”或“0409”的文件夹，根据“SHELL32.dll ”文件属性中的“语言”信息对文件夹名进行相应的修改：中文（0804）、英文（0600）等，也就是说“mui”目录下的那个以数字命名的文件夹，其文件名必须与“SHELL32.dll”的语言版本相符。

❼ 修改好上述参数后，再打开 Windows XP 的搜索功能，就能看到搜索助理：一只可爱的小狗。

32 为何 Windows 2000 不用输入密码就可以进入

故障现象：

为什么 Windows 2000 在启动过程中，直接跳过密码输入窗口就能进入操作界面，我想设置一下密码，怎么实现？

故障分析与处理：

并不是进入 Windows 2000 不需要密码，而是由于设置错误安装 Windows 2000 后，在第一次启动 Windows 2000 时，会出现一个“欢迎使用网络标示向导”（有的是在安装过程中出现这一步），该向导的作用就是让用户选择登录 Windows 2000 的方式：“要使用本机，用户必须输入用户名和密码”或“Windows 始终假设下列用户已登录到本机上”，由于系统默认是选择“Windows 始终假设下列用户登录到本机上”，也就是说用户以后在登录 Windows2000 时不需要用户名和密码，如果我们选择了这一项，就会导致以后登录 Windows 2000 时不需要输入用户名和密码就能进入。

知道了故障的原因就好办了，现在只需要取消 Windows 2000 的“自动登录”功能就可以解决该问题，具体操作如下：

❶ 依次单击“开始“→”设置“→”控制面板“→”用户和密码”。

❷ 在弹出的“用户和密码”窗口中，单击“用户”选项卡，然后勾选“要使用本机，用户必须输入用户名和密码”复选框即可。

技巧点拨

在操作系统中删除程序有多种方法，在使用常规方法无效的情况下，可以尝试下面介绍的方法：

（1）通过第三方软件卸载

使用第三方软件来卸载，比如“Windows 优化大师”、“完美卸载 XP”等，可以比较干净地将软件卸载掉。

（2）先安装再删除

有时候会有这样的情况：重装了操作系统后，以前安装的软件即使还能用，它在“添加/删除程序”中均不会出现，如果它本身又没有附带反安装程序，那怎么办呢？这时只有把这个软件在原安装目录上重新安装一遍，然后再进行删除。

（3）直接删除

能直接删除的，一般都是号称“绿色软件”的软件。由于它们不会向注册表中写入信息，因此直接删除即可。

（4）删除软件的遗留项

还有些情况，在删除软件时，不小心把软件目录删除了，软件本身已经不存在了，但在“添加/删除程序”中依然存在，时间长了，里面不用的项目就会越来越多，影响速度。对此的解决办法如下：打开注册表编辑器，依次展开“HKEY_LOCAL_MACHINE\Software\Microsoft\Windows\CurrentVersion\Uninstall”，下面所有的键都是“添加/删除程序”中的项，删除掉以后，相应的“添加/删除程序”窗口中的遗留项也将消失。

（5）借用卸载程序

如果某个软件无法卸载，同时其安装文件夹的 Uninstall.exe 或 Unwise.exe 文件丢失了，这时，可以尝试从其他安装软件的文件夹下拷贝 Uninstall.exe 或 Unwise.exe，然后双击执行，大多数情况下可以实现卸载。

（6）手工拖动 LOG 文件

如果在安装文件夹中双击 Uninstall.exe 或 Unwise.exe 文件提示没有找到安装记录，则可以在安装文件夹下找到扩展名为“LOG”的文件（一般为“install.log”），把它拖到

Uninstall.exe 或 Unwise.exe 文件上即可。

（7）对照 LOG 文件手动卸载

不少软件在安装时，会自动生成一个 LOG 文件，一般为 install.log，它用来记录该软件在安装时的生成文件和添加注册表项目的情况，因此如果某个软件实在请不出去，那么可以到其安装文件夹下看一看，如果有 install.log 文件，可以对照其中的内容把它从系统中彻底清除出去。

第 3 章　常用软件故障

- 怎样提高修复损坏压缩包的成功率
- 怎样才能知道压缩某个文件需要多长时间
- 怎样设置刻录缓冲区大小
- 怎样检测系统信息
- 怎样优化开机速度
- 怎样将图片设置为桌面墙纸
- 怎样为图片添加效果
- 怎样使用 ACDSee 播放影片

3.1 压缩软件 WinRAR

WinRAR 压缩软件产生 RAR 与 ZIP 格式的两种压缩文件，其中 ZIP 格式的压缩文件以其文件体积小的优点成为网络上流行的文件格式。WinRAR 的另一些技巧可参看下面的介绍。

1 怎样修复压缩文件

有了恢复记录，又将怎样修复损坏的压缩文件呢？其操作如下：

❶ 选择“工具”→“修复压缩文件”菜单命令，打开“正在修复资料.rar”对话框。

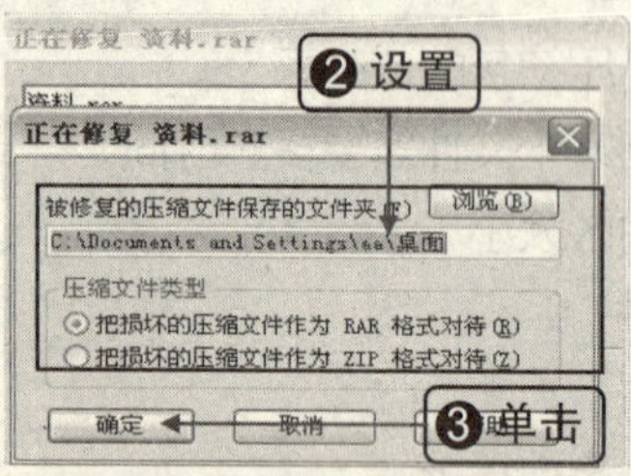

2 怎样快速查找压缩包内文件

WinRAR 提供了保存查找条件的功能。因此可以把经常使用的查找条件保存起来，下次用时查找条件为默认条件，就不用一次次的重新输入查找的条件了。

❶ 单击“工具”→“查找”菜单命令（或按〈F3〉键），打开“查找文件”对话框。

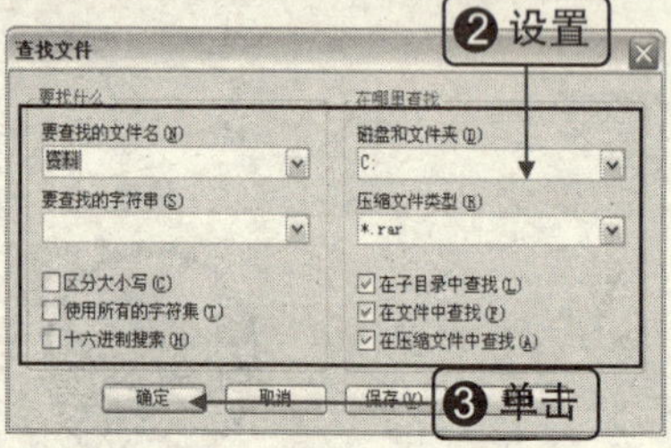

3 怎样提高修复损坏压缩包的成功率

WinRAR 生成的 RAR 和 ZIP 格式压缩文件会发生损坏，也提供了修复压缩文件的功能；但此功能必须要有“恢复记录”才能完成恢复功能。因此，为了保护压缩文件的安全，在压缩时就应为文件添加恢复记录。其操作如下：

❶ 在 WinRAR 窗口中，选择文件，单击“添加”按钮，弹出“压缩文件名和参数”对话框。

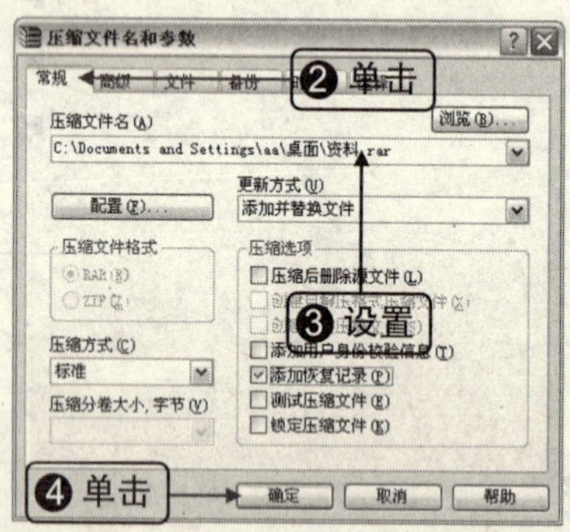

4 怎样为压缩文件加锁

由于 WinRAR 的自动更新功能，在其压缩包中修改或删除了的文件都无法恢复与找回。可以为压缩文件加一把锁，以后不论是修改还是误删除都不能进行操作，为压缩文件提供了有力的保障。

❶ 在 WinRAR 中，选中压缩包，单击“信息”按钮，打开对话框。

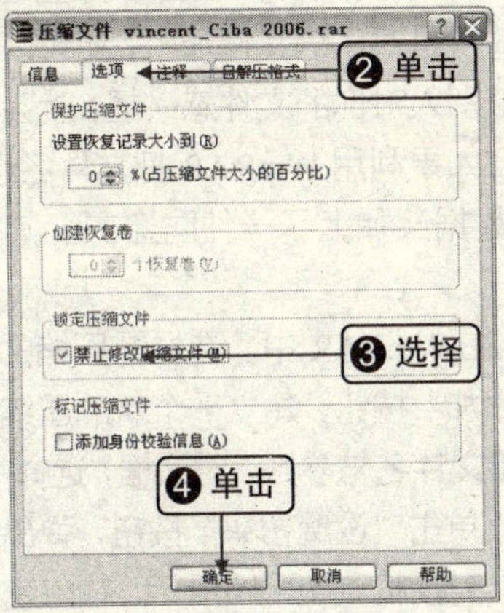

5 怎样才能知道压缩某个文件需要多长时间

文件太大，时间太紧，要不要先参考一下压缩文件的时间？WinRAR 在压缩文件信息中提供了此功能，其操作如下：

在 WinRAR 中，选择需要压缩的文件，单击“信息”按钮，打开对话框，选择“信息”选项卡，单击“估计”按钮，如下图所示，系统对文件的压缩率的估计计算。

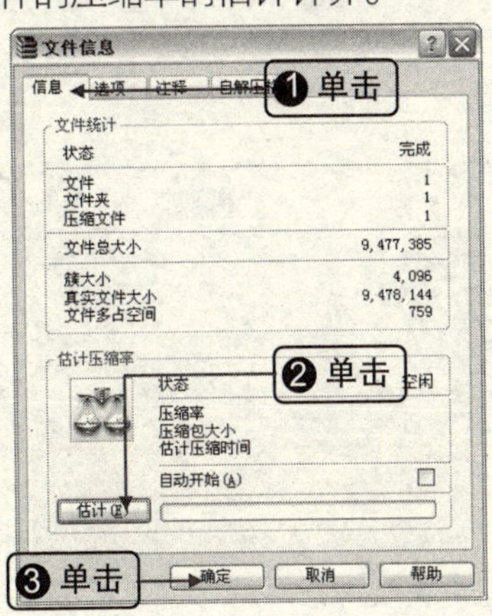

完成后，在“估计压缩时间”区域，可看到估计压缩时间。

6 怎样将多文件分别压缩，然后将它们统一压缩为一个文件

若需压缩的文件夹较多，而且每个文件夹要以一个压缩包存在。一个一个地压缩操作，既费时也枯燥。WinRAR 提供了多文件压缩，多个文件夹一次性产生多个压缩包，其操作如下：

❶ 在 WinRAR 中，选择文件，单击“添加”按钮，打开“压缩文件名和参数”对话框。

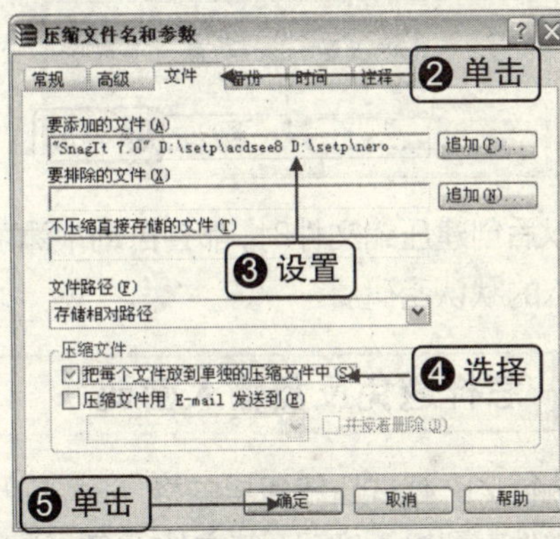

7 怎样批量加入压缩文件密码

需要为多个压缩包添加密码时，不需要一个一个设置。WinRAR 可以设置默认的压缩密码。在压缩文件时就会自动产生一个默认的压缩密码。其操作如下：

❶ 选择“选项”→“设置”菜单命令，弹出“设置”对话框，选择“压缩”选项卡。

❷ 单击“创建默认配置”按钮，打开“设置默认压缩选项”对话框。

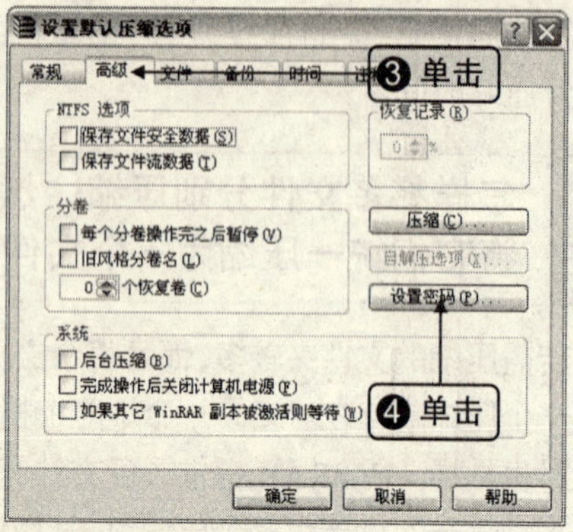

❺ 输入密码和确认密码，单击“确定”按钮。

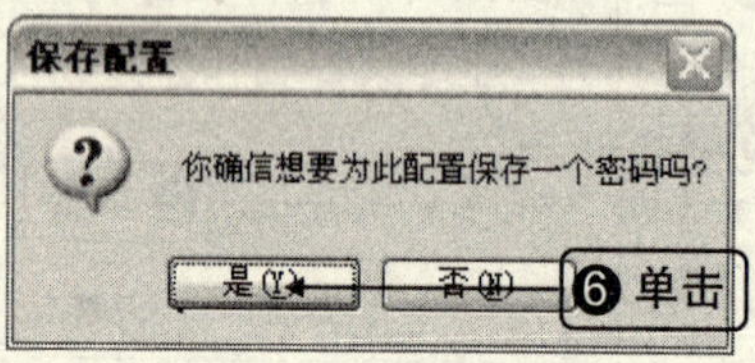

以后创建压缩文件时，都会自动地添加刚才输入的默认密码。

8 怎样避免反复输入密码

执行 ZIP 格式压缩包里的程序时，打开每一个文件都要输入密码。若文件太多，那可就太费时费力了。用下面的方法只需输入一次密码即可。操作为：

打开加密压缩包，单击“文件“→”口令”菜单命令，输入正确的密码，就可以一次解决问题。

9 怎样加密文件名

随着电脑技术的发展，各种破解压缩包的工具应运而生，破解压缩包密码也越来越容易。以前只是对压缩文件加密，还可以看到文件名，若别人对你的文件感兴趣，就会想办法来破解。如果利用 WinRAR 把文件名也加密，这就为数据又加上了一件防盗衣。其操作如下：

❶ 在 WinRAR 中，选择需压缩的文件，单击“添加”按钮，建立一个新的压缩包，弹出“压缩文件名与参数”对话框，选择“高级”选项卡，单击“设置密码”按钮，弹出“带密码压缩”对话框，如下图所示，输入密码，再次输入密码以确认，勾选“加密文件名”复选框，单击“确定”按钮。

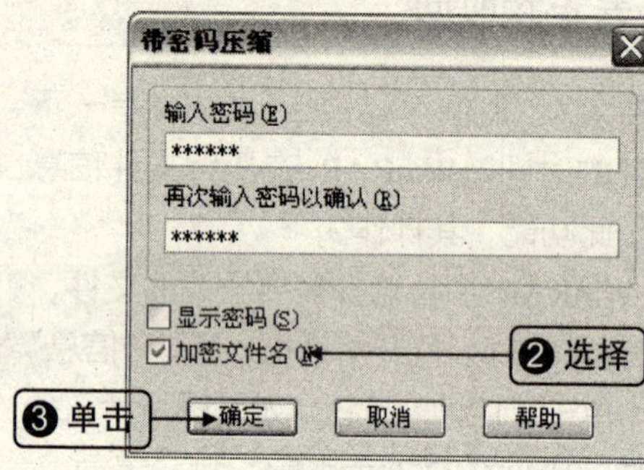

技巧点拨

WinRAR 快捷键：

- <Ctrl>+<O>：打开压缩文件
- <Ctrl><+<D>：更改驱动器
- <Ctrl>+<T>：浏览文件夹
- <Ctrl>+<P>：设置默认密码
- <Ctrl>+<C>：复制文件到剪贴板
- <Ctrl>+<V>：从剪贴板粘贴文件
- <Ctrl>+<A>：全选
- <+>（Num）：选择组
- <−>（Num）：取消选择组
- <*>（Num）：反选
- <Alt>+<F4>：退出
- <Alt>+<A>：添加文件到压缩文件中
- <Alt>+<E>：解压到指定文件夹
- <Alt>+<T>：测试已压缩文件
- <Alt>+<V>：查看文件
- <Del>, <Shift>+<Del>：删除文件
- <F2>：重命名文件
- <Ctrl>+<I>：打印文件
- <Alt>+<W>：不确认直接解压
- <Alt>+<M>：添加压缩文件注释
- <Alt>+<P>：保护压缩文件防止损坏
- <Alt>+<L>：锁定压缩文件
- <Alt>+<Q>：转换压缩文件格式
- <Alt>+<R>：修复压缩文件
- <Alt>+<X>：转换为自解压格式
- <F3>：查找文件
- <Alt>+<I>：显示信息
- <Alt>+<G>：生产报告
- <Alt>+<B>：性能和硬件测试

3.2 刻录软件 Nero

刻录光驱如今是很普遍的配置，相应的刻录软件也就进入了用户电脑。下面介绍专业的光盘刻录软件 Nero，它以操作方便、简洁、功能齐全一直为许多用户选择。

1 音轨间的 2 秒钟间隔怎样消除

默认情况下，CD 音轨间会有 2 秒的间隔时间，若不需要，我们可以在刻录大师中直接设置，但第一条音轨前面的 2 秒间隔时间不能删除。删除其他间隔时间的操作如下：

❶ 选择“音频”→“制作音频光盘”，打开编辑对话框，添加完音乐文件。

❷ 选择“编辑”→“属性”菜单命令，打开“音频轨道属性”对话框。

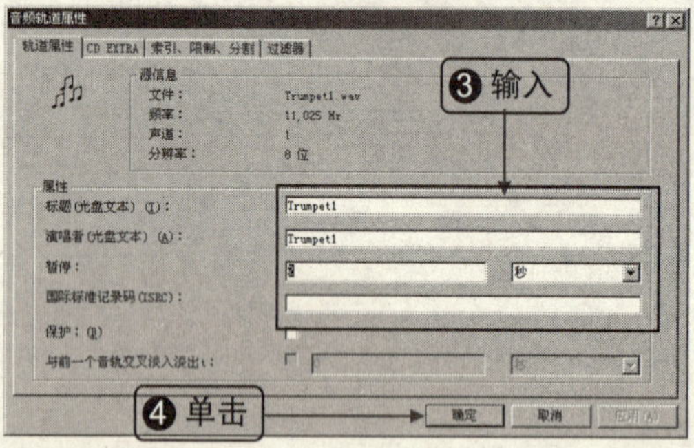

2 怎样刻录视频

刻录视频的方法与上述的刻录音频的方法相似。在刻录前可以设置视频在显示器上的显示方式。其操作如下图所示。

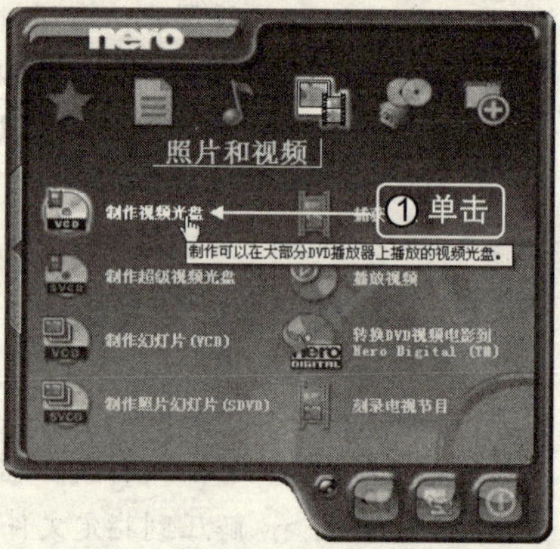

❷ 添加刻录的视频文件，操作与数据刻录相同。选择一个视频文件，单击“属性”按钮。

❸ 打开“MPEG 轨的数据”对话框。选择“属性”选项卡，在“缩放方法”下拉列表中选择视频文件与显示器的缩放方式。

❹ 在“抓轨后暂停”文本框可设置轨道的暂停时间。单击“确定”按钮。

3 怎样复制整张 CD

要复制整张光盘，最好使用两部光驱，一部是普通光驱，一部则是刻录机。这样不但可以减小刻录机读盘的损失，也能提高速度。其操作如下：

❶ 选择“复制和备份”→“复制光盘”，打开窗口，取消“新编辑”对话框，切换窗口

到“Nero Express”窗口。

❷ 将复制的光盘放入光驱，单击“复制”即可。

4 怎样使用备份功能

Nero 提供了强大的备份功能，无论是光盘中的数据，还是硬盘中的数据，都可以很方便地进行备份。

❶ 选择“复制和备份”→“备份文件”，打开窗口，添加备份文件，单击“备份”按钮，打开“备份向导”对话框。

❷ 选择备份磁盘、备份类型、文件过滤器等设置，单击“下一步”按钮。

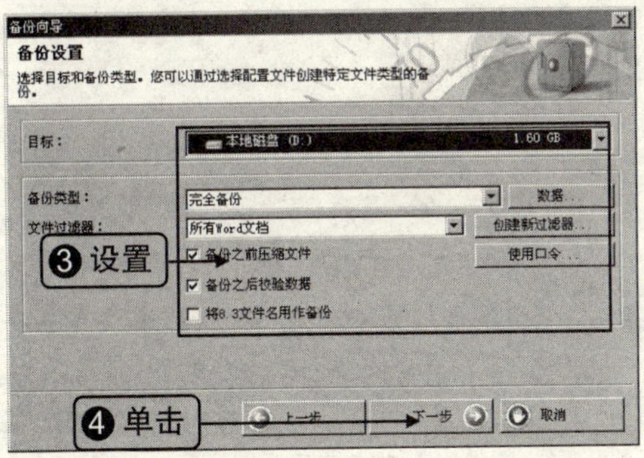

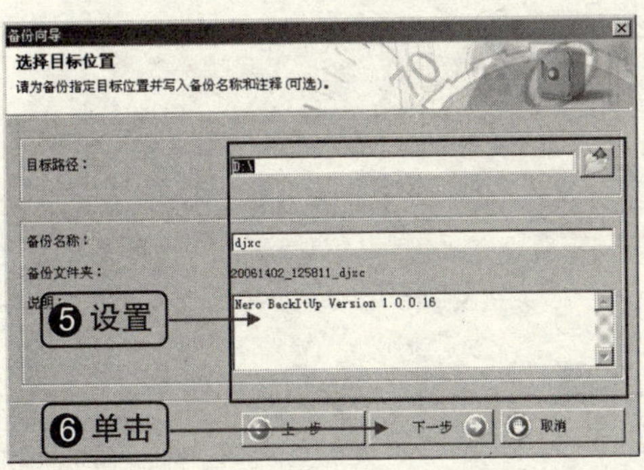

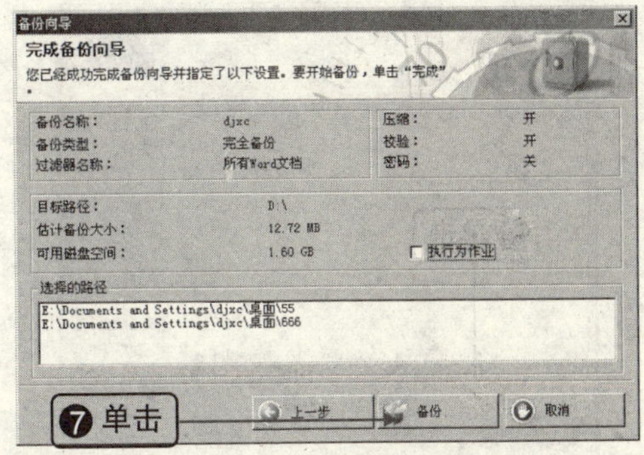

5 怎样自定义界面

单击 Nero 界面“颜色”按钮，可以改变界面背景颜色。还可以为界面添加图像背景。其操作如下：

❶ 单击“设置”按钮，单击“更改颜色”按钮，打开“更改颜色”对话框，勾选“自定义背景”复选框。

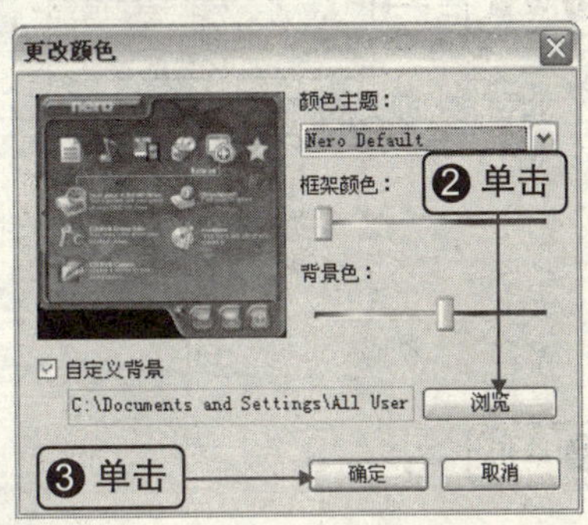

6 怎样设置刻录缓冲区大小

Nero 缓冲区若设置太小，在刻录时就会中断，造成损失。通常把缓冲区大小设为 20MB，40MB 即可。其方法如下：

❶ 选择“复制和备份”→“复制光盘”，弹出窗口，切换到“Nero Express”窗口。

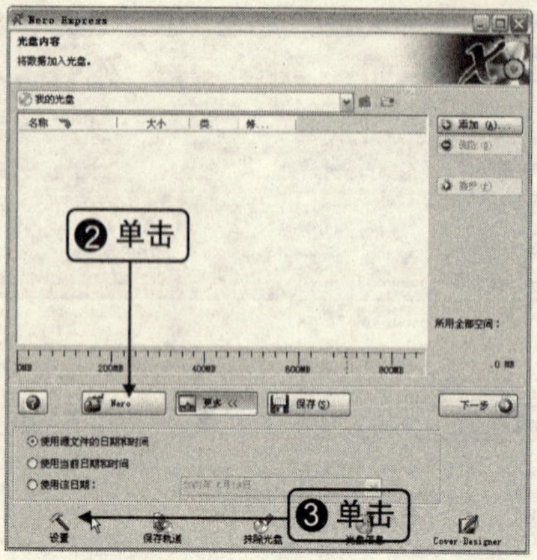
Nero Express
光盘内容
将数据加入光盘。
我的光盘
名称
大小
添加(A)...
❷单击
Nero
更多 <<
保存(S)
下一步
使用源文件的日期和时间
使用当前日期和时间
使用该日期:
❸单击
设置
保存轨道
擦除光盘
Cover Designer

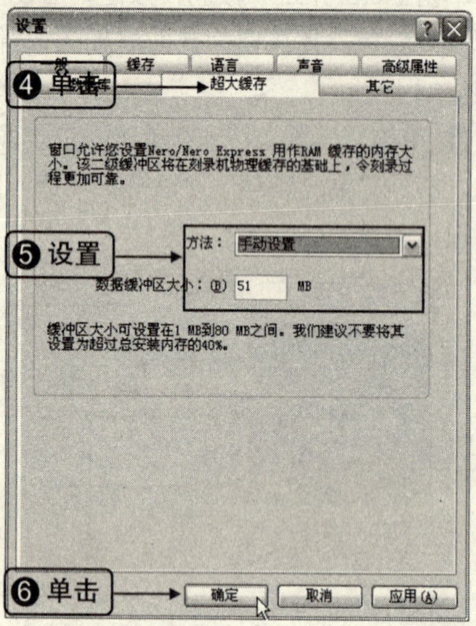
设置
缓存
语言
声音
高级属性
❹单击
超大缓存
其它
窗口允许您设置Nero/Nero Express 用作RAM 缓存的内存大小。该二级缓冲区将在刻录机物理缓存的基础上，令刻录过程更加可靠。
❺设置
方法：
手动设置
数据缓冲区大小：(B) 51 MB
缓冲区大小可设置在1 MB到80 MB之间。我们建议不要将其设置为超过总安装内存的40%。
❻单击
确定
取消
应用(A)

专业提升

在 Nero Burning 中附带有一个工具“Cover Designer”，用它可以方便地为刻录的光盘设计盘面贴纸，并打印出来。

❷ 根据需要选择模板，并单击“确定”按钮。

❸ 选择“文件”→“纸材”命令。

❹ 根据需要选择纸材，并单击“确定”按钮。

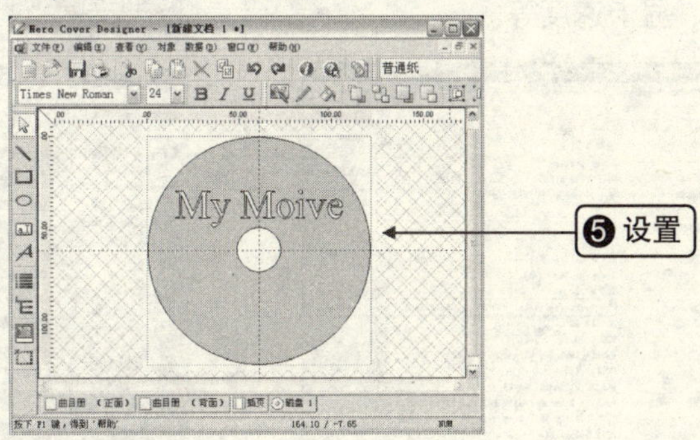

❻ 设计完毕选择“文件”→“打印”命令。

❼ 设置打印参数，并选择“确定”按钮。

注意盘贴必须使用专门的“盘贴打印纸”单面胶贴型的纸打印。打印完后直接揭下圆形图案贴到光盘上即可。

3.3 Windows 优化大师

Windows 优化大师可以优化内存、桌面、文件系统，让你的计算机操作更加快速。还可以清理注册表等临时文件。针对一些系统管理的初级用户，自动给出计算机的最优设置。对一些中级或高级用户也可以自行设置。

Windows 优化大师是一个专门针对 Windows 系统的优化工具，可运行于 Windows 98/Me/2000/XP/2003/Vista 操作系统，为系统提供全面、有效、简便的优化、维护和清理服务。

1 怎样检测系统信息

Windows 优化大师系统信息检测的主要功能为：提供系统的硬件、软件情况报告，同时提供的系统性能测试帮助用户了解系统的 CPU、内存速度、显卡速度等。

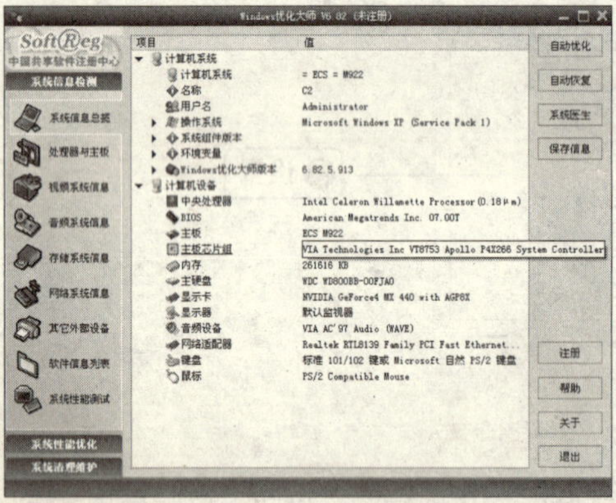

2 怎样优化磁盘缓存

磁盘缓存设置非常重要，它对系统的运行起着至关重要的作用。Windows 优化大师提供了一个“自动设置”的功能来方便初学者。这里就以自动设置磁盘缓存为例进行讲解：

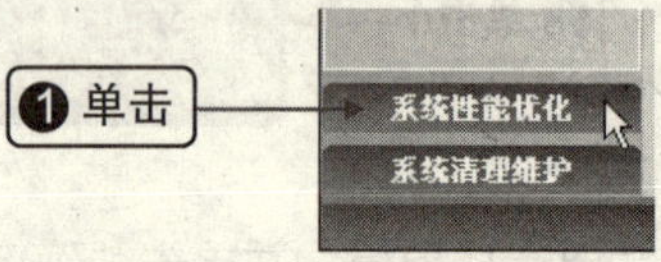

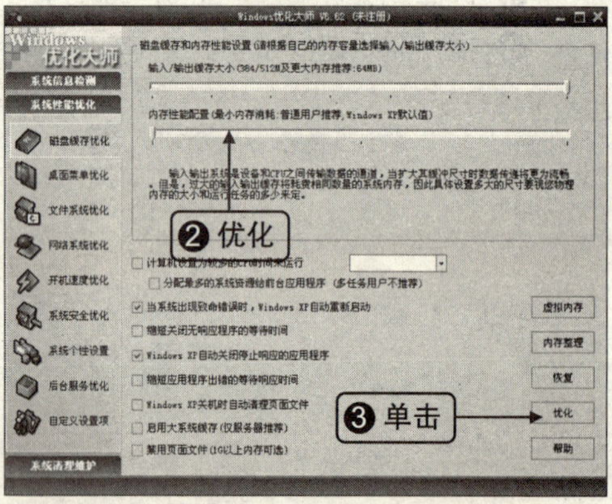

提 示

对于内存较大的电脑，可将输入”→”输出缓存大小设置为 64MB，内存性能配置设置为“最大网络吞吐量”。

此功能界面的下面还有一些复选框和按钮，用于管理虚拟内存、优化其他硬盘缓存设置。可以根据需要进行选择或者设置。

3 怎样优化桌面菜单

在 Windows 优化大师的“桌面菜单优化”窗口中，有许多适用的功能，如开始菜单速度、桌面图标缓存大小、菜单运行速度等。

❶ 单击“系统性能优化”按钮。

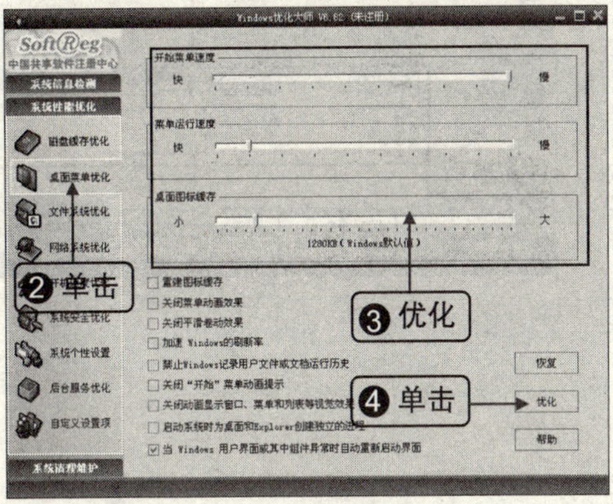

有些电脑在选择了“重建图标缓存”一项以后，在每次开机时可能会自动打开一个文件夹，请注意这并不是病毒造成的。

4 怎样优化文件系统

优化文件系统是对数据缓存、光驱和硬盘的性能进行优化的功能。

❶ 单击“系统性能优化”按钮。

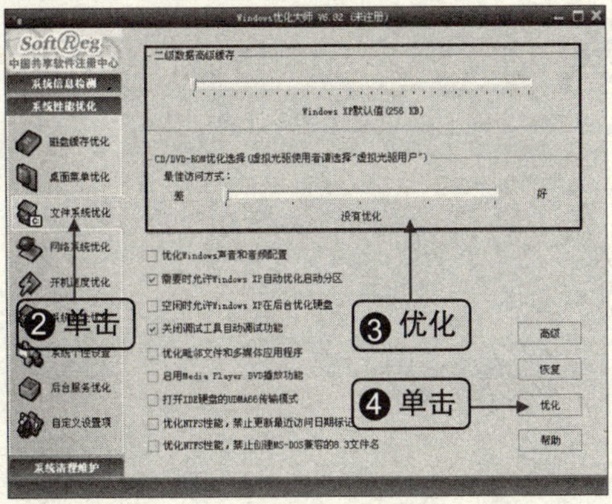

“二级数据高速缓存”可以调节到“适合当前系统推荐值”；CD/DVD-ROM 优化选择里，可将“最佳访问方式”滑动条调到“Windows 优化大师推荐值”。

5 怎样优化系统安全

为了弥补 Windows 系统安全性的不足，Windows 优化大师为用户提供了系统安全的一些增强措施。

❶ 单击“系统性能优化”按钮。

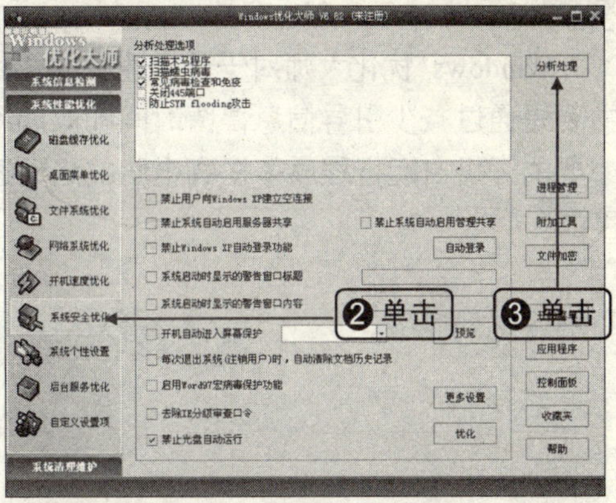

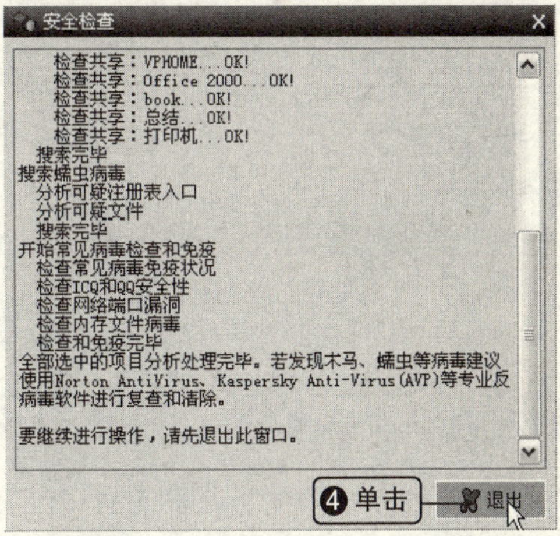

❺ 单击“更多设置”按钮，弹出“更多的系统安全设置”对话框。在此为有一定使用经验的 Windows 读者提供了一些高级选项。

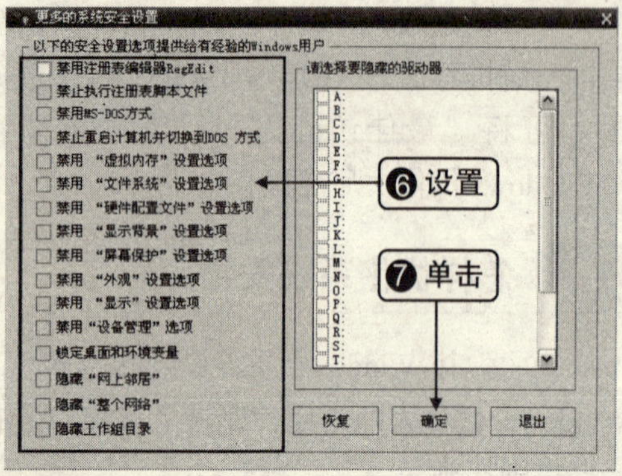

6 怎样优化开机速度

Windows 优化大师对于开机速度的优化主要是通过减少引导信息停留时间和取消不必要的开机自运行程序来提高电脑的启动速度的。

❶ 启动 Windows 优化大师，单击“系统性能优化”按钮。

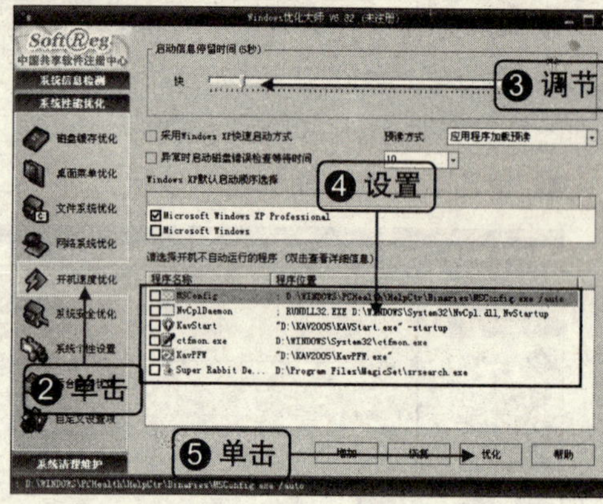

专业提升

当系统内安装了多个输入法时，这些输入法会自动按照安装的先后顺序来排列，按下<Ctrl>+空格组合键后，出现的输入法往往不是所需要的输入法;但 Windows 又没有提供调节输入法顺序的功能，怎么办呢?

Windows 优化大师不愧是大师，它连输入法顺序的调节功能都包含在内了。使用以下步骤，即可对输入法的顺序进行调整。

❶ 单击“系统性能优化”按钮，再单击“系统个性设置”按钮。

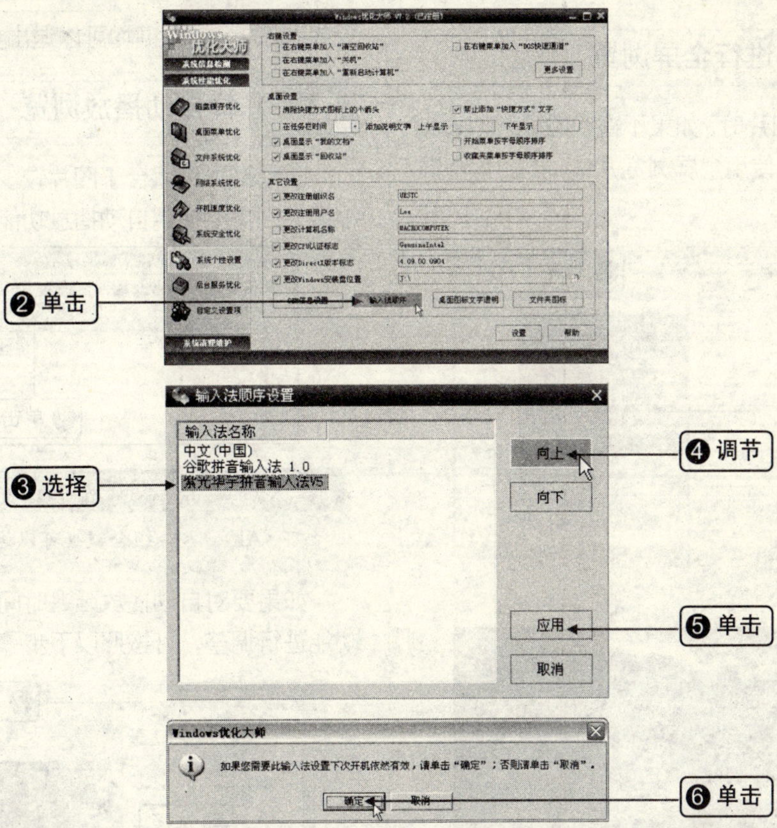

如果在第 6 步单击“确定”按钮，则此输入法顺序永久有效;如果单击“取消”按钮，则此输入法顺序当前有效，关机后即恢复到未改变时的输入法顺序。

3.4 看图软件 ACDSee

ACDSee 是老牌的图片浏览软件，它能广泛应用于图片的获取、管理、浏览、优化和编辑，还可以从数码相机和扫描仪中高效获取图片，并能便捷的地查找、组织和预览超过 100 种常用多媒体格式。此外 ACDSee 还能轻松处理数码影像，可批量去除红眼、剪切图像、锐化、浮雕特效、曝光调整、旋转、镜像图像等等，功能非常强大。

1 怎样进行全屏浏览

在浏览图片时，如果不喜欢看见 ACDSee 的窗口，可以使用全屏浏览方式，让图片全屏显示。

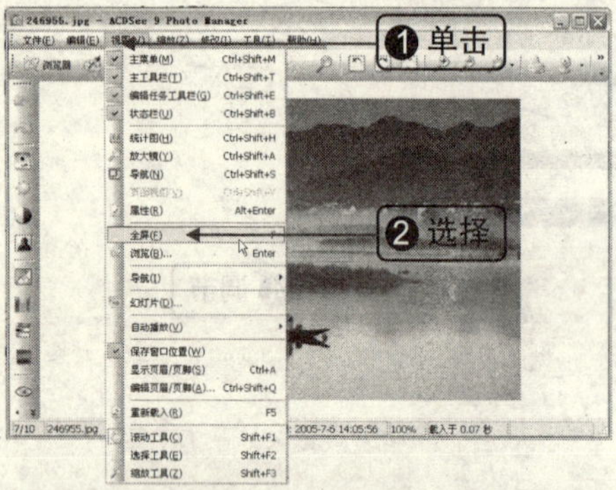

在右键菜单重选择“查看”→“全屏”命令或者按下<Esc>键均可以退出全屏浏览。

2 怎样自动播放浏览

手动翻页只适合于图片较少时，如果图片很多，则需要使用自动播放功能进行操作。

提 示

按下<Alt> + <S>组合键也可以进行浏览。

如果要对自动播放延迟时间、播放方向等功能进行调整，可按照以下步骤操作：

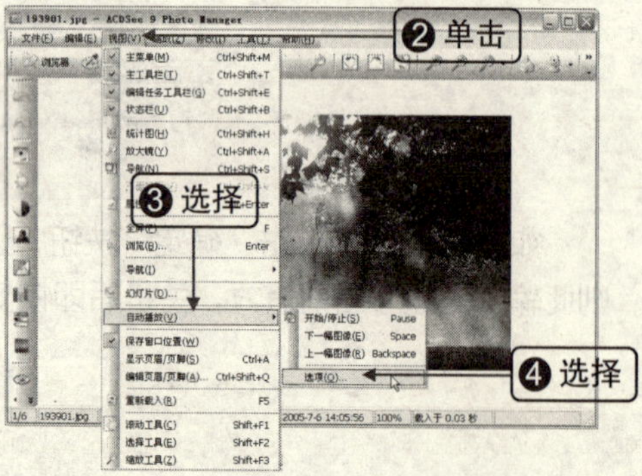

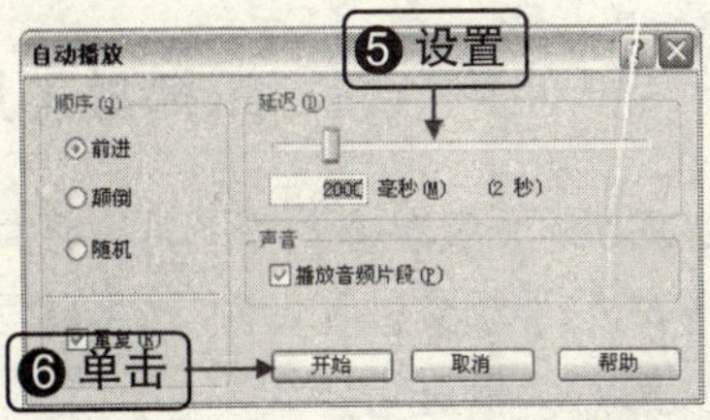

3 怎样将图片设置为桌面墙纸

使用 ACDSee 可方便地将喜爱的图片设置为 Windows 桌面墙纸，具体操作步骤如下：

❶ 启动 ACDSee，浏览包含图片的文件夹，选中要设置为桌面墙纸的图片。

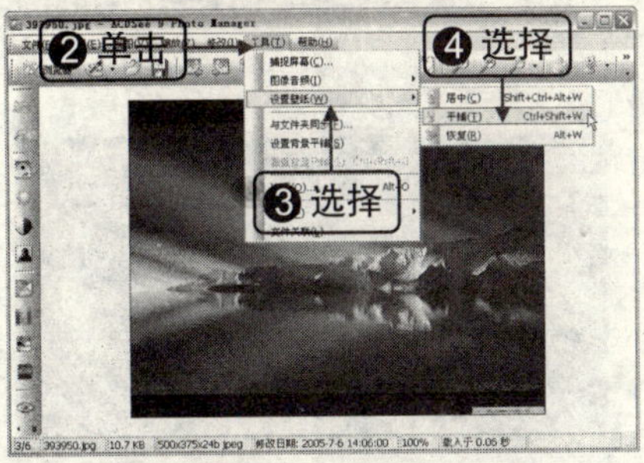

4 怎样批量转换图像方向

在 ACDSee 中可以对批量图片进行操作。这里就以批量转换图像方向为例进行讲解，具体操作步骤如下：

❶ 进入 ACDSee 的浏览方式，找到图片所在文件夹，选取需要转换方向的图片文件。

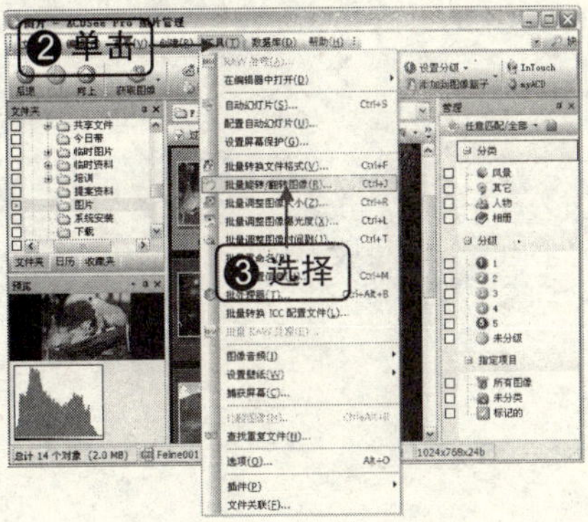

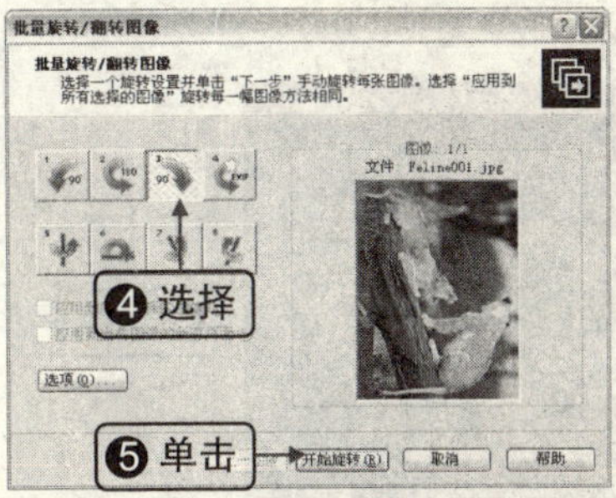

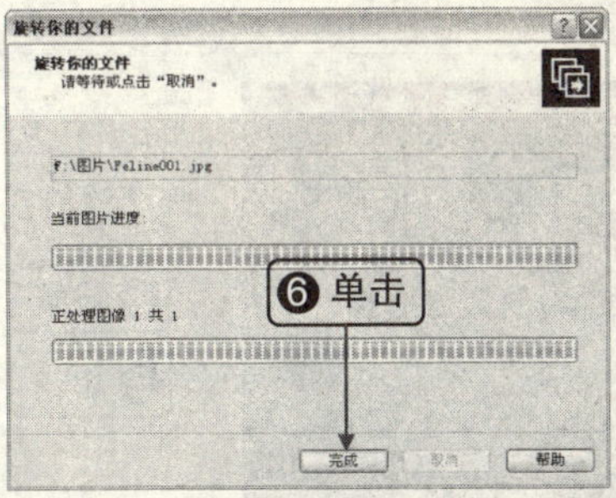

5 怎样为图片添加效果

在 ACDSee 中添加图片效果，可使图片看起来更具特色，更具个性。

其具体操作步骤如下图所示：

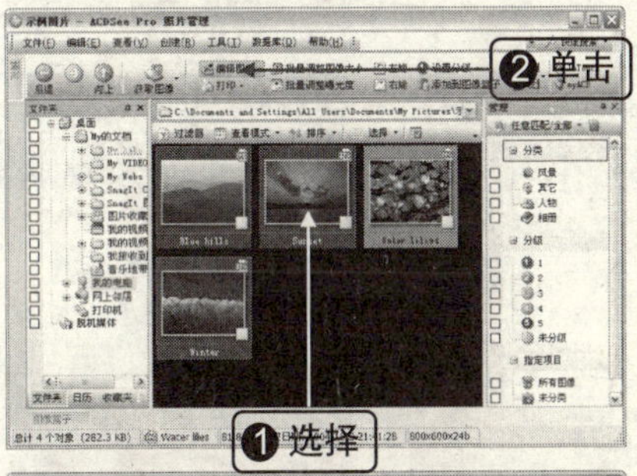

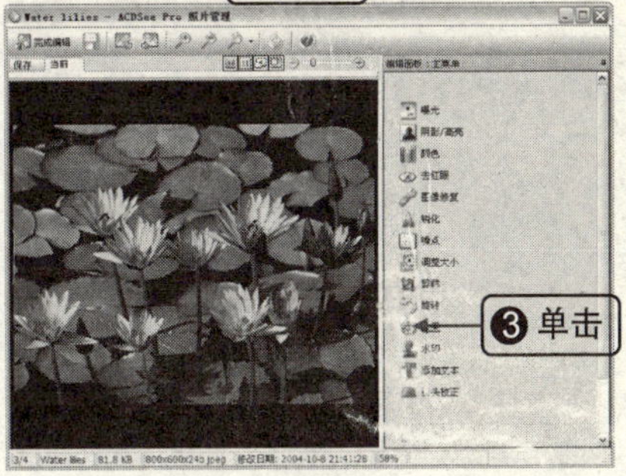

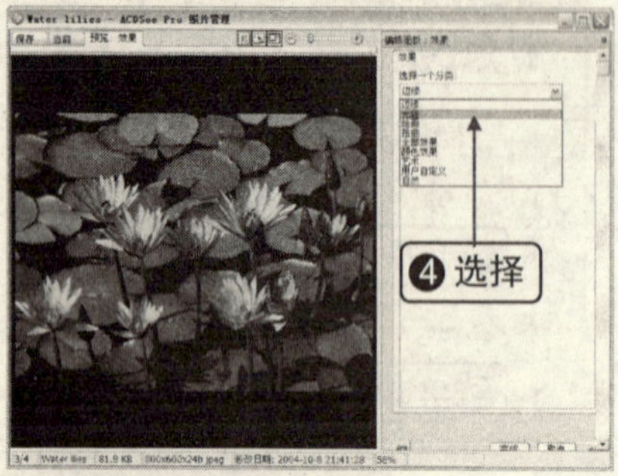

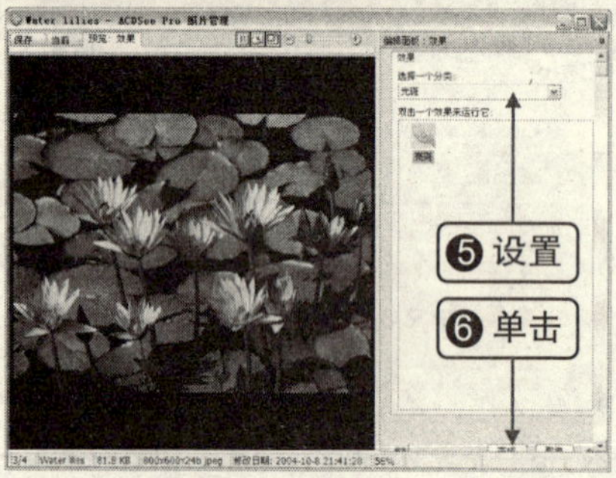

6 怎样使用 ACDSee 播放影片

ACDSee 不仅能够浏览图片，还能够播放部分格式的视频文件和音频文件。这里就以播放视频影片为例进行介绍：

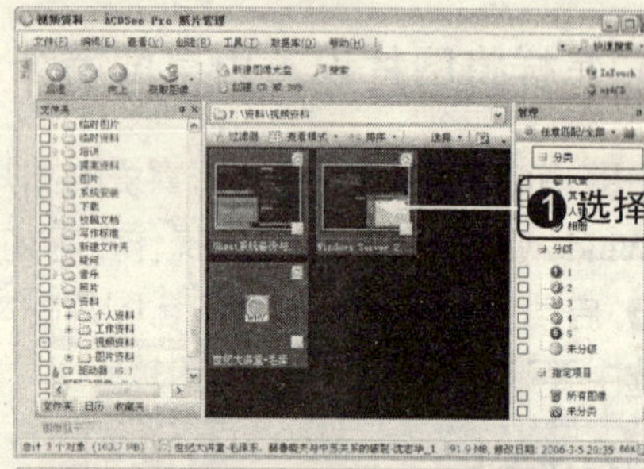

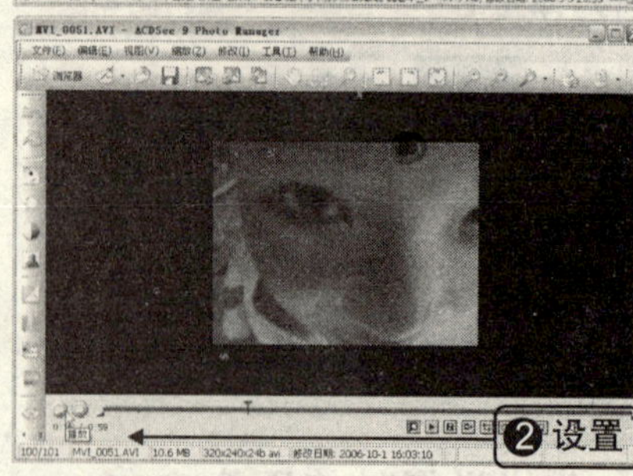

知识加油站

怎样使用 ACDSee 来为 JPG 图片“减肥”？

相信很多用户都收集有不少图片或者是照片，在发送给他人观赏的时候，往往一张照片要发送半天，原来不少图片体积太大，动辄上兆。这里介绍一种方法，将图片“减肥”，但视觉效果基本不变。

❶ 打开一张图片，选择“文件”→“另存为”命令。

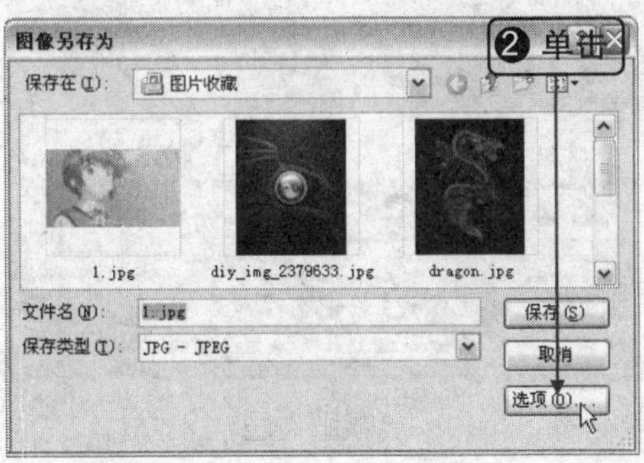

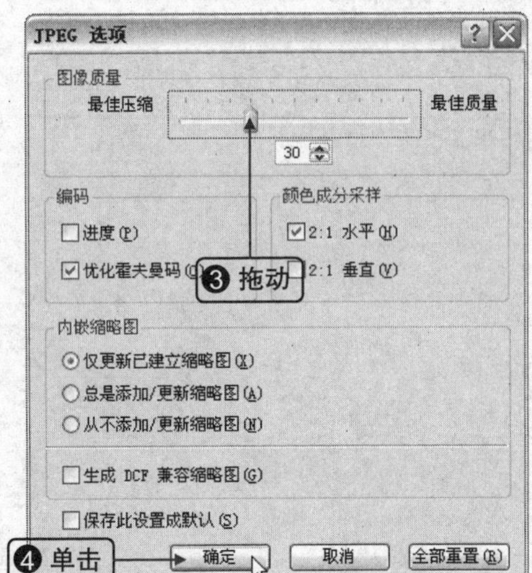

❺ 单击“保存”按钮，将图片保存下来。

经过实测，“减肥”后的文件体积是原来文件的一半还少，而画质没有明显的降低。下面就是一张图片“减肥”前后的对比效果。

1. jpg - ACDSee 9 Photo Manager
文件(F) 编辑(E) 视图(V) 缩放(Z) 修改(I) 工具(T) 帮助(H)
浏览器
おはようbrand newday
2/13 1.jpg 25.6 KB 640x360x24b jpeg 修改日期: 2007-3-31 5:34:20 100% 载入于 0.24 秒

“减肥”前

12. jpg - ACDSee 9 Photo Manager
文件(F) 编辑(E) 视图(V) 缩放(Z) 修改(I) 工具(T) 帮助(H)
浏览器
おはようbrand newday
3/13 12.jpg 11.3 KB 640x360x24b jpeg 修改日期: 2007-6-18 9:23:56 100% 载入于 0.03 秒

“减肥”后

第 4 章 网络软件故障

- 怎样快速显示含有很多图片的网页
- 安装其他浏览器后，IE 设置乱套了怎样修改还原
- 不小心关闭了 IE 窗口，怎样找到正在阅读的网页地址
- 为什么刷新网页以后，发现还是老内容
- 浏览器常常崩溃，有好的办法可解决吗
- 邮件附件中的图片为什么不能自动显示
- 为什么通信簿中有这么多陌生的联系人
- 邮件列表窗口标题不符合自己的习惯怎么办

4.1 IE 浏览器故障

网络浏览已成为最基础的网络操作。使用 IE 可以浏览网页、看新闻、查信息、聊天、收发邮件等。下面将向你介绍使用 IE 的方法与技巧。

1 字体大小不适合阅读怎样调整

当在浏览网页时，按住<Ctrl>键的同时上下滚动鼠标的滚轮，可以放大或者缩小字体大小。

> **提 示**
>
> 通过 CSS（层叠样式表单）指定了大小的字体，不能通过这个方法改动。

2 怎样使用 IE 登录 FTP

IE 除了可以浏览网站之外，也可以浏览 FTP 服务器上的内容。只要在地址栏输入 FTP 协议即可。如果是匿名 FTP，那么可直接在地址栏输入 FTP 服务器地址，比如：ftp:// www.ftptest.com。

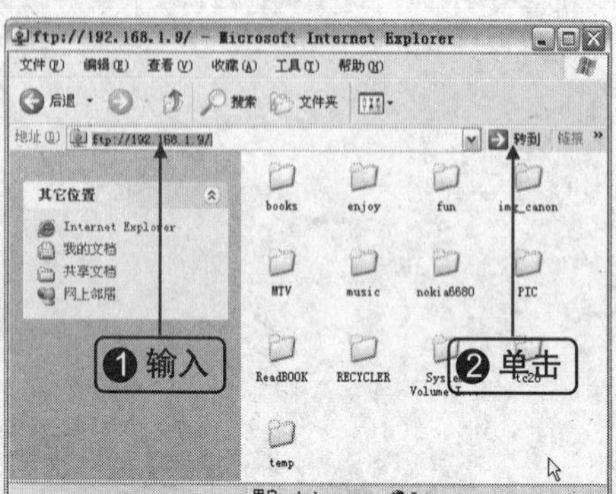

如果该 FTP 服务器需要用户名和密码，那么可采用下面的输入格式：ftp:// username:password@www.your_ftp.com，其中 User name 是授权的用户名，Password 是密码。

如果使用第二种方法登录，密码将会被IE记下来，在公用机上相当不安全。其实非匿名的 FTP 服务器也可以使用第一种方法登录。

❶ 在浏览器地址栏输入 FTP 服务器地址，并单击“转到”按钮。

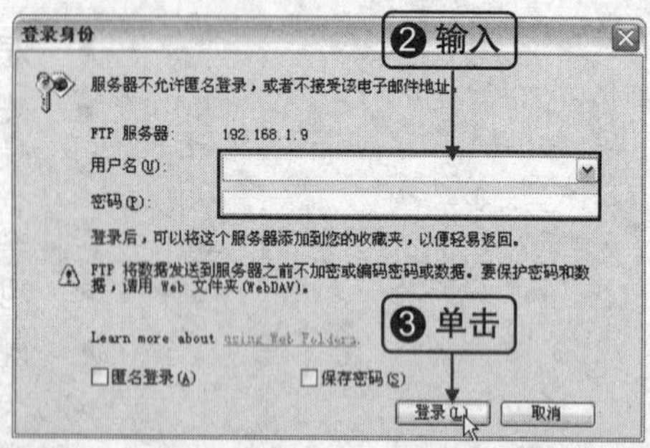

3 怎样防止他人改动 IE 设置

在 IE 菜单中的工具栏内有一个“Internet 选项”，可以更改 IE 的基本设置，比如默认主页地址、安全级别、个人信息等，如果不想让别人更改这些选项，可以用本技巧禁止显示“Internet 选项”。

只要将系统分区下的“\Windows\System”目录下的“inetcpl.cpl”文件换个名字就可以了，如果想恢复显示，只需要把名字改回来即可；但需要注意的是，在 Windows 中无法更改系统文件的名字，所以需要在纯 DOS 模式下更改。重启计算机，按住<F8>键进入 DOS 模式，然后在系统分区的“\Windows\system”目录下输入“ren inetcpl.cpl backup.bak”即可改名。

4 网页图片不能“另存为”怎么办

有些网站不允许用户使用“另存为”的方法来保存图片。如果将这个网页整个保存下来，图片也就自然在其中了。在 IE 中单击“文件”菜单下的“保存”命令，把当前网页保存下来。然后再到相应的图片文件夹下即可查找到该图片。

5 怎样快速显示含有很多图片的网页

如果浏览的网页图片很多，尺寸很大，浏览起来就比较困难。在 IE 中单击“工具”→“Internet 选项”，在“高级”选项卡列表中选择“使用平滑滚动”即可解决此问题。

做了本操作后，图像有时会和文字会重叠在一起，取消这一设置即可解决。

6 怎样卸载 ActiveX 控件

有的 ActiveX 控件并非按照用户本意安装上去的，而且还占用磁盘空间、内存和 CPU，有些控件还无法正常卸载，怎么办呢？可以在 Windows 目录下的 Downloaded/ProgramFiles 直接删除它们。

7 怎样才能让 IE 在安装控件前提醒我

要获得提醒，需要在 Internet 选项中做一些安全相关的设置。

❶ 在 IE 中单击“工具”→“Internet 选项”。

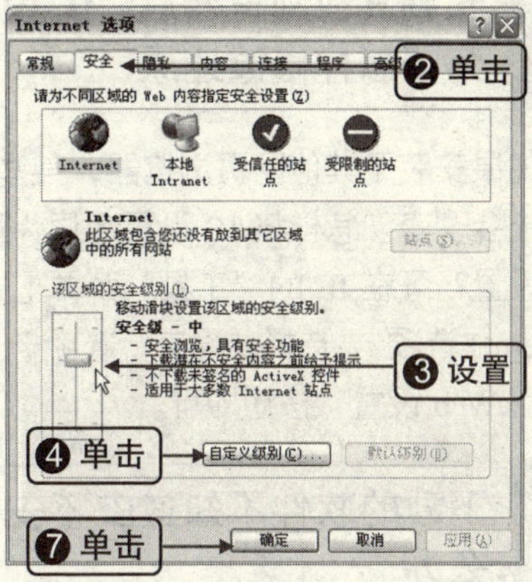

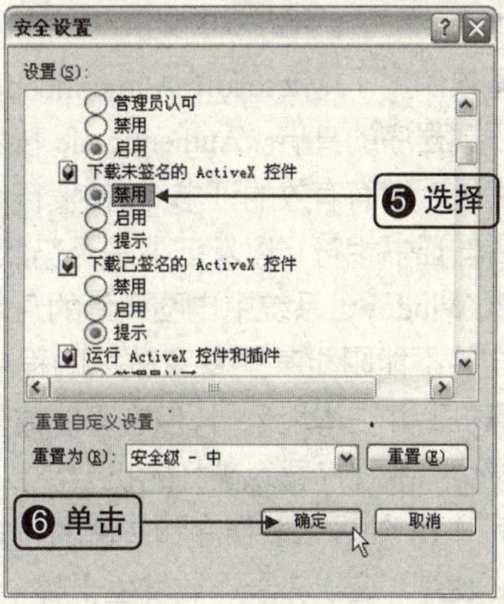

8 看一些外语网站时出现乱码怎样解决

在 IE 的“查看”菜单上，选择“编码”下的正确语言就可以查看相应编码的网页。

如果系统提示下载语言支持组件，单击“下载”即可。如果在计算机上未安装“自动选择”功能或特定的语言套件，IE 会提示下载所需的文件。如果希望在添加字体时给出提示，依次单击“工具”→"Internet 选项"→

“高级”选项卡，然后选中“启用即需即装”选项。

9 安装其他浏览器后，IE 设置乱套了怎样修改还原

如果安装了其他网页浏览器，某些 IE 设置可能会改变。怎样将 IE 设置还原为最初的默认设置？可在 IE 的“工具”菜单上，单击“Internet 选项”，选择“程序”选项卡，单击“重置 Web 设置”按钮即可。

10 下载的软件不知道安不安全怎么办

微软使用了 Microsoft Authenticode 技术核实下载程序的身份。Authenticode 技术可检查程序是否拥有有效的证书：软件发行商的身份是否与证书相符，以及证书是否仍然有效，以减少 Windows 系统中电脑病毒的几率。虽然这样并不能阻止某些蓄意破坏的程序下载到计算机上并在本地运行，但它可以减少某些人通过伪造的程序蓄意破坏的机会。

针对 IE 处理下载程序和文件的方式指定不同的设置，这取决于下载发生于哪个区域。例如，在企业的 Intranet 中下载的所有内容都是安全的，所以可将“本地 Intranet”区域的安全设置调整到较低的级别，以便下载时尽量少出现或不出现提示。

如果下载的源位置属于“Internet”区域或“受限站点”区域，可将安全级设置为“中”或“高”。这样，在程序下载之前，系统会提示提供有关程序证书的信息，否则将无法下载全部程序。

11 老是出现“脚本错误”的提示怎么办

有时 IE 解释一些 JavaScirpt 程序时会出现崩溃的情况，如果常常出现这种情况，可将脚本功能关闭，方法为：

打开 IE 的“工具”→“Internet 选项”，然后选择“安全”选项卡，进入自定义级别，找到“脚本”，把“活动脚本”设置为禁用。还是在 Internet 选项中选择“高级”选项卡，并将 JavaVM 中的三个选项都去掉，然后同时也取消对“禁止脚本调试”的选择即可。

12 不小心关闭了 IE 窗口，怎样找到正在阅读的网页地址

如果在浏览时不小心关闭了一个窗口，可打开一个新窗口找回刚才的链接。

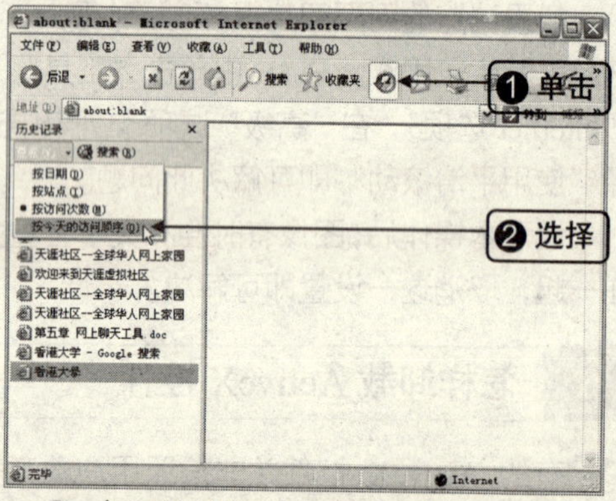

❸ 今天的访问记录就会列在眼前，最近一次访问的网站为第一条记录。

13 IE 的 Logo 被修改了，怎样恢复

如果使用了某些公司定制过的 IE，那么它很可能会被打上该公司的烙印，比如公司名和 Logo。如想将 IE 恢复到原状，那么最简单

的方法是：单击“开始”→“运行”，输入“rundll32. exeiedkcs32.dll,Clear”后回车即可。这个技巧同样适用于 IE 界面发生问题，以及对付被恶意修改 IE 设置等。

14 怎样禁止从 IE 访问本地文件

一般情况下，可以通过 IE 地址栏访问本地的文件或文件夹，如果想限制这一功能，可打开注册表编辑器，定位到“HKEY_CURRENT_USER\Software\Microsoft\Windows\CurrentVersion\Policies\Explorer”子键，在右侧窗口新建或修改名为“NofileUrl”的双字节值，将其值设置为“1”即可限制，修改为“0”或者删除之则取消限制。

15 IE 标题栏被修改了，怎样恢复

IE 默认的标题栏会显示 Microsoft Internet Explorer，如果想把它换成其他文字，可以打开注册表编辑器，定位到“HKEY_CURRENT_USER\Software\Microsoft\InternetExplorer\Main”子键，修改名为“WindowTitle”的字符串值项，将内容修改后，单击确定即可。这样个性的标题栏就为你打造好了。

16 链接的文字不清楚怎么办

当打印某些网页时发现一些链接文字不清楚，将它们改为另外一种颜色，问题就得到解决了。

方法是：找到“工具”下的“Internet 选项”，单击“常规”选项卡下的“颜色”按钮，选择适合打印机的颜色，按“确定”按钮。

17 IE 要自动调整图像大小，影响浏览，怎么办

IE 可根据浏览器窗口大小自动对图片进行缩放，以便用户能够看到图片的全貌。不过，有时这样会影响图片的效果，要取消这个功能该怎么解决呢？如果想禁用对于单一图片尺寸的重排，可把鼠标移到该图片上并停留两秒钟左右，在该图片左上角会出现一个工具条，用来储存图片或寄送、打印图片；右下角则会有一个按钮，单击它，图片即会恢复正常尺寸。

如果想全面禁止 IE 的图片自动缩放功能，可按照以下步骤进行操作：

❶ 打开 IE，选择“工具”→“Internet 选项”命令。

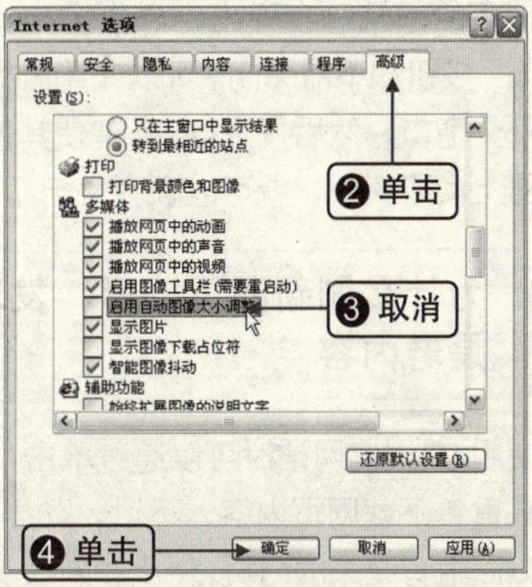

18 访问的页面不存在了怎么办

如果一个前几天还看过的页面，再次访问时却出现了“页面没有找到”的错误，可以打开 IE 中的“历史”，查找到这个页面的完全地址，然后在“文件”菜单中选择“脱机工作”，就可以看到这个页面了。

提 示

如果这期间有清理过 IE 缓存或者“历史”中

的地址，本技巧失效。

19 为什么下载的 MP3 会自动播放

单击网页中的媒体文件链接时，往往会发现 Windows 已经开始播放它了，而用户只是想保存这个文件而已。要禁止这个功能，可在“资源管理器”窗口中选择“工具”菜单下的“文件夹选项”命令，再单击“文件类型”选项卡，找到相应类型媒体文件，如 MP3，然后选中“下载后确认打开”选项即可。

20 弹出的广告窗口太烦人了怎么办

很多的网站总会弹出小广告窗口，单击“关闭”按钮却不能关闭。可以先用鼠标单击一下那个窗口，然后按下<Esc>键使其停止从服务器上读取资料，就可以顺利关闭了。

21 为什么刷新网页以后，发现还是老内容

使用 IE 浏览网站时可以通过单击“刷新”按钮来重新下载网页内容，不过，如果在 IE 的 Cache 中有原来的网页，使用刷新按钮也不会重新从服务器上下载。要强制刷新网页，可在单击刷新按钮的同时按下<Ctrl>键，那 IE 会自动从服务器上下载当前网页，而不从 Cache 中调用。

22 GIF 动画太多，看起来眼花缭乱，可以停止它们吗

如果一个页面中有过多的 GIF 动画，看起来会觉得眼花缭乱，按下<Esc>键即可停止它们的运行。

23 浏览器常常崩溃，有好的办法可解决吗

有时浏览器经常崩溃，那么很可能是一个被破坏的缓存文件在作怪，此时可按照前面讲的方法，将临时文件全部清空来解决问题。

24 网址自动完成功能不好用怎么办

IE 目前提供了对.com，.edu，.net，.org 四种网址后缀的自动完成功能。而网上还有许多其他方式的网址后缀，如.gov，.net，.cn 等，但 IE 对此没有提供支持，用户可以自己进行手动扩充。

打开“注册表编辑器”，定位到“HKEY_LOCAL_MACHINE\SOFTWARE\Microsoft\InternetExplorer\Main\UrlTemplate”。在右侧窗口中，可以看到看到 4 个分别名为 1，2，3，4 的字符串值项，其值分别为 www.%s.com，www.%s.org，www.%s.edu，www.%s.net，用户可创建一个名为 5 的字符串值，并将其值设置为 www.%s.net.cn，即可增加对.net.cn 的支持。按照此法还可以设置更多的网址后缀。

25 怎样保护上网记录不被人看见

在 IE 地址栏中输入过的网址都会被 IE 记住，以后只要单击地址栏中的下箭头便可快速找到网址，方便的同时也会泄露隐私。

将地址列表清理掉的方法：依次单击“工具”→“Internet 选项”→“常规”，单击“清除历史记录”按钮即可删除网址列表。如果把“网页保存在历史记录中的天数”设置成 0，

那 IE 就再也不会自动跟踪并记录你的行踪了。

如要有选择地删除部分历史纪录，可打开“注册表编辑器”，定位到“HKEY_CURRENT_USER\Software\Microsoft\InternetExplorer\TypedURLs”，在右侧窗口可以看到有 url1，url2，url3……记录网址的值项，将不想显示的地址删除即可。

26 IE 下载太慢，有没有办法可以加快

Windows 对于一个 HTTP 服务器的同时连接数量进行了限制，这使得所有的 Windows 下的 Internet 应用程序可以使用标准的应用程序接口。对于 HTTP1.0 服务器，Windows 允许四个线程同时连接，对于 HTTP1.1 服务器则只允许两个。所以 IE 从一个网站服务器下载文件最多只能有四个线程同时连接。如果想让 IE 的下载速度提高，可以增加下载线程数。

打开注册表编辑器，定位到“HKEY_CURRENT_USER\Software\Microsoft\Windows\CurrentVersion\InternetSettings”，在右侧窗口中找到“MaxConnectionsPerServer”和“MaxConnectionsPer1_0Server”这两个双字节值项，它们的默认值分别为“2”和“4”，可以根据需要将它们的数值提高，改后重启系统即可生效。

27 怎样防止儿童浏览不健康网站

现在有很多的网站内容不太健康，对未成年人影响不好。不过，使用了分级审查功能后，情况就得到了改善。启动 IE，选择“工具”→“Internet 选项”，选择“内容”选项卡，并单击“分级审查”下的“启用”按钮，然后控制孩子访问的站点内容，如暴力、色情等。在启用“分级审查”窗口中，单击“常规”项目中的“更改密码”按钮，然后输入监护人密码，以后更改“分级审查”设置都需要输入该密码。如果要禁止孩子访问未使用分级选项卡而且不合适的站点，可打开“许可站点”项目，创建孩子不可以查看的网址列表。

28 听说禁用 JavaScript 能够阻止弹出的广告窗口

禁止 JavaScript 要在 Internet 选项里面进行设置。

❶ 打开 IE，单击“工具”，选择“Internet 选项”命令。

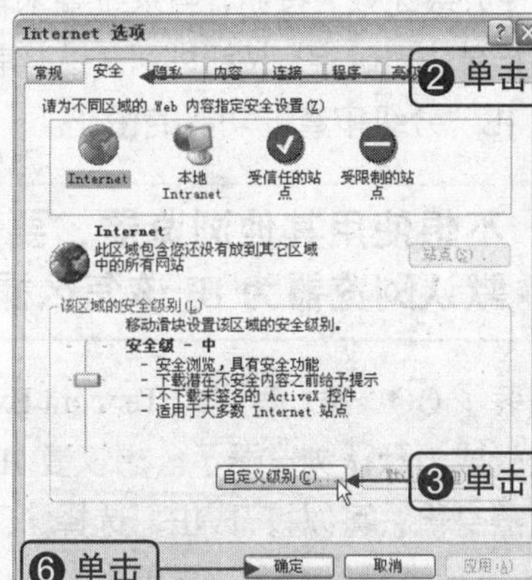

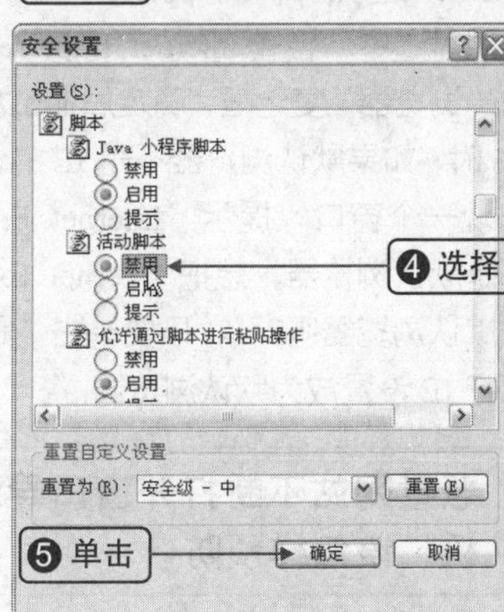

29 忘记分级审查密码怎么办

利用前面介绍的分级审查功能时，如果不小心忘记密码，非但不能访问那些受限制的站点，而且也不能对已有的限制级别进行更改。本技巧可以破解分级密码：

打开“注册表编辑器”，定位到“HKEY_LOCAL_MACHINE\SOFTWARE\Microsoft\Windows\CurrentVersion\Policies\Ratings”，在右侧窗口中有个名为“KEY”的值项，删除后即可取消 IE 的分级审查口令。

关闭“注册表编辑器”后重启 IE，依次单击“工具”→“Internet 选项”→“内容”，单击“使分级无效”按钮，当系统要求输入密码时直接单击“确定”按钮即可。这样就顺利清除了 IE“分级审查”功能的密码。

30 不想使用其他浏览器，要恢复默认浏览器为 IE 该怎么操作

安装了 QQ 之后，有可能 Tencent Explorer 浏览器就成为默认浏览器了。想恢复 IE 的默认浏览器身份，可以打开 IE，选择“工具”→“Internet 选项”命令，再单击“程序”选项卡，同时选中“检查 Internet Explorer 是否为默认的浏览器”复选框，确定后退出。再次打开 IE 时，如果默认浏览器不是 IE 的话，那就会出现一个窗口，提示“Internet Explorer 目前不是默认浏览器，想把 Internet Explorer 设置成默认浏览器吗？”，只要单击“是”按钮即可把 IE 设置成为默认浏览器。

31 恶意网站不断打开窗口导致死机，该怎样预防

不小心进入恶意网站，IE 会源源不断打开新窗口，直到死机。其实这种窗口炸弹采用的是 JavaScript 脚本语言编写的逻辑语句。

只需关闭 IE 的 Java 和活动脚本功能即可。在 IE 中单击“工具”→“Internet 选项”→“安全”，进入“自定义级别”，找到“脚本”，把“活动脚本”设置为“禁用”；另外在“高级”选项卡中，将 MicrosoftVM 下的三个 Java 选项都去掉，再去掉“禁止脚本调试”的勾，重启即可。

32 恶意网站修改了注册表，怎样预防

有时候上网后 IE 标题、默认主页被修改，甚至注册表也会被锁定，其实这是恶意脚本远程修改用户的注册表造成的。

如果是 Windows 2000/XP 用户，只要禁止远程操纵注册表就可以了，可以进入“开始”→“管理工具”→“服务”，打开“服务”控制台，双击其中的“remoteregister”，把它的启动类型改为“已禁止”，这样就可以防止注册表被远程用户更改。

对于 Windows 98 的用户，则可以通过“系统策略编辑器”来给注册表解锁。不过系统默认是不安装的，得手工去安装。可以到 Windows 98 的光盘上去找\tool\reskit\netadmin\poledit，把里面的 poledit.exe 拷到 Windows 目录下。运行 poledit.exe，系统会提示打开模板文件 admin.adm（位于 Windows 目录里），进入“系统策略编辑器”界面。单击“文件”→“打开注册表”→“本地用户”→“系统”→“限制”选项，然后找到“禁用注册表编辑工具”复选框，清空即可恢复使用编辑器，恢复了注册表编辑器，其他被修改的选项都可以通过修改注册表复原。

技巧点拨

IE 的快捷键可以减少无谓的鼠标操作，常用的快捷键列表如下：

- <Alt> + <←>：上一页
- <Alt >+< →>：下一页
- <Ctrl> + <D>：添加当前网页到“我的收藏夹”
- <Ctrl> +< H>：开启历史纪录文件夹
- <Ctrl> +< B>：整理收藏夹
- <Ctrl> +< L>：输入网址，开启新网页
- <Ctrl> +< N>：开新窗口
- <Ctrl> + <R>：刷新（<F5>键也可）
- <Ctrl> +< W>：关闭目前的窗口（或按<Alt>+<F4>）
- <Ctrl> +< Home>：跳转至主页
- <Ctrl> + <E>：打开“搜索”窗口
- <Alt> + <D>：快速选取地址栏中的网址
- <F5>：刷新当前网页
- <F4>：展开地址栏

4.2 Outlook Express 故障

Outlook Express 是随 Windows 操作系统一起销售的一个功能强大、使用方便的电子邮件客户端软件，它可以帮助用户收发电子邮件和查看网络新闻。Outlook Express 由两个部分组成：一是 Outlook Express Mail，即电子邮件；二是 Outlook Express News，即新闻组。

1 怎样发送匿名的邮件

有时候想发送匿名邮件怎么办？有人会在设置 E-mail 地址时输入一个错误的地址或干脆不填，这样并不能做到真正的匿名，因为别人可以从邮件信头部分看到发信者的一切信息，包括时间、IP 地址等。如果要实现保护重要 E-mail 不被人截获以及避免自己的 E-mail 地址被人当作袭击目标，可以使用匿名邮件转发器。

现在使用比较多的几个匿名邮件转发器有：rE-mailer@replay.com，rE-mailer@anon.efga.org，mixmaster@rE-mail. obscura. com。

匿名邮件转发器的命令格式为：在邮件的“收信人”中输入匿名转发器的 E-mail 地址 rE-mailer@replay.com。信体的格式为：

（空行）

::（两个冒号）

Anon－To：abc@abc.com

(空行)

(正文)

写好以后，邮件会被转发器处理过，所有有关发信人的信息都被处理掉了。

不要把自己的签名也写进去，否则还是会让人看出端倪。因此在发送匿名邮件前，必须把发信邮件提供的签名功能关闭掉。

2 邮件附件中的图片为什么不能自动显示呢

在 Outlook Express 中作为附件的图片往往并不显示出来，通过以下方式就可直接在 Outlook Express 中显示图片类附件。依次单击“工具”→“选项”→“阅读”，将其中的“自动显示邮件附件”打上钩即可。

3 邮件太多了，找不到目标邮件，怎么办

邮件多了查找起来非常麻烦，而使用“查找邮件”工具可以帮助用户快速找到所需邮件。可以确定搜索范围，单击工具栏里的“查找”按钮，弹出“查找”对话框，在这里用户可以指定查找范围，如整个“本地文件夹”，也可以指定某个文件夹，也可以输入查找条件，如“发件人”、“收信人”、“主题”、“收到时间”等，输入后单击“开始查找”按钮，窗口下方出现找到的邮件，直接单击邮件即可查看，十分方便。

4 为什么有时候附件无法保存

某些用户发现 Outlook Express 不能随意地保存附件，提示说“不允许保存或打开可能有病毒的附件”。这是因为 Outlook Express 中多了一项新功能，能防止不小心打开载有病毒的邮件。

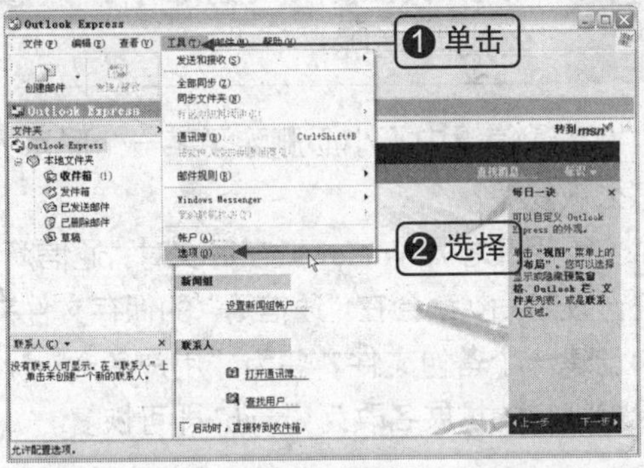

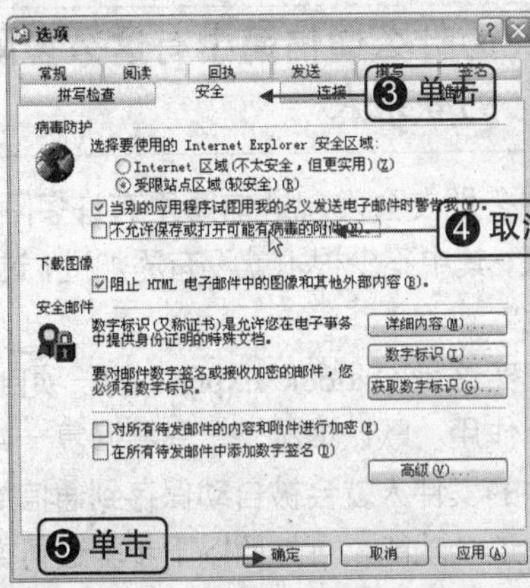

提 示

其实 Outlook Express 6 本身没有加入防毒机制，并不能检测信件所夹带的附件是否含有病毒，它只根据附件的文件类型来判断，不允许保存已经默认设置的可疑文件类型（比如 .exe 文件）；但这样却造成了某些正常附件无法保存的问题，因此，用户可取消这个功能，当然前提是用户电脑上必须装有具备 E-mail 检测功能的杀毒软件。

5 怎样解决邮件里的乱码

有时打开一些英文信件时，会发现在英文中有一些奇怪的乱码，严重情况下整篇信件都是乱码，只要选择“查看”→“编码”→“西欧字符”命令即可让乱码正常显示了。

6 手工解决邮件乱码太麻烦，可以自动解决吗

在收到一些乱码邮件后，单击“查看”→“编码”，可发现邮件编码是西欧字符，虽然当时可以将其转换为简体中文，但下一次再看时又变成了乱码邮件，又得重新转换一次。

使用这个方法可以一劳永逸地解决这个问题。依次单击“工具”→“选项”，选择“阅读”选项卡，单击“国际设置”按钮，在弹出的对话框中选中“为接收的所有邮件使用默认编码”，单击“确定”，以后再阅读西欧字符时，邮件就能正常显示了。

7 怎样检查收信人地址写对没有

如果要检查收信人地址正确与否，可以单击写邮件工具栏上的“检查”按钮，如果出错，Outlook Express 会弹出出错窗口提示用户。如果没有错，则不会出现任何窗口。

一个电子邮件地址通常由三部分组成：信箱 + @ + 收取 E-mail 的服务器。如 laa@163.com。在"@"前面的是用户的邮箱名称，用来标明用户。在"@"后面的内容是收发邮件的服务器名，也是表示电子邮箱所在的地方。这就好比是邮箱“laa”放在“邮局”163.com 里面，当用户要收取邮件时，需要利用自己的

电脑登录到“邮局”163.com 去查看或取走邮件。

8 写英文信的时候，不知道拼错单词没有怎么办

如果经常写英文信件，那么最好在发送邮件前单击一下新邮件窗口工具栏上的“拼写检查”按钮，Outlook Express 会校对整篇信件。如果出现了语法或拼写错误，会弹出窗口提示用户。

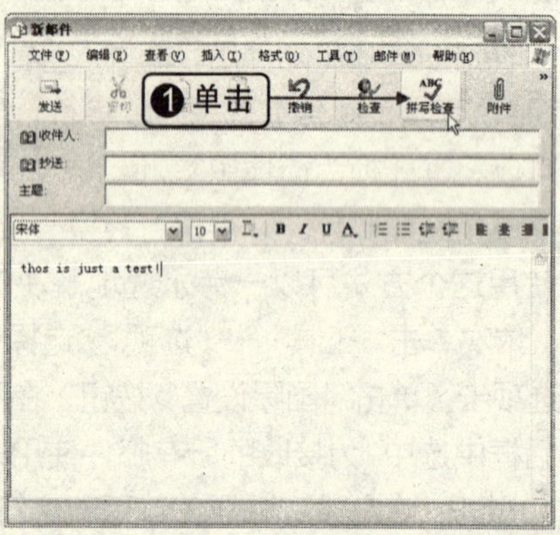

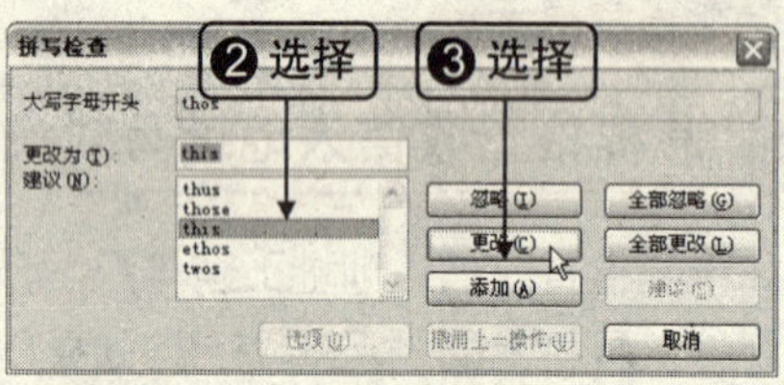

9 对方回信说邮件是乱码，该怎么解决

不同的国家和地区使用不同的文字编码。如果写信时不注意编码，则收信人可能会收到乱码信件。在写完邮件后，可选择“格式”→“编码”命令，再选择一个正确的编码，即可防止这种情况出现。

一般情况下，向繁体用户发送邮件时可选择“繁体中文(Big5)”。不过，在按下“发送”按钮后，Outlook Express 会弹出提示窗口，这是由于默认使用的是简体中文编码的原因。直接单击“按 Unicode 发送”按钮发送邮件，收信人即可正常阅读而无需转换编码。

10 不小心把联系人删除了，该怎么找回来呢

在通信簿中不小心删除了某一个联系人怎么恢复呢？

不用着急，Windows 在每次对“通信簿”进行改动后，都会在“通信簿”的保存文件夹中创建一个备份文件，名为“用户名.wa~”，只需把它的扩展名改为“wab”即可恢复。

11 为什么通信簿中有这么多陌生的联系人

许多朋友会发现通信簿里有许多陌生的联系人，其中不少根本就没有添加过，这是为什么呢？

其实这是 Outlook Express 的一项自动功能在起作用。默认情况下，只要回复一封信，该邮件的发件人就会被自动保存到通信簿中。要取消这个功能，可按照以下步骤进行操作：

❶ 打开 Outlook Express，依次单击“工具”→“选项”命令。

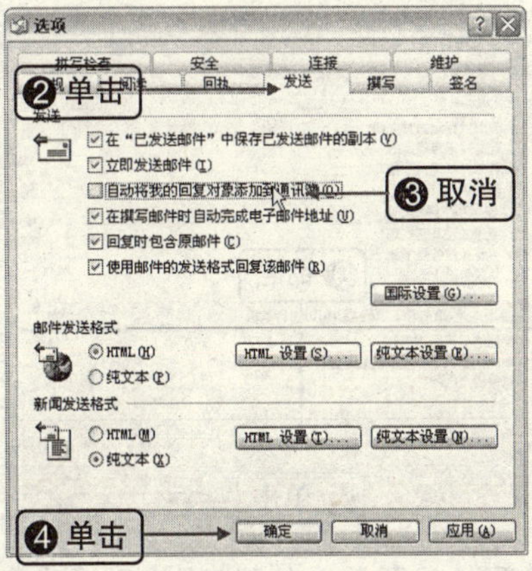

12 邮件列表窗口标题不符合自己的习惯怎么办

默认情况下，在邮件列表窗口的标题列中会显示出邮件的优先级、发件人、主题、附件、时间等信息，如果觉得这些信息过多或过少，可以自己定制标题列。在标题列上单击鼠标右键，从弹出的快捷菜单中选择"列"，打开"列"对话框，选中或取消某些项目前的钩，并按"上移"或"下移"按钮调整好顺序，按"确定"按钮即可。

13 怎样将 Outlook Express 设置为默认电子邮件

启动 Outlook Express，依次单击"工具"→"选项"命令，在弹出窗口中单击"常规"选项卡，并单击窗口中"默认邮件程序"下"该程序不是默认邮件处理程序"旁边的"设为默认"按钮即可。

在设置 Outlook Express 为默认电子邮件程序后，Outlook Express 将会显示"该程序是默认邮件处理程序"，旁边的"设为默认"按钮不可用。

另外一种方法是：启动 Outlook Express，依次单击"开始"→"运行"，在弹出的窗口文本框中输入："C:\Program Files\Outlook Express\msimn.exe"回车后即可快速将 Outlook Express 设置为默认 E-mail 客户端程序。

14 怎样让特定邮件更加容易寻找

如果想在许多信件中快速找到某个人发来的邮件，或者想使来自不同地址的邮件用不同颜色突出显示，以便快速找到它们，那么可以用本方法来实现：

在 Outlook Express 的邮件列表窗格中查找一封特定的邮件，并选中它。单击"邮件"→"从邮件创建规则"。在"选择规则条件"窗口中选择"若'发件人'，行中包含用户"；在"选择规则操作"窗口中选择"用指定的颜色突出显示"；在"规则描述"窗口单击颜色链接并从列表中选择一种颜色；最后为这个规则命名。

设置后所有来自这个地址的邮件都将会使用指定的颜色来显示，非常便于跟踪和查找。

15 收到很多垃圾邮件怎么办

对于垃圾邮件，只需选中该邮件后依次单击"邮件"→"阻止发件人"即可，以后来自该地址的邮件将会被直接从服务器上删除掉，而不会下载到本地。

如想进一步管理不受欢迎的邮件，可以依次单击"工具"→"邮件规则"→"阻止发件人名单"，在弹出的"邮件规则"窗口里选中"阻止发件人"选项卡，对发件人名单阻止进行设置即可。

16 邮箱突然被大体积邮件占满而瘫痪了，怎样防止这种情况再度发生

大体积邮件通常就是所谓“邮件炸弹”，是指恶意发信人短时间内连续不断地向同一个邮箱发送大量的大体积电子邮件，以期让目标邮箱满载而瘫痪。通过规则设置可防止大体积的邮件炸弹。

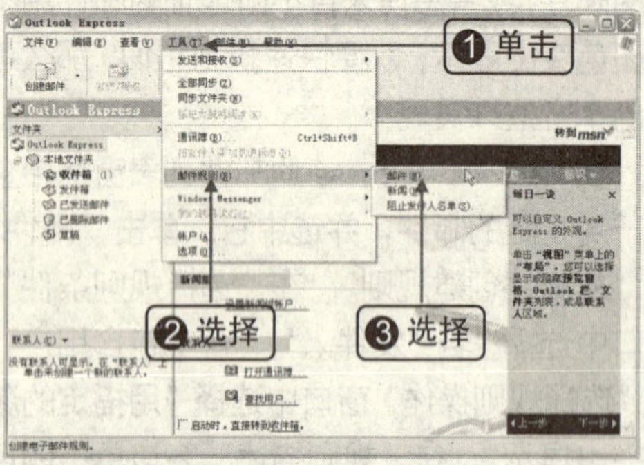

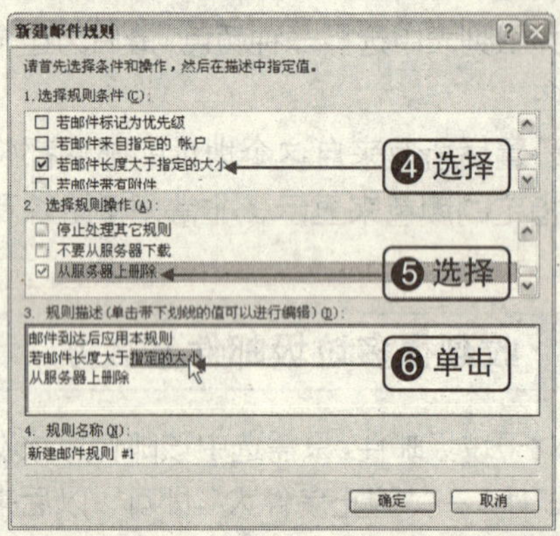

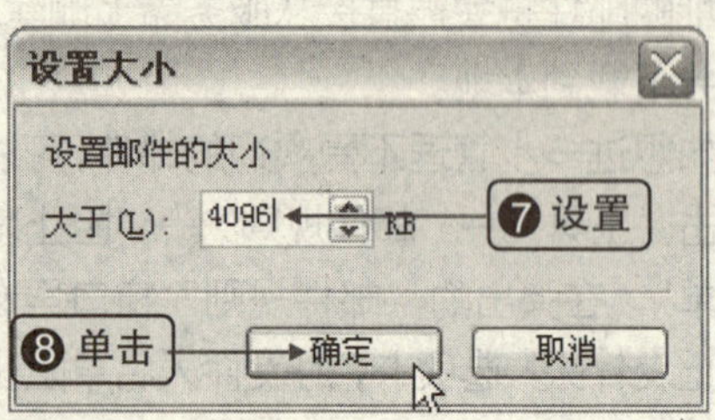

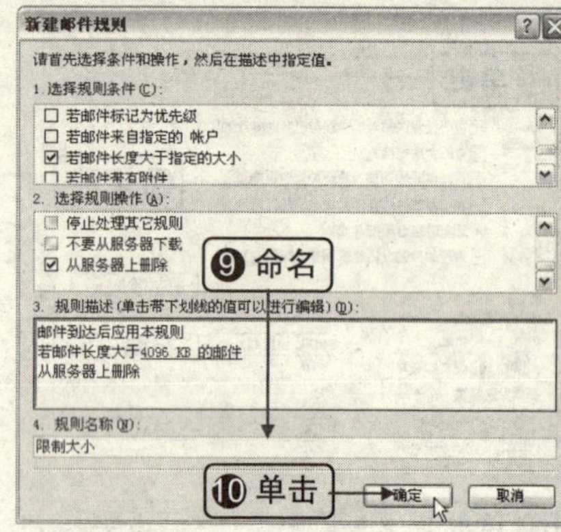

这里的设置是：在“选择规则操作”窗口中选择“从服务器上删除”，然后在“规则说明”框中单击“指定的大小”选项，在打开的“设置大小”对话框中输入一个大小值，以“KB”为单位，凡是体积大于这个数字的邮件都会被自动删除，这样就可阻止邮件炸弹的攻击，保证邮箱安全。

提 示

和他人进行大容量体积的信件来往前，要把这个设置取消掉。

17 有很多来自一个域名的广告邮件，该怎么阻止

如果不断收到同一个域名发来的垃圾邮件（如 tea@abcd.com 和 haha@abcd.com 就是来自同一个域名 abcd.com 的不同邮件），可以直接阻止所有来自这个邮箱域名的邮件。

依次单击“工具”→“邮件规则”→“邮件”，打开“新建邮件规则”窗口，单击“添加”按钮，在打开的窗口的“地址”文本框中输入其域名，比如：abcd.com 即可摆脱它们的骚扰。

18 广告邮件中的弹出窗口太烦人了，怎么处理

有些广告邮件，只要在 Outlook Express 中预览，就会自动启动浏览器打开它预设的网站，弹出广告。可以通过下面的技巧阻止这种烦人的广告：

单击“工具”→“选项”→“安全”，把“安全区域”中的“选择要使用的 Internet Explorer 安全区域”设为“受限站点区域”。然后进入控制面板，打开“Internet 选项”图标，单击“安全”选项卡，并选择“受限站点”，再单击“自定义级别”按钮，找到“脚本”项目中的“活动脚本”选项，将其状态由“启用”改为“禁用”后确定即可。

19 怎样减小邮件占用的空间

很多邮件带有附件，时间长了会占用很多磁盘空间，如果附件已经无用或者已经保存到其他文件夹里面，可将邮件中的附件删除掉，只留下邮件本身，从而减少占用的磁盘空间。

在 Outlook Express 右侧上方的邮件列表窗格中选中邮件，单击“转发”按钮，在打开的转发邮件窗口中删除附件，然后依次单击“文件”→“复制到文件夹”，将其保存到某个文件夹中即可。

20 怎样保存一封信里的多个附件

对于带有多个附件的邮件，如果一个一个地保存附件很麻烦。双击打开这个邮件，用鼠标选中所有附件，再用鼠标把它们拖放到目标文件夹下后即可。

21 添加多个附件时太繁琐了，有没有快捷的方法

如果要在一封信里添加多个附件，一般的方法就是单击工具栏上的“附件”按钮，再来一个一个地加入。其实，Outlook Express 支持 Windows 的拖放操作，只要把附件文件从文件夹或者资源管理器中拖动到新邮件窗口中，在鼠标变成“+”号时松开左键，所拖放的文件就会加入到附件区了。

不要拖放文件夹到信件区，Outlook Express 会报警，且不允许加入。可以把文件夹中的文件压缩成 RAR 或 ZIP 文件，然后再把它加入到附件中即可。

22 怎样才能提高对方对自己信件的识别率

纯文本格式的邮件能被所有邮件软件识别，如果给比较陌生的人写信的时候，最好不要使用 HTML 格式的邮件，因为对方的邮件软件有可能无法识别。Outlook Express 默认的邮件格式是 HTML，如果要以纯文本方式写新邮件，可单击工具栏中“新邮件”图标右边的下拉箭头，选择“无信纸”，即可打开纯文本格式的“新邮件”窗口；如果已经打开了 HTML 格式的“新邮件”窗口，单击“格式”菜单上的“纯文本”命令即可转换过来。

每次发信都设置格式比较麻烦。要把纯文本格式作为新邮件、回复邮件以及转发邮件的默认设置，可依次单击“工具”→“选项”命令，在弹出的窗口中选择“发送”选项卡，然后选中“纯文本”选项即可。

提 示

主题是对整封电子邮件内容的概括和提炼，好

的主题能让收信方一看便知邮件的主要内容，从而帮助收信者区分轻重缓急，方便对电子邮件的分类和管理。因此，尽管没有主题的电子邮件也能正常发送，但是我们还是鼓励大家在撰写邮件时加上主题内容。

23 怎样去除转发时的“>”字符

当转发邮件时，收信人收到的邮件中会带有“>”字符。如果想取消这个设置，可按以下步骤操作：

❶ 依次选择“工具”→“选项”命令。

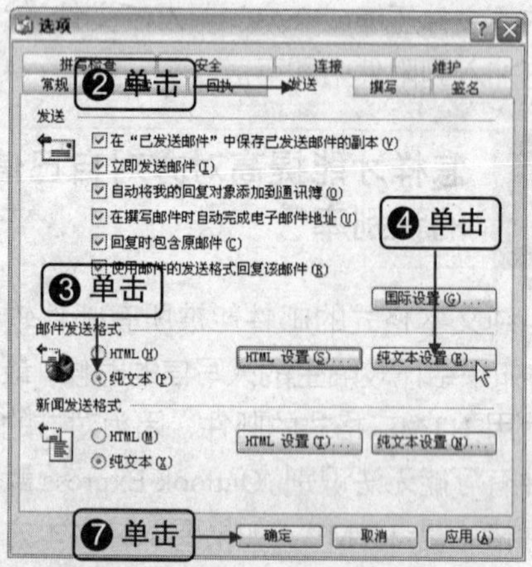

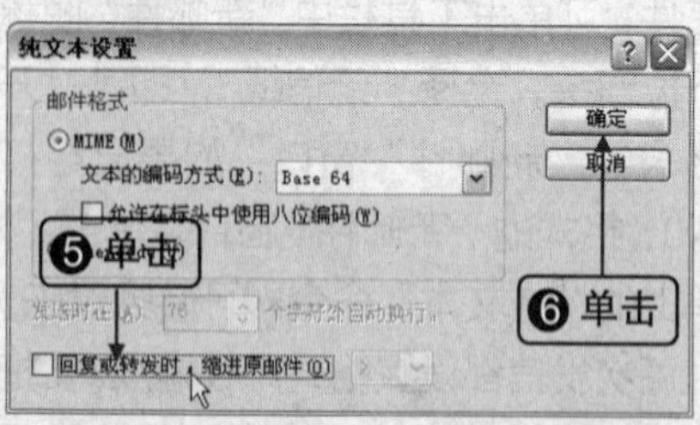

24 怎么恢复误删除了的邮件

在 Outlook Express 中，被删除的邮件都会被转移到“已删除邮件”文件夹。其实这些邮件并没有被真正删除，要彻底删除邮件，还要将“已删除邮件”文件夹里的邮件再次删除，这点和 Windows 操作系统下的“回收站”原理是一样的。所以在未清空“已删除邮件”文件夹之前，打开“已删除邮件”文件夹，然后就可以把邮件恢复到其他文件夹中。

25 怎样让邮件删除后不可恢复

在 Outlook Express 中删除邮件时，实际上系统并未真正删除邮件，而是将其转移到“已删除邮件”中，再对“已删除邮件”中的邮件执行删除操作时，这些邮件也没有真正被删除，只是被打上删除标记不再显示而已。要真正地删除掉文件，防止别人利用这个漏洞恢复被删除邮件，可在清除邮件后，选择“文件”菜单中的“文件夹”，从中选择“压缩”或“压缩所有文件夹”命令，就能真正将被删除的邮件从硬盘中清除掉，而且压缩后还能减少邮件文件夹占用的磁盘空间。

26 怎样找回“丢失”的已读邮件

有时发现收件箱中有些看过的邮件会自动消失，别慌，其实这些邮件并没有被删除，只是被自动隐藏了。在 Outlook Express 里选择“查看”菜单中的“当前视图”，会发现“隐藏已读邮件”被选择了，只要选择“显示所有邮件”，那些“丢失”的邮件就出现了。

27 邮件字体不好看可以更改吗

有时在阅读邮件时，想改变一下字体和字号。

❶ 选择“工具”→“选项”命令。

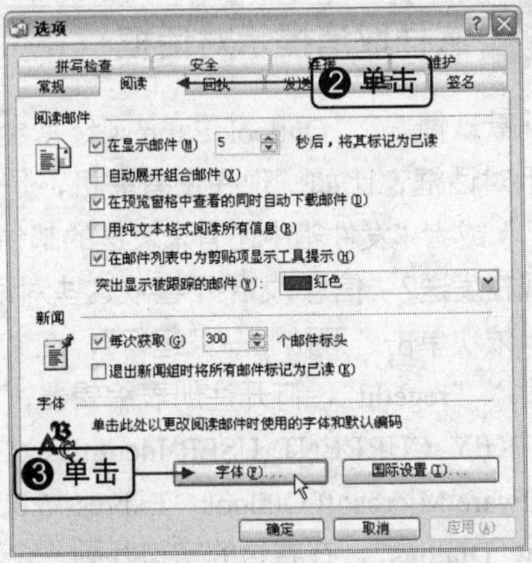

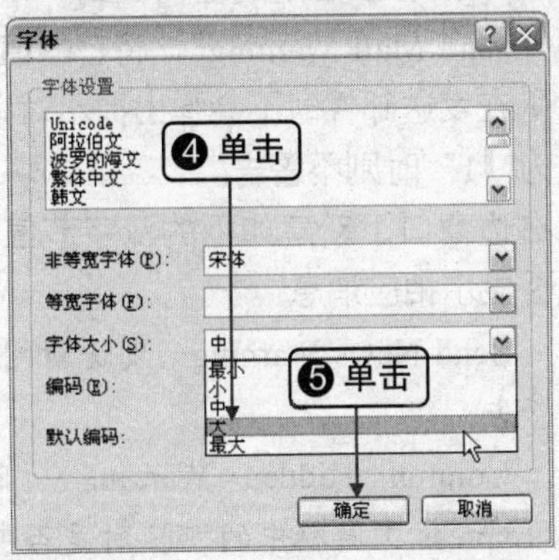

28 听说除了“抄送”以外还有“密件抄送”功能，怎么调用呢

默认情况下，“新邮件”窗口中是没有“密件抄送”这一项的，想要使用这一功能，可按以下步骤操作：

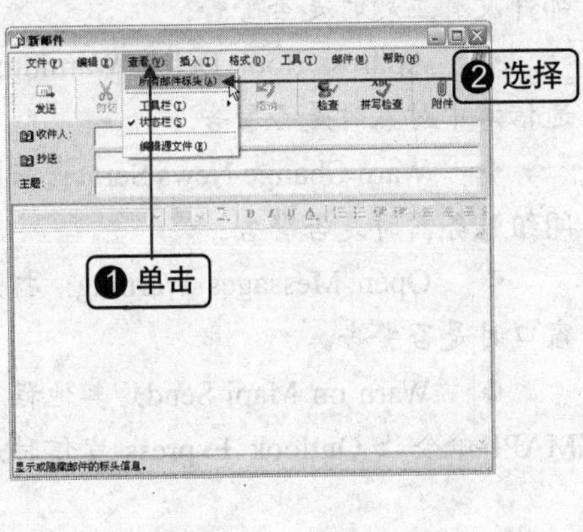

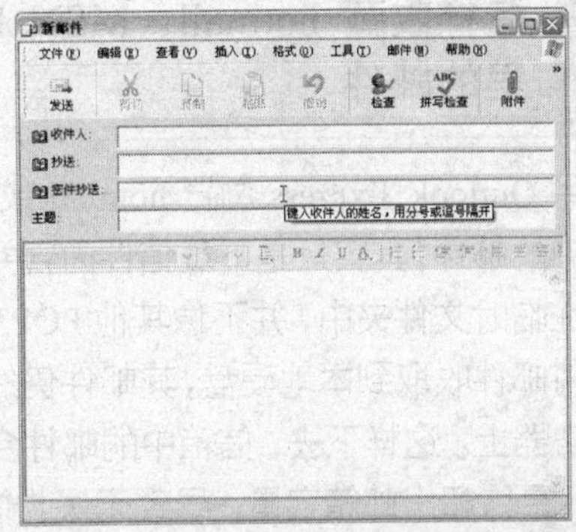

提示

一封电子邮件可以抄送给许多人，格式同收件人的格式一样。其实，无论将某人的电子邮件地址写在收件人的位置或者写在抄送的位置，此人都能够收到邮件。收件人和抄送的区别仅体现在社会功能上，也就是说，某封信是写给你的或者某封信是抄送给你的，两者语气不一样，抄送的目的可能仅是告诉或通知你一声。这就跟现实生活中发通知，通知里要写明上报、下发、抄送某个人或单位……具体怎么选择，视用户的理解而定，但用户使用抄送应慎重，避免产生不必要的误会。

密件抄送在有的系统中称作暗抄，它指的并不是将邮件加密后抄送给某人。通常情况下，不管对方的电子邮件地址是出现在“收件人栏”还是“抄送栏”，对方收到电子邮件后，便能知道这些邮件是发送给哪些人。如果在将一封信发给很多人的同时，把某人的电子邮件地址写在密件抄送栏，则该人也能收到此邮件，但其他收到邮件的人并不知道这封邮件还被悄悄抄送给了某人。

29 怎样收藏 hotmail、MSN 邮箱里的邮件

用 Outlook Express 浏览 hotmail 或 MSN 信箱中的邮件，其实只是下载信件内容并将其缓存在临时文件夹中，并不像其他 POP3 信箱那样将邮件收取到本地硬盘，其邮件仍然保留在服务器上。这样下去，信箱中的邮件会越积越多，最终超出邮箱容量，导致无法收信。因此，将有用的邮件下载到本地硬盘是一个必要的选择。

先将 MSN 信箱中的邮件接收下来，接着进入“收件箱”窗口，在左侧“文件夹”窗格的“收件箱”项单击右键，在弹出菜单中选择“新建文件夹”，在弹出的“创建文件夹”窗口里的“文件夹名”文本框中输入名字，单击“确定”按钮完成新建文件夹。然后将 MSN 文件夹下的信拖放到刚才新建的文件夹中，Outlook Express 就开始从 MSN 服务器中下载邮件，完成后，就可以脱机处理邮件了。

30 怎样找到垃圾邮件的地址

很多垃圾邮件并不在“发件人”地址栏里填写自己的真实地址，那么怎样得到这些垃圾邮件的真实地址并拒收它们呢？用鼠标右键单击某个垃圾邮件，在弹出的菜单中选择“属性”命令，在打开的窗口中单击“详细信息”选项卡，接着单击下面的“邮件来源”按钮。在打开的“邮件来源”窗口中找到“From: =?gb2312?B?TWljcm9zb2Z0IE91dGxvb2sgRXhwc-mVzcy/qrei1+k=?=<msoe@microsoft.com>”字样的值，其中的电子邮件地址就是发件人的邮箱地址。知道了这个地址后，就可以使用邮件规则阻挡任何来自这个地址的邮件了。

31 怎样取消提示对话框

默认情况下，Outlook Express 经常会显示提示对话框，比如“现在没有联机，是否联机？”或者“发件箱中还有未发送的邮件，是否现在发送？”信息，如果不喜欢这些对话框，可以依次单击“开始”→“运行”，在文本栏里输入“regedit”，打开注册表编辑器，找到“HKEY_CURRENT_USER\Identities\{GUID}\Software\Microsoft\Outlook Express\5.0\Dont Show Dialogs”，在右边的窗口找到一个双字节值项“Send Mail Warning”，将它的值设置为“0”，则在发送邮件时不会弹出提示对话框，而设置为“1”时则不警告。

在右边窗口下新建如下的双字节值项来控制是否显示相应消息：

❖ Send News Warning：发送新闻邮件时是否警告。

❖ Column Hidden Warning：隐藏 Outlook Express 工具栏中的“列”时是否警告。

❖ Cancel News Warning：取消新闻邮件时是否警告。

❖ Hide Warning：是否隐藏警告消息。

❖ Unsubscribe Warning：退订新闻组时是否警告。

❖ News Empty Subject Warning：新闻邮件没有主题时是否警告。

❖ Address Book Delete Warning：删除通信簿中对象时是否警告。

❖ Warn Change News Server：当更换新闻组服务器时是否警告。

❖ Open Messages Warning：打开邮件窗口时是否警告。

❖ Warn on Mapi Send：其他程序通过 MAPI 命令让 Outlook Express 发信时是否警

告。有很多病毒会把它设置为“0”，这样就可以偷偷地发信，传染病毒，因此这里设置为“1”。

❖ HTML News Warning：当新闻邮件是HTML格式时是否警告。

❖ Delete Thread Warning：删除进程时是否警告。

❖ Too Much Quoted Warning：当信件中有很多引用消息时是否警告。

❖ Mail Empty Subject Warning：邮件没有主题时是否警告。

32 怎样快速通知对方已收到来信

对某些邮件只要回复一下，让对方知道自己收到了信即可。利用Outlook Express的签名功能实现快速回信。

依次单击“工具”→“选项”，选择“签名”选项卡，然后按“新建”按钮新建一个签名，在“编辑签名”项的“文本”后输入要回复的文字。对于只需简单回复的信件，直接单击“答复”按钮，然后在打开的回复信件窗口中，单击“插入”→“签名”选项即可将其插入信件，发送即可。

33 建立好账号后，怎样禁止创建新的账号

这个技巧可以让你的Outlook Express无法创建任何新的邮件、新闻组或目录账号。打开注册表编辑器，找到“HKEY_ LOCAL_ MACHINE\SOFTWARE\Microsoft\Outlook Express”，新建一个名为“No Modify Accts”的双字节值项，将其设置为“1”，即可禁止创建账号，设置为“0”或者删除掉此值项则允许创建账号。

34 怎样分账户接受邮件

Outlook Express没有提供分账户接收邮件的功能，所有账户的邮件都会保存在同一个文件夹下，这对于了解信件来自于哪个邮箱账户不太方便。虽然可以通过设置邮件规则来分类，但是那样比较麻烦。其实可以用鼠标右键单击邮件列表上面的标题栏，选择“列”，在弹出的列表中勾选“账户”，然后通过“上移”和“下移”按钮对其调整位置，完成后，邮件列表的列中会出现“账户”列，这样就能很一目了然地知道邮件来自于哪个邮箱账户了。另外，也可以单击标题栏的“账户”选项使邮件按帐户名排列。

35 怎样缩小邮件所占磁盘空间

在Outlook Express里依次单击“工具”→“选项”，在弹出的窗口里单击“维护”选项卡，选择“在后台压缩邮件”，在其下有个“当浪费空间达到(S)%时压缩邮件”，可以设置其百分比，比如：10% 。单击“立即清除”按钮可打开“清理本地文件”窗口，在这里显示有Outlook Express中邮件所占用的磁盘空间以及浪费的空间的百分比，单击“压缩”按钮可对所有邮件进行压缩。单击“浏览”按钮还可查看每个文件夹的情况。

36 怎样备份和恢复账户信息

备份和恢复账户只需进行简单的导出导入即可实现。

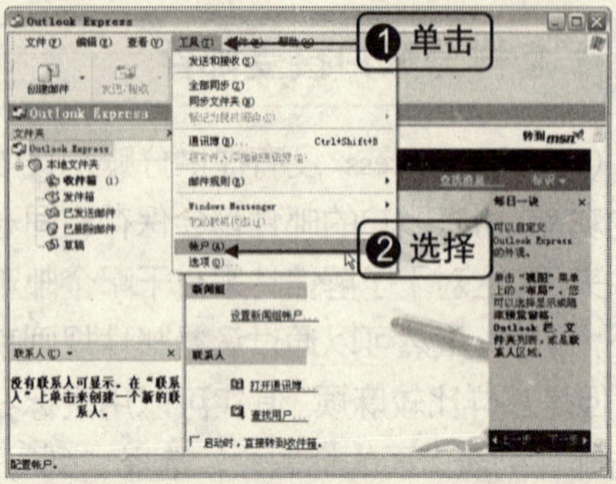

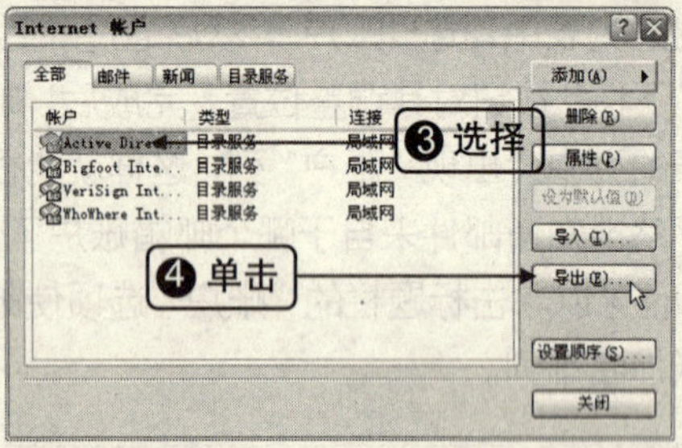

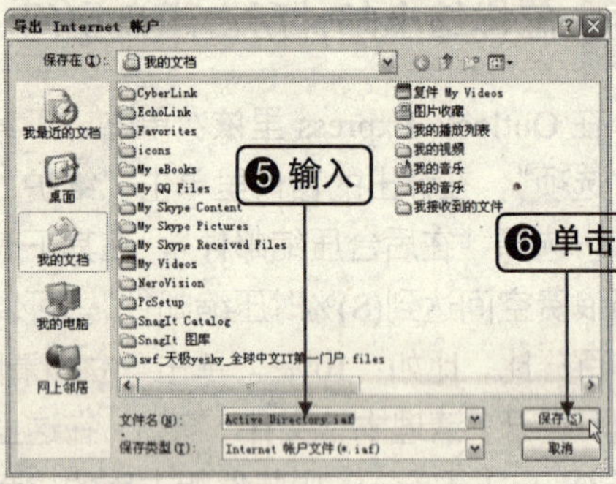

将此文件放在其他文件夹即可达到保存的目的。以后可以通过“Internet 账户”窗口上的“导入”按钮导入。

37 为什么 Outlook Express 的启动速度越来越慢

用久了 Outlook Express 后，启动速度越来越慢，其实造成这个问题的原因主要有如下两点：

1．收件箱文件夹过大

不要把所有邮件都放在收件箱这一个文件夹里，可以在收件箱下（或是本地文件夹下），另外建立其他文件夹来分类存放邮件，以减轻收件箱负担，使任何一个“dbx”文件都尽量不要过大。

当在 Outlook Express 中删除邮件或清空“已删除邮件”的文件夹操作时，O 并没有真正删除它们，而是将要删除的邮件隐藏起来而已，所以收件夹会越来越大。如果要真正删除掉这些邮件，应在 Outlook Express 中依次选择：“文件”→“文件夹”→“压缩所有的文件夹”，这样 Outlook Express 就会完全释放掉删除的邮件空间。

虽然压缩可提高 Outlook Express 的运行效率，但在“工具”→“选项”→“维护”→“在后台压缩邮件”这项功能建议最好不要使用，宁可手动压缩，也不要让它自动压缩。因为当 Outlook Express 在后台执行压缩的时候，万一发生死机、断电等突发状况，邮件损坏的可能性相当高。

2．邮件体积太大

如果附件实在很重要的话，最好保存在硬盘的其他地方，不要留在 Outlook Express 里，大附件是 Outlook Express 启动变慢的主要原因之一。

3．folders.dbx 文件损坏

其实解决 Folders.dbx 文件损坏的问题很容易：关闭 Outlook Express 后再删除“Folders.dbx”文件，再次运行 Outlook Express 时即可自动建立一个新的“folders.dbx”文件。

知识加油站

1．E-mail 防毒技巧——防止病毒入侵

很多病毒通过通信簿里的地址广泛传播，这些病毒感染电脑后，会从“通信簿”里按照字母顺序分别向联系人发送带毒邮件。因此可以设置 Outlook Express，依次单击“工具”→“选项”，在弹出的窗口中选择“发送”选项卡，取消“自动将我的回复对象添加到通信簿”前面的钩，即可减少通信簿内容，也可防止病毒通过通信簿大规模传播。

2．E-mail 防毒技巧——禁止立即发送

在 Outlook Express 中依次单击“工具”→“选项”，在弹出的窗口中选择“发送”选项卡，将其中的“立即发送邮件”前面的钩取消，单击“确定”按钮退出。

设置后，即使 Outlook Express 不幸中毒，病毒也不会立即通过通信簿中的地址发出，而只能将带毒邮件放在“收件箱”中，直到用户单击工具栏上的“发送”→“接收”按钮后，邮件才会发送出去。进行了上述设置以后，可以遏制病毒的快速传播，也不用再担心朋友的电脑中毒了。

3．E-mail 防毒技巧——禁止自动收发邮件

在 Outlook Express 中单击“工具”→“选项”，在弹出的窗口中选择“常规”选项卡，取消“启动时发送和接收邮件”选项和“每 XXX 分钟检查一次新邮件”选项前的钩。这样只有按下工具栏上的“接收”→“传送”按钮时，Outlook Express 才开始接收或者发送邮件，这就避免了邮件的自动发送。此项设置对部分 E-mail 病毒特别有效。

4．E-mail 防毒技巧——启动内置限制功能

在 Outlook Express 中依次单击“工具”→“选项”，在弹出的窗口中选择“安全”选项卡，选中“受限站点区域（较安全）”单选按钮，并勾选“当别的应用程序试图用我的名义发送电子邮件时警告我”复选框即可。

4.3 QQ 故障

QQ 是腾讯公司开发的即时通信软件，如今占领了国内的大部分通信联络市场，是众多网友不可或缺的联络工具。

1 QQ 密码已经被盗几次了，怎么预防盗号木马呢

有一种通过监视来获得密码的黑客软件，它一般在本地计算机中隐藏运行，会自动记录那些号码位数不超过 9 位的 QQ 登录密码，甚至还可以自动把这些密码发送到指定的邮箱。基于它的原理，就可以采取对应的防黑措施了。具体做法是：登录时，在号码前加入一串的“0”（比如 10 个），并不影响正常的登录，但是在本地计算机上的号码却变成了一大串的“0”。这样一来，盗号工具会认为这是非法号码，不会对密码进行拦截，当然也就不必担心 QQ 密码泄露了。

2 怎样向隐身好友传送文件

如果想给隐身的朋友传文件，系统一般会提示只能传给在线的朋友，其实只要拥有带 IP 补丁的 QQ，先和朋友说话的时候（对方隐身），他的名字就会以在线的方式显示出来，而且会保留一段时间。但这个时候却看不到他的 IP。不过不要紧，可以对他进行“两人世界”和传文件，这是利用了 QQ 的一个 BUG。

有一点要说明的是，自己必须是在线状态。带 IP 补丁版本的 QQ 可以在网上搜索到。

3 怎样在好友的 QQ 中消失

有的网友为了追求在对方好友中的排名而不惜在昵称中加入各种怪异字符。个别高手甚至让自己在 QQ 中彻底蒸发。不要以为用空格代替就可以不再显示自己的昵称，其实在对方的资料中显示的是“-”，而不是空；而且空格做的名字在进入聊天室的时候都是被视为非法的，那高手们是怎么实现的呢？其实 DOS 下的 ASCII 空格就很好用，其代码是 255 。首先打开 DOS 窗口，按住<Alt>按键输入“255”，接着松开<Alt>就可以在 DOS 窗口得到一个 ASCII 的空格，把它复制下来放到 QQ 的昵称一栏中即可。

怎样复制？首先在 Windwos 下打开 DOS 窗口，用鼠标选择刚才做好的空格，然后点窗口的左上角（如果是全屏方式的 MS-DOS 可按<Alt>+<Enter>键切换到窗口状态），在弹出的菜单中选择“编辑”→“复制”即可。

4 QQ 密码被盗了怎样找回来

可在启动 QQ 的注册向导时填写自己的 QQ 号码发送出去，或者到腾讯公司的主页 http://www.tencent.com 填写自己的 QQ 号码，点“发送”按钮，那么会有一封信发到在申请 QQ 时所填写的 E-mail 信箱。里面是你的 QQ 密码。如果能够打开注册的信箱肯定就是自己

的，那么就可以保证准确无误。

5 怎样快速登录 QQ

如果登录 QQ 非常慢的话，那么就不要选择从登录框直接登录，而是点击“注册向导”按钮重新注册登录，这样会使登录的速度快一些。

6 怎样在好友名单中排第一

QQ 中好友名称的顺序是按照 ASCII 码排列的，而“空格”这个字符又在 ASCII 码中排名比较前，这样只要在“个人设定”的“用户名称”中，在自己的名字前面加上一个空格字符就可以了。

7 怎样用汉字来设 QQ 密码

在记事本中输入几个汉字，然后复制到“新口令”和“确认新密码”项中，按下“修改”按钮，如果弹出“更新成功”窗口，则说明密码修改成功，这样的密码会更安全，不那么容易被盗用。不过，每次输入密码时，要先打出来再粘贴。

8 不希望消息窗口自动弹出，怎么办

如果不想让消息窗口自动弹出，那么可以在“参数设置”选项卡下面的“设置提取消息热键”勾选“使用热键”，接着如果保留了“默认热键”的选择，那么当有新消息过来时，只要按下<Ctrl>+<Alt>+<Z>组合键就能弹出消息窗口。或者也可以选择“自定义热键”，然后将光标放到后面的输入框中，接着再按下所选择的快捷键，比如：<Ctrl>+<Q>等。

9 怎样手工添加自动回复

设置自动回复后，在 QQ 安装文件夹中有一个以用户号码命名的文件夹，其中会有一个“autoreply.txt”文件，里面记录了所有自动回复信息，也可以直接在这里添加回复留言。

10 怎样在某好友上线后自动隐身

如果上线后一直是现身状态，突然看见某个不想见的人上线了，想马上变成隐身状态，除直接点击在系统托盘处的 QQ 图标，选择“隐身”外，还可事先在该好友头像上点左键，在弹出菜单中选择“查看资料”，在打开的“查看用户信息”窗口中点击“好友个人设置”选项卡，然后再选中“如果该好友上线，则自动切换到隐身状态”，再点击“修改”按钮即可。

11 怎样消除同时运行多个 QQ 产生的热键冲突

如果在打开一个 QQ 的情况下再打开一个 QQ 会出现什么情况呢？对，系统会弹出一个窗口提示“热键冲突，注册系统热键失败，请选择另外的热键”.这是为什么呢？在 QQ 中默认<Ctrl>+<Alt>+<Z>为提取信息的热键，打开的第一个 QQ 就占用了这个热键，那么打开了第二个 QQ 时，自然不能再使用这个热键，也就会出现那个错误窗口了。只要在“QQ 参数设置”的“参数设置”选项卡的“设置提取消息热键”中选择“自定义热键”，然后按下要设置的热键就可以了。为了不与系统的其他热键冲突，建议将第一个 QQ 的提取消息热键设为<Alt>+<1>，第二个 QQ 的提取消息热键设为<Alt>+<2>，照此类推即可。

12 怎样彻底隐藏 QQ

首先启动 QQ，点击 QQ 窗口左下角的主菜单，在弹出的快捷菜单中选“系统参数”，弹出“QQ 参数设置”对话框，在“参数设置”选项卡中，取消“在任务栏显示图标”、“自动弹出信息”选择，然后选择“使用热键”复选项，还可以选择“自定义热键”定义自己的热键。最后在“声音设置”选项卡中，选择“声音开关”中的“关闭声音”即可。看看系统托盘中的 QQ 图标不见了吧？现在就把 QQ 最小化，这样整个桌面就再也找不到 QQ 的痕迹了。

怎样调出 QQ 面板呢？最简单的方式就是在没有消息的情况下按下热键，即可呼出面板。也可以按下<Ctrl>+<Alt>+<Del>组合键启动“任务管理器”，然后在“应用程序”栏里选择的 QQ 应用程序，点右键，选择“最大化”就能调出 QQ 了。

13 怎样彻底删除某个好友

如果要彻底删除某好友，可以在操作面板上右键点击该好友头像，从快捷菜单中将之移动到黑名单即可。如果用删除 QQ 安装目录下该好友文件夹，并不能从服务器真正删除该好友的名字，以后重新安装 QQ 或换一台计算机登录仍然会出现他的名字。

14 怎样批量删除好友

进入 QQ 的“好友管理器”，按住<Ctrl> 或<Shift>键，选中要删除的好友，用鼠标右键点击任意被选中的用户，点击“删除好友”即可。

15 怎样向好友快速发邮件

只要在 QQ 的好友列表中点击好友，再选择“发送邮件”命令即可打开一个写邮件窗口，自动向好友注册的邮箱发送邮件。

16 网络没有问题，但老是登录不上怎么办

有时登录 QQ，弹出来的却是服务器太忙无法登录或者超时的提示框，接连试几次都是这样。此时可以改用“注册向导”，一般情况下都能成功。还不管用的话，就得使用第二种方法了——打开多个 QQ 窗口来同时登录同一个号码。同时打开三个窗口，肯定会有一个能登录上去的，屡试不爽。不过也有一种情况是例外的，那就是网络断线的时候。

17 怎样备份聊天记录

先到 http://www.tencent.com 下载最新的 QQ 版本，然后注意备份好自己的聊天记录、自己的 QQ 号码和密码。在 QQ 的安装目录里有一个以数字命名的子目录（如果多人使用同一个 QQ 软件，那么会出现多个这样的子目录），其中保存有聊天记录等重要信息，所以建议在重装或升级前将该子目录备份，之后拷贝到重新安装的相应目录里面。

如果重装 QQ 时出现了问题，比如显示异常，可以将注册表有关 QQ 的键值删除干净再安装 QQ，安装好以后使用注册向导用原有 QQ 号码和密码登录，好友名单不变，因为原来的好友名单在的服务器上保存了一份。

18 可以只显示在线好友吗

平时聊天时，并不是所有好友都会在线，那么不如让不在线的好友隐藏起来，这样会大大精减好友列表，点击 QQ 面板上的“QQ”图标，在弹出菜单中选择“系统参数”，在“参数设置”选项卡中勾选“只显示在线用户”。

19 好友爱换昵称，怎样记住他

QQ 上有些朋友喜欢将他们的名字和头像换来换去，还有的连性别都换，那么该怎样记住他们呢？在好友列表中点击好友头像，在弹出菜单中选择“查看资料”，在“基本资料”选项卡中点击“备注”按钮，现在就可以填写好友的资料了，把知道的情况全部填写进去，最后点击“修改”按钮，以后无论好友怎样改名，只要点击一下“备注”按钮就能查看他的资料了，这样就不用再害怕认错人了。

20 怎样使用代理预防攻击

预防攻击最简单而且行之有效的办法就是隐藏自己的 IP。那么怎么隐藏呢？使用代理服务器上 QQ 就是一种好办法。首先选择 QQ 中的“系统参数”，点击“网络设置”选项卡项，选中“使用 SOCKET5 代理服务器”，因为能在 QQ 中使用的代理一般为 SOCKS4 和 SOCKS5 型的，在“防火墙地址”处输入寻找到的免费代理地址，端口号为：1080(校验用户名和密码一般不用填) ，点击“测试”按钮后，如果填入的代理地址有效，那么会弹出“代理服务器工作正常”提示框，否则就会弹出“无法连接到代理服务器”的警告。上述步骤做完之后，最后点击“确定”按钮完成。

21 怎样登录最快的服务器

首先点击“系统”按钮，在弹出的菜单中选择“系统参数”，然后在弹出的“QQ 参数设置”窗口中点击“网络设置”选项卡中的“服务器地址”，可以看到 QQ 的服务器地址是“sz.tencent.com”，下面就通过 DOS 中的“Ping”命令获得这个地址：点击“开始”→“运行”，在弹出的对话框中输入“ping sz.tencent.com”，按回车后会出现“Pinging sz.tencent.com [xxx.xxx.xxx.xxx] with 32 bytes of data: ”的信息，其中“xxx.xxx.xxx.xxx ”就是服务器的 IP 地址，现在回到“QQ 参数设置”窗口中的“网络设置”选项卡，将此地址填到“服务器地址”下面的地址栏后点击“添加到列表”按钮即可。当下次登录的时候，一定会发现登录的速度快了很多。

22 怎样正确删除好友

如果不打算和某个“好友”联系了，可以从好友名单删除他的名字，但在他的好友名单，仍然有的名字，他还可以向自己发送消息，如果是这样可以将其名字拖放到“黑名单”中，这样他所有发过来的消息都不会显示，同时选择把自己的名字从他的好友名单中删除，这样他就无法发消息了。如果你的列表中没有“黑名单”项，那么可以在面板空白处用鼠标右键点击，从菜单中选“显示黑名单”即可。

提 示

只是将好友拖动到“陌生人”一栏，还是不能禁止对方向自己发送信息的。

23 怎样根据不同好友决定行动

在QQ的“个人选项”设置中，可以选择“在此好友上线时自动隐身”、“此好友上线时弹出提示”、“此好友上线时送出问候语”、“不接收此好友发来的任何信息”等选项，每一项都非常实用，可以根据需要进行选择。

24 怎样在列表中快速找到某个好友

想和一个叫 Waiter 的好友说话，在选中好友列表后，按一下键盘上的<W>键，这样焦点会移到以“W”字母开始的称上，再按一下<W>键，就会移到下一个以“W”开始的称上，直到选择到想说话的人，然后回车即可。而中文好友称也是按照拼音的第一个字母来排列的。

有很多网友的名称前面有很多奇怪的符号，好像无法键入，其实不用考虑这些符号，直接考虑他符号后面的昵称即可。

25 怎样保护 QQ 隐私

网上有许多 QQ 黑客工具，其中有一种工具可以跳过密码进入你的QQ，尽管没有上线，但可以轻松地查看的聊天记录，最好的方法是将你的聊天记录删除，点击“开始”→“查找”→“文件或文件夹”选项，在“名称”中输入你的 QQ 号码，在“搜索”下拉菜单中选择“本地硬盘驱动器”并点击“查找”按钮，然后将找到的文件和文件夹全部删除即可。

26 聊天记录太多了，怎样找到需要的部分

要想快速地寻找与好友的对话信息，可以点击想要查找的好友头像，在弹出的对话框中选择“聊天记录”，然后在弹出的窗口中按<Ctrl>+<F>键打开查询窗口，输入要查找的关键字（如电话），然后点击“开始查找”按钮就可以了，找到的聊天记录就会在下方窗口中出现。

27 怎样重新下载好友信息

如果在其他地方使用 QQ 后，由于好友信息是放在硬盘上，到了家里后却无法找到刚才添加的新好友。其实，当启动 QQ 后，请在出现的“QQ 用户登录”对话框中不输入密码登录，而点击“注册向导”按钮，并用自己的 QQ 号重新注册一遍。只要过一会儿，QQ 就会从服务器上把你的所有好友添加到“我的好友”文件夹中，当然是最新的好友列表了。

28 怎样打造自己的个性资料

有些人 QQ 资料填得很特别很有个性，比如“国家”→“地区”填的根本不是下拉列表中的内容，甚至可以换成一个贴图，其实自己也完全可以实现，方法很简单，在填写资料时可以不理会那些下拉列表，直接填入想填的内容即可（贴图可以到专门的网站去 Copy）；但请注意并不是所有下拉列表都是形同虚设的，有些内容必须择其一才能填入。

小贴士

如今 QQ 加入了等级计算，16 级即可创建自己的群，这无疑非常吸引人。那么，QQ 等级是怎么计算的呢？

QQ 计算等级的基本单位是“活跃天数”。“活跃天数”指的是如果用户当天使用 QQ 超过一定的时间，就认为用户这一天是活跃的，会为其活跃天数加上一天。

当天（0：00~23：59）使用 QQ 在 2 小时（及 2 小时以上），算用户当天为活跃天，为其活跃天数累积 1 天。

当天（0：00~23：59）使用 QQ 在 0.5 小时至 2 小时，为其活跃天数累积 0.5 天。

当天（0：00~23：59）使用 QQ 在 0.5 小时以下的，不为其累积活跃天数。

活跃天数与等级的关系：

等级	等级图标	原来需要的小时数	现需要天数
1		20	5
2		50	12
3		90	21
4		140	32
5		200	45
6		270	60
7		350	77
8		440	96
12		900	192
16		1 520	320
32		5 600	1 152
48		1 2240	2 496

4.4 FlashGet 故障

FlashGet 前身叫做 JetCar，是一款多线程下载工具，不仅下载速度快，而且支持断点续传，对于下载后文件的管理也是非常便利的，是众多电脑用户的首选下载利器。

1 怎样动态调整下载速度

如果在浏览网页或进行其他网络操作时，发现速度非常慢，那么可随时调整 FlashGet 的下载速度，双击系统托盘处的 FlashGet 图标打开其主窗口，接着点击“工具”→“速度限制模式”→“手动模式”，这样在 FlashGet 窗口右下方会显示速度调整栏，可以向左拖动滑块降低其速度。如果其他需要网络带宽的网络操作完成后，可以再次点击选择“工具”→“速度限制模式”→“无限制”，让 FlashGet 开足马力下载。

2 怎样将一个网站上的文件一网打尽

假设要下载文件的路径为 http://www.123.com/pic1.jpg 到 http://www.123.com/pic100.jpg 中的 100 张图片，首先点击“任务”→“添加成批任务”，然后在弹出对话框中的地址栏中填入：http://www.123.com/pic*.jpg，选择：从 1 ~100，通配符的长度为：3。

如果下载的文件都是 ZIP 文件，而主文件名均为英文，但不相同，那么下载条件可以写为*.zip，并且选择“从…到…”，根据实际情况改写要填入的字母。

提 示

通配符有两个，一个是“*”，表示一个或多个字符，内容不论，而另外一个是“?”，只表示一个字符，内容不论。例如，A.* 就代表了文件基本名是 A，扩展名是任意的所有文件。比如“a*.*”可代表“abcd.txt”或“abc.exe”，而“a??.*”只代表“abc.exe”。

3 怎样使用多代理

对于经常下载 FTP 服务器上文件的朋友来说，最大的麻烦就是常常不能多线程下载，这主要是因为提供 FTP 服务的朋友出于流量和速度的考虑，常常会禁止同一 IP 地址使用多线程工具下载，以减轻服务器负担。现在，利用 FlashGet 的多代理功能，就能解除这个限制。

在 FlashGet 的“工具”→“选项”→“代理服务器”，点击“添加”按钮，在打开的窗口中输入代理服务器相关信息。在 FTP 站点上建立下载任务时，在“文件分成 X 同时下载”中输入使用线程数目；点击“站点属性”按钮，先取消“没有限制”选项，再勾选“每一个连接使用不同的代理服务器”，并按下“确定”按钮即可。

4 镜像功能是什么

Internet 上的文件一般都在多个站点上有镜像，从每个站点下载的速度是不同的，如果从较近的地方下载通常就很快，FlashGet 可以从不同服务器下载同一个文件并且会从较快的一个或几个站点下载，如果一个服务器有了问题会自动切换到其他镜像站点下载，以便用最快速度下载。这就是 FlashGet 的镜像功能。首先选择“工具”→“选项”→“镜像”中勾选“打开镜像”（选项），然后在其下的“地域位置”的“国家代码”中输入用户所在国家的 Internet 的代码，如 CN 代表中国，US 代表美国，JP 代表日本等。在这里，输入 CN。这样 FlashGet 在下载软件或资料时，会首先从中国的服务器寻找这些镜像站，并选择最近的服务器来下载资料。再在“国家列表”中输入一系列联结较快国家的代码，如 JP，KR，RU 等。网际快车在计算替代 URL 的时候给予较“国家代码”次一级的优先权。

在“国家列表”下“国家代码”中输入 JP，KR，RU 表示日本、韩国和俄罗斯。多个国家代码用半角的逗号分隔，它表示当 FlashGet 在中国的服务器上找不到镜像服务器时，会自动从日本、韩国和俄罗斯等国的镜像服务器上下载软件，当然这里要填写最近的国家代码。

5 怎样让 FlashGet 存储更多镜像站点的地址

默认情况下，在 FlashGet 的目录下有 mirrow.lst 和 mymirrow.lst 两个文本文件，它们都可以通过“记事本”打开。其中 mirrow.lst 内记录的是 FlashGet 的默认的下载站点的镜像列表，mymirrow.lst 则是用户定义的下载站点的镜像列表（在初始状态下，该文件中只会有说明）。

因此，可以在这个文件上动动心思，在其中手工添加镜像站点，让 FlashGet 下载速度更快。

举个例子：如经常从某个下载程序，只要打开 mymirrow.lst 文件，再把该网站的镜像站点添加到这个文件中，这时只要勾选“自动计算和添加镜像 URL”选项，FlashGet 就会自动识别添加的镜像站点，这样就可以从较快的站点进行下载了。

> **提 示**
>
> 重新安装 FlashGet 前，不要忘记把 FlashGet 安装文件夹下的 mymirrow.lst 文件作一个备份，以便重新安装 FlashGet 后再拷贝回去。

6 怎样加快文件下载速度

通过 FTP 搜索服务器找到的文件一般都位于国外，对于国内的用户有时没有太大意义。为此，FlashGet 特别推出了对国内用户非常有利的 FlashGet 专用的文件镜像服务。只要勾选“自动通过 FlashGet 的文件镜像服务查找镜像站点”，然后勾选“共享 URLs ”选项，即可享受 FlashGet 专用的文件镜像服务来提高下载速度。共享地址（URL）是在 FlashGet 中是一个可选项，越多的用户共享地址（URL），FlashGet 的文件镜像服务数据库就越好，查找到的镜像服务站点也就越多，就越可能从最快的站点下载。

7 什么是下载优先级

FlashGet 在设置优先级的时候跟其他下

载软件有些区别，它是按照排列的顺序来进行下载的。直接点击工具栏上的"上移"、"下移"按钮就可以进行优先级的设置。如果在"工具"→"选项"→"连接"中设置了"最多同时进行的任务数"为"1"，那么下载时就会按照顺序一个一个地下载，不会是同时下载。

8 下载的文件名相同时怎样处理

由于平时会经常下载软件，很多时候某些软件的名称会相同，比如：不少软件都使用 setup.exe 、setup.zip 等来为它们的安装文件命名，因此，最好让 FlashGet 在遇到这样的问题后，自动对文件名改名，点击"工具"→"选项"→"文件管理"，在"目标文件存在"项下选择"自动重命名"。

9 怎样创建下载数据库

不少喜欢下载的朋友每个月都会下载上百个软件，这样查找起来非常不方便，因此建议充分利用 FlashGet 提供的下载数据库功能，为每个月的下载创建下载数据库。

第一次使用时，建议首先在非系统分区创建一个专门的文件，命名为："我的下载历史"。接着点击"文件"→"新建数据库"，这样即会创建一个新的数据库，按照上面的方法进行分类，然后点击"文件"→"保存数据库"，为它起个好记的名字，比如：2002-11 等。到 12 月 1 日时，再次按照这样的方法创建 2002-12 数据库。

如果想查找以前的下载数据信息，那么可以点击"文件"→"打开旧数据库"，找到以前保存的数据文件打开即可。

如果电脑有多个人使用，那么最好利用这个方法为每人创建自己的下载数据库，这样才不会造成混乱。另外，建议点击"工具"→"选项"→"常规"，勾选"自动保存列表文件在每隔 10 分钟"，或者也可以设置更短的时间，接着再勾选"每天自动备份下载数据库"。

10 怎样下载无规律的多个链接

当要下载的链接很没有规律时，可以使用 FlashGet 中的"下载全部链接"来下载文件。比如：要下载网页中所有的"HTM"网页时，使用右键选择"FlashGet 下载全部链接"，然后选择"选择特定"，"确定"就可以了，如果没有选择"选择特定"而是先点击了"确定"按钮，那么可以在接下来的对话框中"选择链接"，这才是想要的 HTML 文件。

11 为何不能直接关闭 FlashGet

很多朋友发现，点击主窗口右上角的关闭按钮图标并不能直接关闭 FlashGet，只有在悬浮框或是右下角的图标上点击右键，选择关闭才可以完全关闭它，实在很麻烦。其实，可以在"工具"→"选项"→"其他"中去掉"按 X 最小化窗口"前的勾即可。

12 怎样探测网站上有哪些软件

大部分网站并不会把它们服务器上的文件都列在网页上，因此完全可以利用 FlashGet 的"站点资源搜索器"把该网站中存在的所有文件列出，这样可以像资源管理器一样来管理文件。右击悬浮窗口，选择"站点资源搜索器"，在弹出的菜单中输入网址，然后回车，就会看到整个站点的文件目录，双击相应的文件或文件夹就可以进行下载。没准通过它可以找到许多神秘、诱人的好软件。

13 怎样动态调整下载块数

在正在下载的任务的下方“图表”→“日志”窗格中右击 Jet1（或其他 Jet 项），在弹出菜单中可选择“增加下载的块数”或“减少下载的块数”来加大或减少下载块数，以便根据情况提高 FlashGet 的下载速度。

14 怎样为 FlashGet 添加替代地址

在“添加新的下载任务”窗口中有一个“设置替代网址”选项卡，它其实很有用处，不少网站会为一个软件提供多个下载地址，如果不能肯定一个地址就可以顺利下载，或者在下载过程中选择了暂停下载，当重新恢复下载时，却发现这个地址已经无法使用，那么可在此选项卡中点击“添加”按钮，再把提供的其他下载地址也添加进去，这样当 FlashGet 无法连通第一个默认的下载地址后，就会使用这里提供的下载地址继续下载。

另外还可以在添加下载任务后，将软件的其他下载地址也拖放到悬浮窗口中，FlashGet 会弹出窗口询问是否添加为镜像 URL，点击“是”按钮后，该地址便自动添加到“设置替代网址”的列表中。

15 怎样把网页中的某类文件一次下载完

有时会遇到某个网页中有许多希望下载的软件、MP3、图片等，如果一一手动添加会非常麻烦，那么为什么不用 FlashGet 将它们一网打尽呢？只需要一次点击，然后进行相应的文件类型筛选，FlashGet 就能为全部下载回来。在用 IE 浏览网站时，如果想下载某个网页中的多个文件，那么只要在此网页中右击，在弹出菜单中选择“使用网际快车下载所有链接”命令，FlashGet 会打开“选择要下载的 URL”窗口，如果确认所有内容都要下载，只要按下“确定”按钮即可。当然，如果要下载特定类型文件，则可以点击“选项”按钮，在打开的“缺省标记的文件类型”对话框中点击下拉列表框，从中选择一文件类型，如.ZIP，.EXE，.BIN，.GZ，.Z，.TAR，.ARJ，.LZH，.A[0-9]?，.RAR 等即可选中所有 ZIP，RAR，EXE，BIN，RAR 等类型的文件了。另外，也可以直接在下拉列表框中键入文件类型通配符，如*.bmp，*.txt 等，这样 FlashGet 就只下载所有扩展名为 BMP 和 TXT 的文件了。

16 怎样为下载提速

当遇到连接速度不佳时，FlashGet 的下载速度会大打折扣。有时也可以通过对 IE 的设置来提高 FlashGet 的下载速度。打开“控制面板”，选择“Internet 选项”→“属性”→“高级”，将“设置”→“多媒体”下面的选项全部不选，这样就不会见到 FlashGet 下载时菜单栏中不停运动的广告条，下载速度也会有一定的提升。

17 有的网页不支持拖放，怎么办

有许多网页不支持鼠标拖放，此时可采用下列方法：用鼠标选中需下载的软件，点击右键，打开“属性”窗口，可以看见该软件的下载链接，选中该链接，复制，此时便弹出 FlashGet 下载对话框，适当编辑一下就可以下载了。

18 FlashGet 能修复损坏的 ZIP 文件

如果发现某个 ZIP 文件在下载后出现损坏，那么可以在右侧的下载列表窗格中右击该文件，然后选择“修复损坏的 zip 文件”命令尝试修复。

19 怎样快速登录下载网站

FlashGet 的站点资源探索器不但能列出站点上的文件目录，同时还具有如同 IE 一样的 bookmark 功能，利用这个功能，就可以不必为忘记长长的 URL 地址而头痛了，而且还免去了输入登录账号和密码的麻烦。使用方法是：在地址栏输入探测的网站地址，如果需要登录账号和密码的，点击“登录”按钮后一并输入，然后在“收藏”菜单中选择“添加收藏夹”就可以了。需要使用时，直接点击相应的名称就能实现快速登录。

20 线程是不是越多越好

FlashGet 最大支持将一个文件分为 10 份来进行下载，但不能认为线程数越大下载速度就越快，“越多越快”这仅仅适应于和那些速度较慢的服务器连接，但随着网络的发展，服务器的速度已经很快了，所以在利用线程数时还要好好看看是不是很合适。

21 怎样取消 FlashGet 的自动启动

大多数情况下，取消对“工具”菜单中的“选项”窗口中的“禁止监视浏览器点击”项的选择，这样下载的时候 FlashGet 就会自动启动，或者在要进行下载的图标上点击右键选择“使用 FlashGet 下载所有链接”来下载，但是有的时候又想到用 IE 浏览器来下载时，可以右击系统托盘区的 FlashGet 图标选择“禁止监视浏览器点击”并且取消“监视剪贴板”，这样就可以暂时关闭 FlashGet 的自动监视了。

22 对 MP3 可不可以先听再下载

下载 MP3 时，往往是下载完成后，才发现该 MP3 并不是自己喜欢听的，白白浪费了上网时间和金钱，其实可以在 MP3 刚刚下载到三分之一或者四分之一的时候，终止 FlashGet 的下载任务，然后找到下载文件部分，将扩展名.jc！去掉，接下来用 Winamp 等播放软件打开该文件试听一下，如果觉得喜欢的话，就接着下载，如果不喜欢的话，也不会浪费很多的时间和金钱。

23 下载的软件有没有病毒

网上有不少软件带有病毒，因此下载时一定要多加小心，下载后要查一查有没有病毒，依次点击“工具”→“选项”→“文件管理”，选中“下载完毕后进行病毒检查”选项，点击“浏览”按钮在硬盘上找到杀毒软件的主程序，最后点击“确定”按钮完成设置。这样只要从互联网上下载完文件后，FlashGet 就会自动调用杀毒程序来扫描下载的文件。

提 示

有些类型的文件根本不可能包含病毒（如 MP3、TXT 等），可以忽略对这些文件的检查。在“自动进行病毒检查的文件扩展名”项可以设置对符合设定扩展名的文件进行病毒检查，如果清空该设置就是对所有类型的文件进行检查。

24 怎样让多媒体文件下载完后就播放

点击"工具"→"选项"→"文件管理"，勾选"下载完毕后打开或者查看已下载的文件"，而后面的"文件类型"已经默认将一些常用的多媒体文件类型输了进去，比如：MP3，MPG，MOV 等，如果还想新增文件类型，那么可以直接在后面添加，不过要注意的是每个文件类型后面用英文分号分隔。

25 怎样为下载的软件自动加上注释

大多数下载网站都会提供软件的简单说明，因此把它作为注释再合适不过了，而 FlashGet 恰恰提供了这样的功能，点击"工具"→"选项"→"监视"，勾选"剪贴板内容自动添入注释框"，这样可以在下载某个软件前，先选中并右击其说明文字，然后选择复制，接着点击下载链接，这样即会弹出"添加新的下载任务"窗口，并且所复制的内容自动拷贝到"注释"框中。不过，要注意的是，"剪贴板内容自动添入注释框"功能只适用于点击下载链接，使用扩展 IE 的弹出式菜单、自动监视剪贴板等其他监视方式。

另外，对于没有写上注释信息的下载任务，可以随时右击它（下载完成也可以），选择"注释"，然后在打开的注释窗口中填写注释信息。

26 怎样查看下载任务的来历

在"添加新的下载任务"中还有一个"引用"项，一方面有些服务器需要该字段才能下载，同时还可以通过它来了解从哪个网页下载的软件，FlashGet 一般会自动生成，但建议多花点时间，将软件的下载网页地址复制到这里。这样以后可以在"已下载"列表中右击某个项目，然后选择"浏览引用页"即可用浏览器打开下载的网页，查看相关信息。

27 怎样让下载文件自动分类

想不想让 FlashGet 自动将下载的 MP3 移动到"已下载"中的"MP3 "文件夹呢？首先点击"工具"→"下载规则"，在弹出的对话框中点击"新建"按钮，接着在"选择规则条件"中选择"当文件扩展名符合特定的字符串"项，在"选择规则操作"中选择"移动到指定类别"；点击下方"规则名称"文本框，并输入一个易于记忆的名字，如"自动放置 MP3 文件"；点击"当文件扩展名符合特定的字串"按钮，在打开的窗口中输入：.mp3，表示凡是扩展名中包含有 MP3 字符的下载文件都符合条件。接着再点击"新建下载规则"的"移动到指定的类别"按钮，从中选择"已下载"下的"MP3"文件夹，点击"确定"按钮即可。

28 Flash 动画可以用 FlashGet 来下载吗

首先，复制网页中包含有 Flash 动画的网页 URL，打开 FlashGet 主窗口，点击"工具"→"打开网站浏览"（或直接按<F7>键），调出"站点资源探索器"窗口，将刚复制的网址 URL 贴到 FlashGet 的网站览窗口中，并按回车键。这时可以看到 FlashGet 开始侦测该网页中的网页元件，接着在窗口的左方可看到局部网站树状结构，而右方就是这个网页中所包含的网页元件。点击"编辑"→"过滤"，在

"过滤"窗口中的"文件类型"中输入.swf;.exe，选择上方的"只显示以下类型"，然后"确定"，这样 Flash 动画文件就现身了。在右侧窗格中要下载的.swf 或.exe 的 Flash 动画文件上点右键，选择"下载"，这样即会弹出熟悉的"添加新的下载任务"窗口，进行相应设置后就可以下载了。

29 FlashGet 无法监视 IE 的下载了，怎样恢复呢

由于目前监视浏览器点击的软件比较多，各种软件会产生冲突导致有时无法监视浏览器的点击，如果的 FlashGet 无法监视 IE 点击，那么可打开"工具"→"选项"→"监视"，勾选 Internet Explorer，FlashGet 提供了两种方式监视 IE 的点击，可以最大可能地保证监视 IE 点击的有效性。注意切换不同方式后要关闭所有浏览器窗口，最好重新启动电脑。"方式一"和"方式二"实现的机理不同，如果一种方式无效可以换成另外一种方式，推荐使用第二种方式。

30 怎样跟踪重定向的下载地址

目前有不少网站提供的下载链接都是重定向的，一般中间会包含"？"，符合这种条件的下载链接经常不是指向需要下载的文件而是指向具体提供下载的一个页面；有时下载链接也有可能指向具体下载文件，但由于 IE 的问题导致 FlashGet 无法捕获具体文件的下载地址，不过 FlashGet 已提供解决方案，打开"工具"→"选项"→"监视"，选中"宽松的匹配方式"即可。

31 怎样给下载目录换个安全的地方

默认情况下，FlashGet 安装后会在 C 盘创建一个 Download 目录，并将所有下载的文件都保存在这里，一般 Windows 都会安装在 C 盘，但由于使用中系统会不断增加自身占用的磁盘空间，如果再加上不断下载的软件占用的大量空间，很容易造成 C 盘空间不足，引起系统磁盘空间不足和不稳定，另外，Windows 并不稳定，隔三差五还要格式化 C 盘重装系统，这样就会造成下载软件的无谓丢失，因此建议最好改变 FlashGet 默认的下载目录。

用鼠标先选中左边窗口的"已下载"项，再点击"类别"→"属性"打开属性窗口，点击"默认目录"的路径修改到其他分区，比如：D:\Downloads，或者点击后面的"..."按钮通过"文件夹选择"来确定新位置或创建新文件夹。安装后按下"确定"按钮，FlashGet 会弹出确认对话框，建议选中"同样修改子类别的目录属性"和"移动本地文件"，这样软件会同时将 C:\Download 下默认创建的"软件"、"MP3 "、"驱动程序"等子文件夹一并移动，并且还会移动其中已经下载的文件。

专业提升 ●●●●

FlashGet 对于下载任务和现在线程做了严格的限制，默认的最大下载线程数是 10，最多同时进行的任务数是 8 。可以通过这样修改注册表的方法来改变其默认线程数和最多同时进行的任务数：

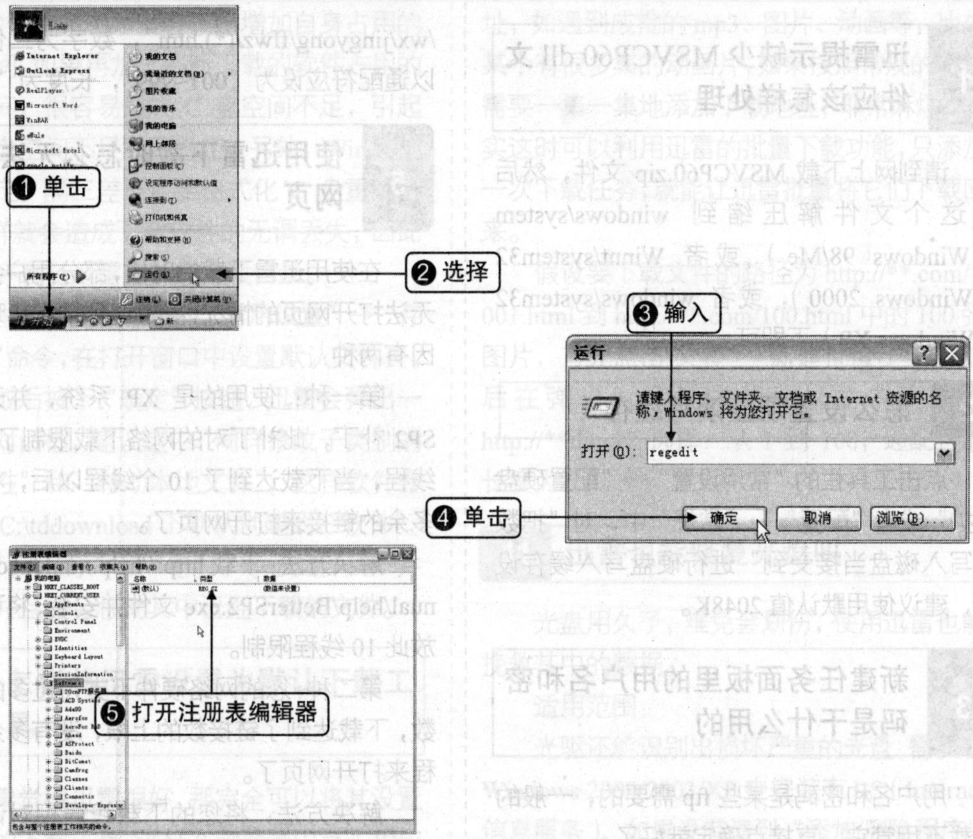

❻ 打开“注册表编辑器”后，找到“HKEY_CURRENT_USER\Software\JetCar\JetCar\General”下新建双字节值：MaxParallelNum，MaxsimJobs，然后分别将它们的值设置为“1~30 ”，“132767”之中的任意值，就会突破 FlashGet 默认的线程数和任务数。

不过，设置的值也不要太大，用多了会对自己的机器产生很大的负载，对对方的服务器冲击也很大，而且许多 FTP 站都限制线程。

"Internet 信息服务"，在左侧树型框中选择"FTP 站点"→"默认 FTP 站点"，右击"默认 FTP 站点"，在弹出的菜单中选择"属性"，把 IP 地址改为 127.0.0.1，然后确认。

❸ 再次右击"默认 FTP 站点"，选择弹出菜单中的"新建"→"虚拟目录"，这时系统会启动虚拟目录创建向导，请选择下一步。可以为虚拟目录取一个任意的别名，这里选择的是"menu"。

❹ 再点击"下一步"按钮，选择输入内容所在的路径，当然是光盘目录了，在浏览文件夹对话框中选择的光驱所占用的盘符即可。下一步的访问权限让系统默认读取就行了，再次点击"下一步"按钮就可以完成向导了。

❺ 打开迅雷，按<F7>键启动站点资源探索器。在地址栏输入"ftp://127.0.0.1/menu/"，把"menu"改为刚才为虚拟目录取的别名即可。按回车键，这时系统将列出光盘的目录，即可下载想要恢复的文件。

提 示

如果光盘实在损坏太严重，可能出现丢失光驱情况。不要紧，可以试着在设备管理器中刷新即插即用设备，这样光驱就又回来了。对于损坏的光盘，最有可能发生的情况是有一小块数据读不出来。但用的是多线程下载工具，所以仅仅是这一小块数据不能复制，前后数据都能成功复制到硬盘。把未下完整文件的文件名中最后的".td"去掉即可（限于影音文件）。

12 怎样续传断源的文件

一次在用"迅雷"下载电影时，下载到90%时竟然不能下载了，原先链接的服务器已经不再提供下载了。怎么办？难道要另找一个链接重新开始下载吗？在多次试验下终于找到了一个鲜为人知的另类"断点续传"方法——"断点续传"再续传。

操作方法：首先要寻找一个下载相同电影（注：文件大小及格式要完全一致）的 URL 地址。复制该 URL 地址，然后在迅雷的下载主窗口中右击已停止下载的任务，选择"属性"，点击"常规"选项卡，将 URL 地址粘贴到网址框中（提示：文件名和保存位置必须保持不变）。最后，点击"确定"按钮，连接成功后便可把未完成的任务完成。

经过多次实践，该技巧不仅运用于下载电影，而且在下载光盘镜像文件以及一些软件时，同样有效。另外，在用影音传送带、网际快车等下载软件时，"断点续传"再续传同样生效，操作方法大同小异。有同样遭遇的网友不妨去试一试。

13 对于注册用户才能下载的网站，怎么使用迅雷来管理

有的网站对文件下载实行注册用户制，在下载文件时要输入相应的用户名和密码。用迅雷下载时，在弹出的"建立新的下载任务"面板中，点击"更多选项"按钮切换到"完整模式"，勾选"登录到服务器"就能在"用户名"→"密码"输入相应的信息了；另外在下载某些文件时，由于原始地址失效等原因，迅雷会通过其他资源进行下载，可能会出现下载的文件不是需要文件，这时可以右键点击该文件，选择"从原始地址重新下载"或在建立新的下载任务面板中将"只从原始地址下载"勾选来解决这个问题。

知识加油站

当迅雷的等级在上尉以下时，是不可以发布迅雷资源的。迅雷等级达到上尉以上就可以发布资源。

迅雷的等级越高，迅雷头衔越高对下载速度的影响就越大。等级越高，可连接的最大资源数量越多。迅雷一级等级的线程数是41个，而最高等级（三军统帅）是66，如下表所示。

积分	等级	最大资源
200	1（列兵）	41
500	2（少尉）	42
900	3（中尉）	43
1 400	4（上尉）	44
2 000	5（少校）	46
2 700	6（中校）	48
3 500	7（上校）	50
4 400	8（大校）	52
5 400	9（大校）	52
6 500	10（大校）	52
7 700	11（大校）	52
9 000	12（少将）	55
10 400	13（少将）	55
11 900	14（少将）	55
13 500	15（少将）	55
15 200	16（中将）	58
17 000	17（中将）	58
18 900	18（中将）	58
20 900	19（中将）	58
23 000	20（中将）	58
25 200	21（中将）	58
27 500	22（中将）	58
29 900	23（中将）	58

续表

32 400	24（中将）	58
35 000	25（中将）	58
37 700	26（中将）	58
40 500	27（中将）	58
43 400	28（中将）	58
46 400	29（中将）	58
49 500	30（中将）	58
52 700	31（中将）	58
56 000	32（上将）	61
59 400	33（上将）	61
62 900	34（上将）	61
66 500	35（上将）	61
70 200	36（上将）	61
74 000	37（上将）	61
77 900	38（上将）	61
81 900	39（上将）	61
86 000	40（上将）	61
90 200	41（上将）	61
94 500	42（上将）	61
98 900	43（上将）	61
103 400	44（上将）	61
108 000	45（上将）	61
112 700	46（上将）	61
117 500	47（上将）	61
122 400	48（三军统帅）	66

第 5 章 主板常见故障

- 为什么在 BIOS 中检测不到硬盘
- 为什么重设 BIOS 后开机无显示
- 电脑的系统时间为什么不准
- 启动时，提示“Device error”是怎么回事
- 硬盘突然不能引导系统，该如何处理
- 发现 Windows XP 无法进入桌面，和主板有关吗
- 升级 BIOS 时提示内存不足是怎么回事
- BIOS 设置项被屏蔽，是什么原因造成的

5.1 BIOS 常见故障

BIOS 是“Basic Input and Output System”的首字母缩写，含义为“基本输入输出系统”。BIOS 实际上是主板设计者为使主板能正确管理和控制电脑硬件系统而预置的管理程序。

1 启动时，提示“CMOS battery failed”，是什么原因

故障现象：

电脑启动时，屏幕上提示“CMOS battery failed”。

故障分析与处理：

该信息的含义是，CMOS 电池失效。表示 CMOS 电池的电力已经不足，请更换电池。

2 启动时，提示“CMOS check sum error-Defaults loaded”怎么处理

故障现象：

电脑启动时，屏幕上显示“CMOS checksum error-Defaults loaded”提示信息。

故障分析与处理：

该信息的含义是 CMOS 执行检查时发现错误，因此载入预设的系统设定值。

通常发生这种状况都是因为 BIOS 设置发生错误所致，建议重新对 BIOS 进行设置。如果问题依旧，请检查 COMS 电池电力是否充足，如电池不存在问题，那就有可能是 BIOS 芯片出现了问题，应找专业人员进行维修。

3 启动时，提示“Display switch is set incorrectly”怎么处理

故障现象：

电脑在启动时，屏幕上显示“Display switch is set incorrectly”提示信息。

故障分析与处理：

该信息的含义是显示开关配置错误。

较旧型的主机板上有 Jumper（跳线）可设定显示器为单色或彩色，而此信息表示主板上的设定和 BIOS 里的设定不一致，所以只要判断主板和 BIOS 谁正确，然后更改错误的设定即可。

4 启动时，提示“Press ‘Esc’ to skip memory test”是什么原因

故障现象：

电脑启动时，在屏幕上显示“Press ‘Esc’ to skip memory test”提示信息。

故障分析与处理：

该信息的含义是按“<Esc>”键跳过内存检测。

如果我们在 BIOS 内并没有设定快速自检的话，那么开机就会执行对物理内存的检测。如果不想等待，可按“<Esc>”键跳过或到 BIOS

设置程序中开启"Quick Power On Self Test(快速自检)"功能。

5 启动时，提示"Hard disk initializing【Please wait a moment...】"是什么原因

故障现象：

电脑启动时，在屏幕上显示"Hard disk initializing【Please wait a moment...】"提示信息。

故障分析与处理：

该信息的含义是正在对硬盘进行初始化(Initialize)处理。

这种信息在较新的硬盘上根本看不到，但在较老的硬盘上，因其初始化较慢，才会看到这个信息。

6 启动时，提示"Hard disk install Failure"该怎么处理

故障现象：

电脑启动时，屏幕上提示"Hard disk install Failure"。

故障分析与处理：

该提示信息说明硬盘安装失败。

这种情况只在安装双硬盘时才会出现。遇到这种情况，请先检查硬盘的电源线、数据线是否连接妥当，或者硬盘跳线是否设错(例如两个硬盘都设为"Master"或"Slave")。

7 启动时，提示"Hard disks diagnosis fail"怎么处理

电脑启动时，在屏幕上显示"Hard disks diagnosis fail"提示信息。

故障分析与处理：

出现此信息表明硬盘诊断时发生错误。

这种信息通常代表硬盘本身出现故障，可以先把硬盘接到别的电脑上试试看，如果问题依旧，那只好送修了。

8 启动时，提示"Floppy disks fail(80/40)"是怎么回事

故障现象：

电脑在启动的时候，屏幕上显示"Floppy disks fail"、"Floppy disks fail(80)"或"Floppy disks fail(40)"的提示信息。

故障分析与处理：

此信息提示电脑无法启动软驱。

可能是软驱线接错或松脱，软驱电源线没有接好。先检查软驱线有没有接错或松脱，电源线有没有接好，如果这些都没问题，那可能就是软驱本身的故障了。

9 启动时，提示"Keyboard error or no keyboard present"该如何处理

故障现象：

电脑在启动的时候，屏幕上显示"Keyboard error or no keyboard present"的提示信息。

故障分析与处理：

此信息的含义是键盘错误或没有安装键盘。

请检查键盘连线有没有插好，把它插好即可。如问题依旧，则可能是键盘本身出现了质量问题。

10 启动时，提示"Memory test fail"如何处理

故障现象：

电脑启动时，屏幕上出现"Memory test fail"的提示信息。

故障分析与处理：

该信息是告诉我们内存检测失败。

通常发生这种情况大都是因为内存不兼容或出现故障所导致，所以请分别对每条内存进行检测，找出发生故障的内存，把它拿掉或送修即可。

11 启动时，提示"Override enable-Defaults loaded"如何处理

故障现象：

电脑启动时，提示"Override enable-Defaults loaded"。

故障分析与处理：

提示信息的意思是目前的 CMOS 设定如果无法启动系统，则载入 BIOS 的预设值。

可能是 BIOS 内的设定不适合电脑（如 PC100 的内存运行在 133MHz 的频率下），这时进入 BIOS 设定程序把设定以稳定为优先即可。

12 启动时，提示"Press 'TAB' to show POST screen"是什么意思

故障现象：

电脑启动时，在屏幕上显示"Press 'TAB' to show POST screen"提示信息。

故障分析与处理：

该信息主要告诉我们按<Tab>键可切换屏幕显示。

有一些 OEM 厂商会以自己设计的显示画面来取代 BIOS 预设的 POST 显示画面，而此信息就是要告诉使用者可以按<Tab>键把厂商的自定画面和 BIOS 预设的 POST 画面做切换。

13 怎样备份 BIOS 文件

BIOS 的设置对于电脑来说至关重要，为了防止意外的产生，我们应该对 BIOS 文件进行备份。

用户要备份 BIOS 文件，可执行以下操作：

❶ 启动电脑，自检完毕启动系统时，按<F8>键选择菜单，选择"Safe mode command prompt only"进入纯 DOS 环境。

❷ 运行刷新程序软件"Awdflash"，出现图形界面，提示用户输入新的 BIOS 文件名（升级文件），如果不想升级 BIOS，可以不输入，直接按回车键后，程序提示是否保存原文件，输入"Y"。

❸ 此时，会出现升级程序检测画面并提示用户输入文件名，也就是备份的文件名，输入一个文件名保存即可。

❹ 在程序询问是否升级 BIOS 时，输入"N"，退出刷新程序。

14 如何保护 BIOS 不被破坏

我们可以采用以下方法对 BIOS 进行保护：

❶ 采用具备 BIOS 防护功能的主板。

目前，这类主板比较多，例如，联想主板的无敌锁功能、技嘉主板的双 BIOS 功能，Intel810\815 主板 BIOS 的 Boot block 块技术、博登主板的 AIR BUS 技术等，都可以有效地保护 BIOS。

❷ 有条件的话，可以把备份的 BIOS 文件写入一个新的芯片，做一个硬备份（ROM 类型必须一样），以确保万一。这样当主板的 BIOS 完全被破坏时，可用备份的 BIOS 替换。市场上已有部分主板品牌的厂家，随主板送一块后备 BIOS 芯片。

❸ 对于采用 EEPROM 芯片作为 BIOS 的主板，在平常状态下，要把其高级跳线（+12V 电压端）设为“OFF”，使主板上的+12V 电压端与芯片相对应的管脚脱离，以防病毒破坏或无意中改写 BIOS。对于 Flash ROM，将芯片的 WE#管脚和主板电路脱离，使 BIOS 芯片只处于读的状态，这也是一个好方法。

❹ 平时勤于杀毒，保持一个安全、洁净的工作环境。

15 为何刷新 BIOS 后启动死机

故障现象：

刷新 BIOS 后机器可以启动，但还没有启动完就死机了，或者启动完之后运行一些程序就死机，而刷新之前一切正常。

故障分析与处理：

可能是刷错了主板的 BIOS 程序。因为主板厂商往往在推出一款主板后，会陆续推出升级和改良的版本。这样可以加入一些新的功能（例如，支持软跳线），或增加一些芯片（例如，支持 DMA100）等。对于这些升级和改良的版本，在功能上并没有大的改变，所以硬件设计的变化也不大。正因为如此，设计越相近的主板，硬件设计的变化也越小，BIOS 程序也就越相近。所以，即使是刷错了 BIOS 程序的版本，电脑也可能会启动。

要解决此类问题，只要把原来的 BIOS 程序刷回去即可。

16 为什么在 BIOS 中检测不到硬盘

故障现象：

进入 BIOS 设置程序，不能检测到电脑上连接的硬盘。

故障分析与处理：

发生这种问题，主要原因有如下几种：

❖ IDE 接口与硬盘间的电缆未连接好。

❖ IDE 电缆连接处接触不良或出现断裂。

❖ 硬盘未接上电源或电源转接头未插牢。

如果检测时硬盘灯亮了几下，但 BIOS 仍然报告没有发现硬盘，则可能是：

❖ 硬盘电路板上某个部件损坏。

❖ 主板 IDE 接口及 IDE 控制器出现故障。

❖ 接在同一个 IDE 接口上的两个 IDE 设备都设成主设备或从设备了。

确认各种连接线是否有问题后，应用替换法就可以确定问题之所在了。

17 为什么重设 BIOS 后开机无显示

故障现象：

一台电脑，因 CMOS 遭病毒破坏，对 CMOS 放电后，重新设置了 CMOS 参数。但是开机之后屏幕没有显示，只看到硬盘指示灯亮并且听到几声硬盘的“哒哒”声，然后就没有动静了。打开机箱，没有发现短路或其他故障现象。

故障分析与处理：

出现上述故障时，可按以下方法进行检查：

❶ 对 CMOS 放电之后，检查跳线是否还

原，如果跳线没有还原，还处于 CMOS 的短路状态，有可能会在开机自检时造成死机，屏幕则没有显示。

❷ 检查 CMOS 参数的设置是否正确，可以采用 CMOS 的安全设置（默认设置）试一试。

❸ 如果不能解决问题，再反复检查一下显示器与显卡之间的连接有无接触不良的现象。因为开机有硬盘读盘的声音，很有可能就是由于接触不良而造成的无显示故障。

❹ 检查显示子系统，用交换法检查显示器和显卡，将显卡插入另一个 I/O 插槽试试。

❺ 如果以上检查都没有解决问题，那只能更换主板了。

18 安装 Windows 或启动 Windows 时鼠标不可用是怎么回事

故障现象：

在安装 Windows 操作系统或电脑启动进入操作系统之后，鼠标不可用。

故障分析与处理：

出现此类故障的原因一般是由于 CMOS 设置错误引起的。在 CMOS 设置的电源管理栏的"modem use IRQ"项目，它的选项分别为"3，4，5，...，NA"，一般它的默认选项为 3，将其设置为 3 以外的中断项即可。

19 电脑的系统时间为什么不准

故障现象：

一台使用了较长时间的兼容机，每次启动后系统的时间都是从 1998 年 1 月 1 日开始计时。

故障分析与处理：

出现这种故障的主要原因可能是 CMOS 电池损坏，只需更换 CMOS 电池后，故障即可排除。

20 启动时，提示"Device error"是怎么回事

故障现象：

电脑开机后屏幕上出现"Device error"的提示信息。

故障分析与处理：

这主要是由于 CMOS 掉电造成信息丢失引起的。可以按照下面的方法进行处理：

首先打开机箱，观察电池是否松动。如果是，将其固定再开机；如果不是，则可能电池有故障，换块新的电池，重新设置 CMOS 参数，硬盘就可以正常启动了。

> 提 示
>
> 若还不能正常启动，应该是由于数据线接反引起。

21 硬盘突然不能引导系统，该如何处理

故障现象：

一台使用了 3 年的兼容机，突然开机时出现："Disk boot failure,Insert system disk and press enter"的提示，无法引导系统。

故障分析与处理：

使用正常的电脑，说明电脑系统无故障，出现这种现象，可能是由于电脑未检测到硬盘，除了病毒的原因外，还有以下两种与 CMOS 有关的原因及处理方法：

若是人为改变了 CMOS 中的硬盘参数，只需进入 CMOS 设置，重新检测硬盘即可；若是主板电池无电，CMOS 中的数据遭到破

坏，使 CMOS 中的硬盘参数丢失，可更换主板电池，然后重新设置 COMS 参数即可。

22 卸下非引导硬盘，系统不启动，提示“Secondary master hard disk fail”怎么解决

故障现象：

一台电脑安装有两块硬盘，在取下一块非引导硬盘之后，电脑在启动时提示“Secondary master hard disk fail?”。

故障分析与处理：

出现该提示是因电脑第 2 条数据线上的硬盘被卸下，而未在 CMOS 中重新检测硬盘或未去掉所卸下硬盘的参数造成的，只要在 CMOS 中重新检测硬盘，或在“Stamdard CMOS Setup”项中选择“Secondary Master”项，把此处设为“None”后即可解决问题。

23 为什么无法安装显卡驱动程序

故障现象：

新购买的显卡无法安装驱动程序。

故障分析与处理：

对于显卡驱动程序无法安装，可根据如下情况进行相应处理：

❶ 若主板使用的是 Intel 芯片组，查看 CMOS 设置，如“CAhipset Features Setup”中的“Assign IRQ to VGA”应该设置为“Enabled”，这在以 Matrox 为代表的显卡中尤其重要，如果 CMOS 中有“AGP aperture size”项，也会影响驱动程序的安装。可以把此项调整得小一些或为 0。

❷ 若主板使用的是非 Inetl 芯片组，可能需要安装主板附带的 AGP 显卡补丁程序，此补丁程序在网络上也可以找到。

❸ 若主板使用的是 AAladdin V 芯片组，在安装 AGP 显卡时，要把 CMOS 中的“Pastewrite from buffefr”设置为“Disabled”后，才能正确安装显卡的驱动程序。

❹ 检查显示器类型设置是否正确，如果显示器类型设置存在问题，删除或更改显示器的类型，使之符合所使用的显示器即可。

❺ 打开“系统”对话框的“设备管理器”选项卡，检查“显示适配器”项。看是否存在其他的显卡驱动程序或资源冲突。如果存在就删除有冲突的驱动程序，然后安装驱动程序或手动调整引起冲突的资源。

24 发现 Windows XP 无法进入桌面，和主板有关吗

故障现象：

电脑启动进入 Windows XP 之后，发现系统在启动到“欢迎使用”的图形界面时就被无缘无故地锁定了，除了鼠标可动外与死机并无差别，而此时系统无任何提示和选项的信息。

故障分析与处理：

如果主板上的 CMOS 电池没电了，或是 CMOS 被意外清空，或是误操作导致 BIOS 的日期变成了 1999 年以前的日期。那么在不知情的情况下启动 Windows XP，便会发现系统在启动到“欢迎使用”的图形界面时就被无缘无故地锁定了，除了鼠标可动外与死机并无差别，而此时系统无任何提示和选项的信息。此时如果按常规方法对 Windows XP 进行修复，其结果只会越修越糟。

遇到类似情况，首先应进入 BIOS 查看一下时间是否被设置成了 1999 年以前。

25 升级 BIOS 时提示内存不足是怎么回事

故障现象：

在升级 Award BIOS 时，系统出现“Insufficient memory ”提示信息。

故障分析与处理：

该提示的含义是内存不足，主要是 640K 常规内存中有驻留程序，在升级 BIOS 时出现该提示的机会不多。可以采用下面的方法解决：

❶ 进入 BIOS 设置程序，将“Chipset Features”中“Video Bios Cacheable”的参数设置为“Disabled”，保存。

❷ 重新启动电脑，在出现“Windows Starting”时按下<Ctrl>+<F5>组合键，这样可以不加载“Drvspace.bin”，节省大约 108KB 的内存空间。

❸ 开始升级 BIOS。

❹ 重启进入 BIOS 设置程序，将“Chipset Features”中“Video Bios Cacheable”的参数设置为“Enabled”，保存退出。

26 启动时，提示“Invalid System Configuration Data”该怎么处理

故障现象：

电脑开机时，出现“Invalid System Configuration Data”提示信息。

故障分析与处理：

这是由于系统配置数据错误引起的故障，扩展系统配置数据（ESCD）是一个存储空间（CMOS 的一部分），由即插即用的操作系统和设备使用，一旦正确地配置了这个系统，即插即用 BIOS 使用 ESCD 将相同的配置从一个引导加载到下一个引导。

如果出现这个提示信息，可以采用下面的步骤来解决：

❶ 开机进入 BIOS 设置程序，将“Reset con-figuration data”项设置为“Yes”。

❷ 保存修改并退出 BIOS 设置程序。

❸ 运行 PUP 配置工具“DOS ISA CONFIGURATION Utility（ICU）”，重新设置 ESCD。

27 BIOS 设置项被屏蔽，是什么原因造成的

故障现象：

开机进入 BIOS 设置程序，发现除“用户口令设置”、“保存修改退出”和“不保存退出”三个设置项外，其余各项均不能进入。

故障分析与处理：

这台电脑的 BIOS 设置出了问题，可能是 CMOS 被病毒破坏，也可能是 CMOS 存储器出现故障所致。

首先，可以将 CMOS 作放电处理，如果 CMOS 放电之后还不能解决问题，可以升级 BIOS 试试看，如果还不行的话，那就可能是 CMOS 存储器有问题，只有更换它才能解决。

28 刷新 BIOS 后电脑黑屏无反应，该怎么挽救

故障现象：

刷新 BIOS 后电脑黑屏、无反应。

故障分析与处理：

CIH 病毒发作后也是这样。这时就需要进行热插拔了，但是千万不能插反，否则 BIOS 芯片会立刻冒烟并且炸裂，造成彻底的损坏。

找一台没有问题的电脑（对于芯片的选择，Award 的 BIOS 最好找 Award 的，AMI 由于电压方式等问题不适宜互换使用），在启动以前，先把它的 BIOS 芯片小心拔下，然后再把它仔细地插回，不要插得太紧，也不能太松，要让每个引脚都很好地接触到底座的插口。然后启动这台电脑，在完全启动后稍用力即可把好的 BIOS 芯片拔下，最后换上自己的 BIOS 芯片。这时即可运行刷新程序来把这块 BIOS 芯片恢复。

29 盘符意外多出怎么处理

故障现象：

故障电脑启动进入系统之后，发现多出了一个盘符，并且访问 E 盘时提示与系统连接的设备不能正常运转。

故障分析与处理：

如果安装了新的 IDE 存储设备，在 BIOS 的“Standard CMOS Features”选项中将其所在的 IDE 通道设为“None”，然后进入操作系统即可使盘符恢复原位。如果没有添加新设备而出现这种情况，可在“设备管理器”中将多出来的设备删除或者禁用，然后重新启动电脑。如果多出的盘符仍然存在，将所有的 IDE 设备及 IDE 控制器删除后立即安装主板芯片组最新的驱动程序，然后重新启动电脑即可。

30 开机一段时间后性能下降是怎么回事

故障现象：

一台电脑开机 2~3 小时后，系统速度会突然慢下来，特别在播放 VCD 时会出现画面不流畅导致无法观看。

故障分析与处理：

最初怀疑是显卡没插好，打开机箱，机箱内温度很高，把显卡插紧后没盖机箱盖就开机，并用电风扇给计算机散热，电脑正常，但装好机箱盖后问题依旧。可以断定，系统速度变慢的原因是由于机箱中温度过高所致。这种情况可通过改变 CMOS 中 CPU 的温度设置来解决，其具体的解决方法如下：

进入 CMOS，在“Chipset Features Setup”菜单项里有以下两项设置：

（1）“CPU Warning Temperature”即 CPU 警戒温度设置项，当前值为“50℃/122”。

（2）“Current CPU Temperature”即当前 CPU 温度设置项，只读，当前值为“53℃/127”。由于当前 CPU 温度超过警戒温度 3℃，于是把“CPU Warning Temperature”设置为“65℃/149”即可。

31 光驱无法使用怎么办

故障现象：

光驱安装在主板的 IDE2 接口上，启动电脑后在系统下无法使用光驱。

故障分析与处理：

在确认光驱硬件、驱动程序等无任何问题存在的情况后，查看 CMOS 设置，当把“Integrated Peripherals”项中的“On Chip Primary IDE”和“On Chip Secondary IDE”项均由“Disabled”改设为“Enabled”后，重新启动电脑，故障现象消失。

32 CMOS 校验错是什么原因

故障现象：

最近在尝试修改一个文件时不慎导致死机，重新启动后显示 CMOS 校验错的信息，重新设置 CMOS 后，Windows 却无法启动了，总显示一句无法识别的出错信息。

故障分析与处理：

查看内存发现基本内存总共不到500KB，在排除了软件、硬件等各方面原因后，终于发现是CMOS设置中“Chipset”的“Memory Hole”一项设置成了“512~640KB”，而原先是“Disabled”。原来是由于系统占用了大量基本内存，导致Windows无法启动。

将该选项改回后故障排除。由此可见在重新设置CMOS时尽量不要随便变动原先正确的选项，以免绕个大圈子。

33 提示CMOS电池不足，但电池又有电怎么处理

故障现象：

电脑每次开机启动时，屏幕上总出现错误提示：“CMOS battery low CMOS display mismatch type，Press F1 to RUN SETUP”。

故障分析与处理：

由于这是一种常见故障，一般处理就是更换电池。换了一块新电池，重新启动计算机，故障依旧，证明问题不在电池本身。

进入系统CMOS设置，发现除了系统日期和时间不正确外，其他参数设置准确无误。当修改好系统日期和时间后，保存退出BIOS设置程序，电脑顺利启动，而且连续热启动或按复位键机器均启动正常，时钟走时准确；但只要关机后再开机，又会出现相同的故障。系统日期总是为出厂日期，系统时间则是上一次关机时的时间，说明关机后系统时钟不能正常工作。用杀毒软件查毒，也没有发现病毒，估计CMOS RAM电路损坏的可能性也不大。况且系统日期和时间不正确并不影响系统正常工作，而此故障总出在系统加电自检过程中，由此推断还是CMOS硬件电路出现故障。

拆下主板，拿出主板说明书，仔细对照主板上有关CMOS设置说明项，发现CMOS跳线（JP2 1-2-3-4）全部打开，没有用短接帽连接2-3两针，导致CMOS设置中没有选择主板内部供电模式（Internal Battery Mode），从而造成系统无CMOS供电模式。赶快找来一个短接帽，插入CMOS跳线座的2-3针，重新启动计算机，故障排除。

从排除上述故障得到一点启示，当一些常见故障用常规方法解决不了时，特别是一些硬件故障，最好能仔细阅读一下主板说明书中的有关章节内容，或许从中能得到启迪。特别要提醒那些攒机的朋友，在组装新机器时，应该细心阅读各部件的有关说明及注意事项。否则，欲速则不达，甚至会造成严重损失。

34 开机提示CMOS出错怎么办

故障现象：

一台电脑如果断开电源接线板上的开关，则开机提示：“CMOS checksum error defaults loaded F1 to continue，Del to enter setup”。如果不断开电源接线板上的电源开关，则可正常启动。

故障分析与处理：

电脑系统启动时都要检查CMOS参数的值是否正确，采用的方法是把各个CMOS项的二进制值加起来，如果不正确则给出提示并等待用户处理。开机提示的意思是：CMOS校验错误，按<F1>键，按照缺省值装载，按<Del>键进入“Setup”程序。

造成这种问题的原因是CMOS参数不能保存所致，CMOS参数是存放在CMOS RAM中的，在上电情况下CMOS RAM由开关电源供电，在掉电之后则由电池供电。如果电池或

者电池电路有问题，就不能在掉电之后给CMOS RAM供电，将造成CMOS参数丢失，所以只需更换CMOS电池即可。

35 启动时提示“Monitor Warning”如何处理

故障现象：

一台电脑每次启动时都会提示“Monitor Warning”，按“<Esc>”键可以跳过，然后一切运行正常。

故障分析与处理：

这是主板BIOS设置不当所致，“Monitor Warning”就是所谓的环境监测功能，其中有一项就是开机时自动对电脑的各项指标进行检测。在这些检测中第一项就是电压检测，当电脑的电源输出高于CMOS中设置的电压值时，就会出现上述的“Monitor Warning”提示，其实这只是一种假象，不会对电脑产生负面影响，只要在BIOS的电源管理中将检测电压的选项关闭即可。

36 为什么CMOS更改设置后不能保存

故障现象：

在一台电脑上添加了一些专业设备，并在使用前对CMOS进行了一些设备改动。重新启动电脑后新增设备无法使用，CMOS中的设置仍然没有改变。

故障分析与处理：

先怀疑是主板有问题，于是把主板拆下进行仔细检查，没有发现任何异常。由于CMOS设置无法保存，可能是由于主板电池供电不足的原因引起，将主板电池换掉后再开机测试，CMOS设置可以保存，新增的设备也可以正常使用。

37 为何自动关机后无法开机

故障现象：

一台电脑经常自动关机，再按下主机的电源开关又无法开机，只有先关/开总电源才能开机。

故障分析与处理：

出现这种情况可进入BIOS中，在“Power Management Setup”中将高级电源管理模式由“ACPI”改为“APM”，如果不能解决问题，可能是主板与电源不兼容，需要更换电源。

38 为何出现关机画面后死机

故障现象：

一台电脑关机时当出现关机画面后就死机。

故障分析与处理：

出现这种现象需要安装主板的补丁程序，以打开主板的高级电源管理功能。如果仍然不能解决问题，可在BIOS中将高级电源管理功能由“ACPI”设置为“APM”或者将它禁用即可。

39 为什么无法修改CMOS中的数据

故障现象：

启动电脑进入CMOS设置后无法修改其中的数据。

故障分析与处理：

出现此现象的情况有多种，各种情况的具体处理方法如下：

❶ BIOS芯片损坏

这种情况只需更换BIOS芯片即可。

❷ CMOS 存储器有问题

可以通过放电或对BIOS设置程序进行升级来处理。

❸ 主板上的 CMOS 数据被病毒破坏

这种情况可对 CMOS 作放电处理，放电后要重新设置 CMOS。

❹ CMOS 中设置了“用户口令”和“超级口令”，而此两项所设置的口令密码不同。

这种情况可能是在进入 CMOS 时，输入的“用户口令”而不是“超级口令”，重新输入口令密码即可。

40 升级主板 BIOS 后出错，怎么处理

故障现象：

当给一台电脑的主板升级成功后重新启动电脑时，内存、CPU、键盘均能自检成功，但检测 IDE 口时死机。

故障分析与处理：

因为按<Del>键电脑无任何反应，进不了 BIOS 的设置画面，重新启动还是无济于事，一定是升级 BIOS 出的问题。于是拔下电池清除所设置的参数，重新启动，再次进入 BIOS 的设置界面，经逐项检测，最后终于发现“Integrated Peripherals”项中的“USB Controller”被设置为“Disabled”，将其设为“Enabled”后一切正常。

专业提升

CMOS 口令设置是为保护电脑中信息而采用的一种措施。我们在电脑操作中，常常会遇到 CMOS 口令丢失或忘记的情况，CMOS 口令清除可从以下三个方面着手：

方面一：当“BIOS FEATURES SETUP”中的“Security Option”项中设置为“System”时，无论开机或进入“BIOS SETUP”程序均要输入口令。这种口令称为开机口令。在口令清除时，要通过系统默认口令进入并进而清除原有口令。

方面二：在“BIOS FEATURES SETUP”中将“Security Option”项设置为“Setup”时，开机不用口令，只有在进入“BIOS SETUP”程序时才要口令。在这种状态下清除口令时，可用程序清除口令。

方面三：当用以上方法无效时，可打开机箱，用一些特殊的方法和技巧清除口令。

1．使用程序清除口令

此时可用程序清除口令。输入程序时，需进入 DOS 系统。清除原理是用“DEBUG”向“CMOS RAM”中写入数据，破坏加电自检程序对 CMOS 中原配置所作的累加和测试，使原口令失效。用程序法清除口令常可用以下两种方式。

（1）在 DOS 命令行运行或在汇编语言中调用 DEBUG 程序，再按照下列格式输入完成后，重新启动计算机，口令即可清除。具体程序如下：

```
C：\>DEBUG
-O 70 10
-O 71 01
-Q
```

2．打开机箱清除口令

（1）通过跳线清除 CMOS 中的口令。如果主板上的电池旁有标志为“Exit batter”的 4 脚跳线开关，可将 1，2 脚短接，再开机让 CMOS 中口令清除，关机后将跳线还原，再将“CMOS SETUP”参数恢复为默认值。有的主板上有一个标有“CLEAN CMOS”或“CMOS RAM RESET”标志的跳线柱，可用导线或金属棒将两端短路一下，有时要开机短路才能清除“CMOS RAM”中的信息。有的主板上有一个标有“CMOS RAM CLEAN”标志的 4 脚跳线柱，用导线或金属棒将 1，3 脚短接，开机清除掉 CMOS 中的一切信息，关机后将跳线还原，再开机重新配置系统。

（2）通过对 CMOS 芯片直接放电清除口令。对“CMOS ROM”芯片进行放电时应按照以下步骤进行：先关掉计算机主机电源。将螺丝刀的金属口与“CMOS ROM”芯片的插脚进行两两接触，以使其放电。一旦 CMOS 放了电，则各种设置的信息都将丢失，用户可启动机器进入“CMOS SETUP”，然后重新设置系统。

5.2 其他主板故障

主板在使用过程中，除了 BIOS 产生的故障外，其他故障也会影响到电脑的工作。

1 怎样进行主板的日常维护

电脑的主板在电脑中的重要作用是不容忽视的，主板的性能好坏在一定程度上决定了电脑的性能，有很多的电脑硬件故障都是因为电脑的主板与其他部件接触不良或主板损坏所产生的，做好主板的日常维护，一方面可以延长电脑的使用寿命，更主要的是可以保证电脑的正常运行，完成日常的工作。

电脑主板的日常维护主要应该做到的是防尘和防潮。

CPU、内存条、显示卡等重要部件都是插在主机板上，如果灰尘过多，就有可能使主板与各部件之间接触不良，产生这样那样的未知故障，给你的工作和娱乐带来很大麻烦。

如果环境太潮湿的话，主板很容易变形而产生接触不良等故障，影响你的正常使用。

另外，在组装电脑时，固定主板的螺丝不要拧得太紧，各个螺丝都应该用同样的力度，如果拧得太紧也容易使主板产生形变。

2 引起主板故障有哪些原因

主板作为把电脑各个部件连接在一起的"母体"，几乎所有的部件都要通过主板的连接才能形成一个完整的计算机系统。一般来说，主板故障分为软故障和硬故障，所谓软故障是指各个部件因接触不良或外界其他因素引起的故障，这类故障我们只要注意维修的技巧就可以解决。硬故障是指因部件本身质量问题而引起的，这类故障要借用专用的仪器才能够解决。本节只针对一般性的软故障进行分析解决。

主板产生故障的原因，一般有三个方面：

1．人为故障

有些朋友在电脑操作方面的知识懂得较少，在操作时不注意操作规范及安全，这样对电脑的有些部件将会造成损伤。如带电插拔设备及板卡，安装设备及板卡时用力过度，造成设备接口、芯片和板卡等损伤或变形，从而引发故障。

2．环境引发的故障

因外界环境引起的故障，一般是指我们在未知的情况下或不可预测、不可抗拒的情况下引起的，如雷击、市电供电不稳定，它可能会直接损坏主板，这种情况下一般都没有办法预防；外界环境引起的另外一种情况，就是因温度、湿度和灰尘等引起的故障。这种情况表现出来的症状有：经常死机、重启或有时能开机有时又不能开机等，从而造成机器的性能不稳定。

3．元器件质量引起的故障

这种情况是指主板的某个元器件因本身质量问题而损坏。这种故障一般会导致主板的某部分功能无法正常使用，系统无法正常启动，自检过程中报错等现象。

3 主板常见故障的排查方法有哪些

主板故障往往表现为系统启动失败、屏幕无显示、有时能启动有时又启动不了等难以直观判断的故障现象。在对主板的故障进行检查维修时，一般采用“一看、二听、三闻、四摸”的维修原则。就是观察故障现象、听报警声、闻是否有异味、用手摸某些部件是否发烫等。下面列举几种常见主板的维修方法，每种方法都有自己的优势和局限性，一般要几种方法结合使用。

1．清洁法

这种方法一般用来解决因主板上灰尘太多，灰尘带静电造成主板无法正常工作的故障，可用毛刷清除主板上的灰尘。另外，主板上一般接有很多的外接板卡，这些板卡的金手指部分可能被氧化，造成与主板接触不良，这种问题可用橡皮擦擦去表面的氧化层。

2．观察法

观察法主要用到“看、摸”的技巧。在关闭电源的情况下，看各部件是否接插正确，电容、电阻引脚是否接触良好，各部件表面是否有烧焦、开裂的现象，各个电路板上的铜箔是否有烧坏的痕迹。同时，可以用手去触摸一些芯片的表面，看是否有非常发烫的现象。

3．替换法

当对一些故障现象不能确定究竟是由哪个部件引起的时候，可以对怀疑的部件通过替换法来排除故障。可以把怀疑的部件拿到其他运行正常的电脑上去试，同时也可以把没有故障的部件接到出故障的电脑上去试。

4．软件诊断法

这里我们一般指通过随机附带的诊断程序或系统测试软件去测试。一般用于检查各种接口电路故障。

通过上面的学习，我们知道了引起主板故障的原因和基本的维修方法，下面介绍主板故障维修的具体操作步骤和流程。

4 开机无显示该怎样排查

一般认为，开机无显示故障是由硬件所引起的，这种看法有一定的片面性。在检修这类故障的时候，我们一般还是应该先从软故障的角度入手解决问题。开机时，若电源指示灯没有亮，一般应该怀疑外接电源没有接好或电源有问题。

若开机电源指示灯亮但无显示，这种情况一般应按以下的顺序排查故障：

❶ 先用工具清除主板上的灰尘再开机。

❷ 通过主板的跳线（一般在 CMOS 的电池旁边，具体位置可以参看主板说明书）清除主板上 CMOS 原有的设置再开机。

❸ 重新安装 CPU 后再开机。

❹ 将电脑硬件组成最小系统后再开机。

❺ 在经过以上四个步骤后，若开机还是没有显示，这时可以在最小系统中拔掉内存。若开机报警，则说明主板应该没有太大的问题。故障的怀疑重点应该放在其他设备上，可以参考启动类故障的检修方法确定故障点。若在拔掉内存后开机不报警，一般来说，故障可能出在主板上，这时只有把主板送到专业的维修点去维修。

5 开机有显示但自检无法通过，该如何排查

开机有显示但自检无法通过，这类故障一般都会有错误提示信息。我们在排除这类故障时，主要是根据该提示信息，找出故障点；但这类故障一般是因为主板的某个部件损坏而引起的，多数应该属于硬故障，但也不排除软故障的可能。针对软故障的排查，我们可以依照以下的顺序进行：

1．部件的检查

部件的检查主要是针对连接在主板上的所有板卡、连接线和其他连接设备的检查。检查是否有短路、接插方法是否正确、接触是否良好，可以通过重新插拔来解决一些故障。同时应检查部件的后挡板尺寸是否合适，这可通过去掉后挡板检查。还有对有些部件可以换个插槽和连接头使用。

2．BIOS 设置检查

BIOS 设置检查主要是检查因 BIOS 设置不正确引起的故障。首先可以尝试清除 CMOS，看故障是否消失。主板上一般都有清除 CMOS 的跳线，具体的位置可以参看主板说明书。同时也应该检查 BIOS 中的设置是否与实际的配置不相符（如：磁盘参数、内存类型、CPU 参数、显示类型、温度设置、启动顺序等）。最后可以根据需要更新 BIOS 来检查故障是否消失。

6 安装主板驱动后产生故障怎么办

故障现象：

在 Windows 环境下安装主板驱动程序后，电脑出现死机或光驱读盘速度变慢的现象。

故障分析与处理：

在一些杂牌主板上有时会出现此类现象，将主板驱动程序装完后，重新启动电脑不能以正常模式进入 Windows 98，而且该驱动程序在 Windows 98 下不能被卸载。如果出现这种情况，建议找到最新的驱动程序重新安装，问题一般都能够解决，如果实在不行，就只能重新安装系统。

7 电脑频繁死机，在进行 CMOS 设置时也死机是怎么回事

故障现象：

电脑频繁死机，在进行 CMOS 设置时也会出现死机现象。

故障分析与处理：

在 CMOS 里发生死机现象，一般为主板或 CPU 有问题，如果按照下面提供的方法不能够解决故障，那就只有更换主板或 CPU 了。

出现此类故障一般是由于主板 Cache 有问题或主板设计散热不良引起，笔者在 815EP 主板上就曾发现因主板散热不够好而导致该故障的出现。在死机后触摸 CPU 周围主板元件，发现其温度非常烫手。在更换大功率风扇之后，死机故障得以解决。对于 Cache 有问题的故障，我们可以进入 CMOS 设置，将 Cache 禁止后即可顺利解决问题，当然，Cache 禁止后电脑运行速度肯定会受到影响。

8 主板的 COM 接口、并行接口和 IDE 接口失灵如何处理

故障现象：

主板的 COM 接口、并行接口和 IDE 接口失灵。

故障分析与处理：

出现此类故障一般是由于我们带电插拔相关硬件而造成的，此时可以用多功能卡代替，但在代替之前必须先禁止主板上自带的COM 接口与并行接口（有些主板的 IDE 接口禁止后才能正常使用）。

9 为什么 P4 主板上无法安装 Windows XP

故障现象：

在某一使用 P4 主板电脑上安装 Windows XP 操作系统，当进行到安装的初始阶段，电脑屏幕上突然出现一个黑色矩形区域，随后电脑就停止安装了。

故障分析与处理：

这是一个与病毒有关的提示。仔细阅读主板说明书中其中有关 BIOS 中防止引导区病毒的功能，估计与此有关。

进入主板 BIOS 设置，发现“BIOS Features Setup（BIOS 功能设置）”中的“Virus Warning”（病毒警告）选项被设置成“Enabled”（允许）了。

修改成“Disabled”（禁止）后，重新安装 Windows XP 时，便能顺利通过。

10 为什么系统时间变慢

故障现象：

一台电脑的系统时间变慢，调好时间后几天下来又变慢了。

故障分析与处理：

如果电脑时钟变慢而并非是内存故障时，可能是主板上电路元器件变质或者失效造成的，而电容和石英晶体通常是引起时间不准的主要原因。

用无水酒精棉清洁计时电路附近的电路板，重点是电容附近，因为灰尘也会使时钟变慢。如故障仍未解决可更换电容和石英晶体。

11 为什么在 Windows 2000 下 BX 主板无法正常关机

故障现象：

在 Windows 2000 下 BX 主板无法正常关机。

故障分析与处理：

这个问题是 Windows 2000 本身的 BUG。

通过“控制面板”打开“电源管理”的对话框，选中“强制 Windows 2000 使用 APM 电源管理”的选项，问题得到解决。

12 为什么开启了主板的二级缓存后电脑经常死机

故障现象：

在 COMS 设置中，允许主板上的二级高速缓存（L2 Cache 或 External Cache）工作，那么在 Windows 系统下运行软件时，发现电脑系统经常出现死机现象，一旦禁止二级高速缓存系统，电脑又可以正常运行了，但速度比以前正常运行时要慢一些。

故障分析与处理：

由于在整个故障现象中，只对二级高速缓存参数进行了修改，并且修改前后，电脑表现出两种截然不同的现象，因此初步可以判断是二级高速缓存芯片工作不稳定。用手逐个感觉主板上的二级高速缓存芯片，明显地觉察到有一个芯片比其他的热。

解决方法：因为缓存芯片是焊在主板上的，而且管脚比较细，无法取下，只得作废，将该板拿回厂家更换。

13 自检时，系统在显示 512 K Cache 处停止运行是怎么回事

故障现象：

每当电脑开机自检时，系统总会在显示 512 K Cache 的地方停止运行。

故障分析与处理：

既然在显示缓存处死机，必然是该部分或其后的部分有问题。正常开机此项显示完后，就轮到硬盘启动操作系统了。因此，区分开高速缓存和硬盘故障就可以了。取下该硬盘安装到其他电脑上，证实硬盘是好的。故把注意力集中到了高速缓存上。进入 CMOS 设置，禁止了 L2 Cache，电脑就可以正常工作了。放掉手上静电，触摸主板上的高速缓存芯片，发现有两片不热，估计这两片有问题。

因为这些芯片是焊在主板上的，而且管脚比较细，无法取下，只有拿回厂家更换。

14 为什么在使用电脑时，会出现突然掉电的现象

故障现象：

电脑在正常使用时，会突然出现掉电的现象，即主机上各指示灯均不亮，显示器的电源指示灯也不亮，经重新开机后又可恢复正常工作。

故障分析与处理：

主板和其他插卡上的芯片元器件损坏的可能性不大，估计是由虚焊、碰线、接触不良、存在异物等原因引起。用手拍打电脑机箱的不同部位，发现当用手在机箱上面拍打时，偶尔会产生上述故障现象。当故障出现时，电源风扇也停止工作。显然故障现象是由主机电源过载保护产生。经了解，这种现象是自电脑升级后才出现的。升级时，更换了主板、CPU 和内存条，增加了网卡和声卡。打开机箱，发现显卡固定在机箱上的螺钉未拧紧，怀疑故障与此有关，将螺钉拧紧后开机，电脑不能工作，松开螺钉后，重启又正常。估计故障可能是由升级后更换的主板或增添的网卡和声卡引起。

去掉网卡和声卡，并松脱各紧固板卡的螺钉，此时电脑可正常启动工作，但用手轻按主板时，故障再一次出现。断开电源，拆下与主板连接的各部件，取出主板仔细观察，未见可疑异物和明显的脱焊部位。小心将主板放回机箱，单独接上电源，接通电源，电源风扇工作正常。用手轻按主板与机箱固定处的四只脚附近，当按住靠近机箱后部及电源侧时，电源风扇立即停止工作。再次取出主板，仔细观察按住部位附近的印刷线路板，发现板上两根平行布线的印刷线路间隙狭小，其中一根线曾受硬物蹭碰，产生了一个很不起眼的细小毛刺与另一根线近似碰触，怀疑故障由此引起。

将毛刺除去后，重新插好各板卡，并拧紧各紧固螺钉，合上机箱盖板。开机，电脑正常工作。

15 VIA 芯片组主板的电脑常常出现各种故障怎么解决

故障现象：

此类故障经常在 Windows 98/2000 中出现，主要有下列 4 种表现：

电脑经常无缘无故的黑屏，不能热启动，必须冷启动才行。

电脑在运行的过程中，硬盘发出一声异响，然后死机。

电脑经常出现故障，如死机、玩游戏时跳出程序等。

在 Windows 98 下 USB 设备使用正常，但

是在 Windows 2000 下无法使用 USB 设备。

故障分析与处理：

在完成了系统安装之后，首先安装 VIA 4in1 补丁，然后再安装其他驱动程序，故障即可排除。

16 电脑经常蓝屏和死机是什么原因

故障现象：

电脑经常蓝屏和死机，蓝屏时屏幕上的出错信息为“Vxd、Vmm（01）文件出错”。

故障分析与处理：

根据出错提示可知是内存中某种虚拟文件出现了错误，可能是内存的问题，也可能是接触不良。于是拆开机箱将内存拔掉重新插了一遍，然后开机测试，但是电脑在使用一段时间后还是死机。将内存拔下，换另外的插槽重新插上，开机测试，电脑使用正常，由此可以判定是内存与主板插槽接触不良。

17 增加了一根内存后，不能开机是怎么回事

故障现象：

电脑使用正常，但是在增加了一根内存后，就不能开机了。

故障分析与处理：

由于故障出现在新加了内存之后，所以首先将新增加的内存拔下，发现内存很烫，但是开机测试，电脑仍然不能启动。

由于拔下的内存温度较高，所以有可能是内存插槽有问题，供电不足。于是仔细观察内存插槽，果然发现插槽中有两个针脚碰在了一起。小心地将两个针脚分开，然后插上内存，开机后故障排除。

18 主板为什么不能识别硬盘和光驱

故障现象：

一台电脑在一次双硬盘对拷后，重新连接主硬盘并开机，机器提示找不到任何 IDE 设备，找不到硬盘也无法进入 Windows XP。重启进入 CMOS 设置程序后，发现检测不到任何 IDE 设备。换另外硬盘也检测不到，怀疑是主板 IDE 接口出现故障，但也不至于全部的 IDE 口都损坏了。继续检查，发现 ATA/100 硬盘线是 Slave 口接在硬盘上，于是更换为 Master 接口，开机恢复正常。

故障分析与处理：

此故障看似复杂，没有经验的朋友会误认为是硬件损坏，但这仅仅是因为 IDE 接线错误造成的，此类现象还经常发生在我们身边。有的朋友再挂硬盘时，因为没有及时更改跳线，也会出现类似情况。还有的朋友出现找不到硬盘故障，除去硬盘本身出现故障的可能外，还可能是由于主板的 IDE 线或者 IDE 接口损坏造成。只要仔细检查，一般都可以排除此类故障。

19 主板电源故障会导致电脑重新启动

故障现象：

当打开电脑的外接电源时，有时还未按机箱的启动开关，电脑就启动（偶尔发生）。此外电脑在使用过程中，在没有发出任何警告的情况下，也会突然重新启动，并且音箱发出的声音中夹杂着明显的杂音。

故障分析与处理：

通过现象来看，初步判断故障是由某个硬件接触不良造成的。本着先易后难的原则，先

看机箱内部，发现机箱内部的清洁非常好，基本上没有灰尘。接着断开光驱、软驱，取下声卡、显卡，观察金手指和主板上相对应的插槽，未发现接触不良或金属杂物引起插口内部短路的现象。这时音箱的电流杂音引起了注意。断开音箱，换上耳机，电流杂音还是很大，看来不是声卡的原因。

既然喇叭里有电流杂音，那么就先从电源下手，拆开电源，使用万用表测量，电流、电压输出正常，再拔下主板上电源输入插头，这时发现插在主板上的电源插头第二排右数第1、第2号金属插线柱有明显被电弧烧过的痕迹，并使两根金属插线有轻微黏结的现象。

由于电源到主板上的接头被烧过，虽未形成断路，但造成接口处内阻增大，实际输入到计算机主板上的电压、电流不足，特别是计算机CPU部件在进行大量数据运算时，所需电压、电流就更大。主板得不到足够而稳定的电压和电流，于是系统发生了重启动现象。主板内的电压和电流不稳定，干扰了声卡的正常运行，使声音输出中夹杂有电流杂音。又由于电源输入插头的金属插线柱有轻微的黏结现象，当两个插线柱未接通时，计算机启动正常；当两个插线柱接通并形成短路时，打开外部电源，计算机错误认为启动钮已接通，于是计算机发生了自行启动的现象。

由于该机基本上能使用，估计计算机的电源没有大的问题，故使用工具将金属插线柱上的氧化层细细清除干净，确保接触良好，并使用一张纸片卡在两个插头之间，防止插线柱再次接触，插上插口，启动计算机。通过长时间运行，计算机运行稳定，故障排除。

20 电脑突然黑屏并且不能重新启动该怎么处理

故障现象：

持续开机7个小时，突然屏幕一黑便没了反应，再次开机还是没有动静。

故障分析与处理：

根据以上现象，初步判定是计算机主板有问题。

打开机箱检查，发现按下电源开关后电源风扇、CPU风扇都转动，说明电源供电没有问题。

接下来把机箱内所有插件都重新整理了一下，按下电源开关可还是没有动静。一般电脑出现一些故障时主板上的喇叭会根据相应的问题发出不同的鸣叫声，可是这一次却一点声响也没有，整个机器像瘫痪一样。借来一块好的主板把原机器上的所有部件插上去一试，没有问题，说明是主板出现了故障。取下坏了的主板，拿在手中翻看，发现三个引脚的附近看上去有一些发黄。把主板反过来一看，此三个引脚对应着的是一个装着小散热片三个引脚的元件。根据元件型号查出它应该是一个降压管，拿出万用表一测，发现有两个引脚短路了，立刻跑到电脑市场上买了一个新的，小心焊上去，插上其他组件，打开电源，一切恢复正常。

21 主板无法正常启动，同时发出警报声该如何处理

故障现象：

主板无法正常启动，同时发出“嘀嘀”警报声。

故障分析与处理：

出现这种现象的可能原因是：主板内存插

槽性能较差，内存条上的金手指与插槽簧片接触不良；也有可能是内存条上的金手指表面的镀金效果不好，在长时间工作中，镀金表面出现了很厚的氧化层，从而导致内存条接触不好；还有一种可能，内存条生产工艺不标准，看上去有点儿薄，这样内存条与插槽始终有一些缝隙，稍微有点震动，就可能导致内存接触不良，从而引发报警现象。

解决这种现象，只要将计算机机箱打开，并在断电条件下取出内存条，将出现在内存条上的灰尘或氧化层，用橡皮把它们擦干净，然后重新插入到内存插槽中就可以了。要是内存太薄的话，可以用热熔胶，将插槽两侧的微小缝隙填平，以确保内存条不左右晃动，这样也能有效避免金手指被氧化。要是上面的方法，无法解决故障的话，可以更换新的内存条试试；在更换新内存的条件下，报警声继续出现的话，此时只能重新更换主板来试试了。

22 电脑无法正确识别出键盘和鼠标怎么办

故障现象：

主板不能正确识别出键盘和鼠标。

故障分析与处理：

出现这种现象的可能原因是：主板不支持鼠标、键盘，这样系统无法找到鼠标、键盘，即使可以找到鼠标，鼠标操作也不听控制；或者键盘、鼠标与计算机连接时，出现接口连接松动现象，这样就会很容易造成键盘、鼠标与主板接触不良的现象；还有一种原因，就是鼠标、键盘本身有故障，导致系统无法有效识别。

首先查看一下说明书，看看主板到底支持什么样的键盘、鼠标，要是当前使用的与主板不兼容的话，可以重新更换主板可以兼容的键盘、鼠标，就能解决问题；要是鼠标、键盘的连接端口出现松动的话，可以重新更换一下键盘、鼠标接口，确保连接稳定、可靠；要是上面的方法无法解决问题的话，必须检查键盘、鼠标本身的问题，例如查看它们的供电电压是否为+5V，要是不正常的话，就应该检查供电保险电阻有没有出现熔断现象，要是保险电阻数值很大的话，可以使用较细的导线直接连通。

23 电脑经常出现蓝屏、非法操作或死机怎么办

故障现象：

组装电脑后，平时没有注意电脑的清洁，后来有一段时间电脑经常出现蓝屏、非法操作或死机的故障。当时这些问题出现的时间没有规律，而且随着时间的推移，死机越来越频繁。

故障分析与处理：

先是怀疑有病毒，用各种杀毒软件反复检查都没有发现病毒。接着怀疑启动时加载的程序有冲突，又把所有启动时运行的程序关闭，但故障依然存在。随后又怀疑内存有问题，借了一条 KingMax 内存，用它换下自己的 HY 内存后，还是死机。最后只好重装系统，但安装过程中却又死机。马上想起可能是 CPU 引起的问题，打开机箱，发现主板上积满了灰尘，这才知道是灰尘导致引脚之间短路而频繁死机。

于是用旧牙刷刷去灰尘，但这还不够干净。由于没有无水酒精，接着就用光盘清洁喷剂擦拭，再用电吹风吹干。这下安装系统非常顺利，装好后的系统也很少死机。

24 按下电源开关不能关机，是什么原因

故障现象：

电脑在按下机箱上的电源开关时不能关机，而是进入休眠状态，软关机正常。

故障分析与处理：

对于 ATX 架构的电脑，在主板 BIOS 电源管理设置中，有一项对机箱电源开关的设置，按下机箱上的<Power>键可以设定为关机，也可以设定进入休眠状态，如果此时需要用<Power>键来关机的话，需要按住<Power>键 4 秒钟以上不放才能关闭计算机。

25 安装 VIA 四合一补丁后，电脑进入休眠状态不能唤醒怎么办

故障现象：

电脑在安装了 VIA 四合一补丁之后，一旦进入休眠状态就无法唤醒，必须按<Reset>键。

故障分析与处理：

将主板上的跳线（JP13）置于 2-3 位置即可。

26 主板维修后不加电应该如何处理

故障现象：

一块华硕 P4 主板，前一段时间曾因上面一个电子元件烧坏，拿到电脑公司返修。修复之后，经电脑公司人员试用正常。拿回装入机箱后却发现主板电源指示灯不亮，风扇不转，也即主板不加电。由于拿回之前能点亮，故怀疑是此时所用电源损坏所致；但换了另一个好电源后情况亦是如此。电源原因被排除后，又判断为电源对于主板供电不足，导致主板不能正常加电工作。于是又将另一台电脑主机上的 300W 长城电源拆下来试，问题仍然没有解决，主板还是不能工作。

故障分析与处理：

仔细查看主板，怀疑可能是在安装主板时螺丝拧得过紧引起主板变形，将主板拆下，仔细观察后发现主板已经发生了轻微形变。主板两端向上翘起，而中间相对下陷，这很可能就是引起故障的原因。

将变形的主板矫正后，再将其装入机箱，加电后一切正常。

27 某些设备无法在 Windows 中使用是怎么回事

故障现象：

每次启动电脑后，打开“我的电脑”时就会报告该设备无法使用，要求用户将电脑重新启动。然后奇怪的是每次重新启动后，有时工作正常，而有时会进入安全模式。如果进入安全模式，无论是采用热启动还是冷启动都不会出现上述故障。

故障分析与处理：

因为电脑可以正常启动，并可在安全模式下正常运行，所以可能是需要加载驱动程序的设备出了问题。当更换了声卡、显卡、光驱后，故障依旧。后来怀疑机箱电源供电不稳定或内存条有缺陷，更换后还是不能解决问题。最后将故障锁定在主板上，想到有些驱动程序需要在 BIOS 中进行设置后才能生效，长时间关机后，由于电池已经损坏，BIOS 中的设置将消失，从而引起一些设备无法使用，当电脑重新启动后，设备驱动程序在 BIOS 中重新进行参数设置，所以能正常运行。更换一只新的主板

电池后故障排除。

28 启动时，提示“RAM Battery Low”是什么意思

故障现象：

电脑启动后，发现以前正常的上电自检突然出错，并且硬盘指示灯熄灭，“嘟嘟”两声喇叭响，屏幕出现“RAM Battery Low”等出错信息后死机。

故障分析与处理：

出现这种故障是因为主板上的充电锂电池失效，引起主机参数紊乱，从而产生故障。锂电池用来为CMOS供电，在CMOS中存放了机器时钟、日期，软盘驱动器个数、类型，硬盘个数、类型，显示器方式，内存容量，扩展容量等参数。

当开机上电自检时，BIOS自动检查CMOS中的参数表，如果出现检测的参数不匹配，系统将自动锁机。锂电池的工作电压一般为+3V~+6V，如果电池电压不足+3V或电池失效，则设置的参数消失。

具体解决方法如下：

关掉主机电源，并拔掉所有的外部连线，打开主机盖，用万用表测量电池两端电压，发现不足+3V，更换一新电池即可。

29 电脑长时间没使用后，无法启动怎么办

故障现象：

一台电脑在一段时间不使用后再次开机屏幕无任何显示，一直发出“嘀！嘀！……”声。

故障分析与处理：

首先怀疑是内存故障，但用替换法检测内存完好无损，在排除内存的故障后怀疑主板的BIOS电池没电，更换一块同型号的电池后，故障排除。

30 主板不能识别内存条怎么办

故障现象：

一台电脑一直没有什么问题，但一次启动电脑后主板却无法对该内存条进行识别。

故障分析与处理：

使用替换法检查，将其他正常的内存条安装在该主板上使用，故障依然存在。断定是主板内存插槽有问题。于是使用万用表进行测量，发现主板内存插槽上有一引脚与其对应的芯片断路，将其焊上后故障排除。

31 自检Cache时死机是怎么回事

故障现象：

电脑在进行上电自检时，当检测到系统二级Cache（缓存）时死机。

故障分析与处理：

在检测缓存时出现死机，可能是高速缓存或硬盘出现故障。

于是将硬盘安装在其他计算机上使用正常，说明硬盘无故障。安装好硬盘，开机进入CMOS设置，把高速缓存L2 Cache设为“Disabled”。保存设置后，重新启动计算机故障消失，因此判断可能是高速缓存芯片坏。用手触摸主板上的高速缓存芯片，其中有一片没有发热，将其更换后故障排除。

32 开机无反应如何处理

故障现象：

一台电脑在使用 1 年后，突然一次开机后显示器出现“黑屏”，指示灯呈橘红色，并且主机无任何报警声。

故障分析与处理：

显示器黑屏可能是显卡故障，于是打开机箱后发现主板上有很多灰尘，将灰尘除去后开机，仍然黑屏。把显卡取下后再开机，结果主板报警，声音为一长两短。在另一台正常的电脑上试一下显卡，使用正常，怀疑问题出在显卡插槽上。

用细毛刷对显卡插槽进行了彻底的清洁，但仍然没有解决问题。再仔细检查显卡插槽，发现插槽内有两根针脚已经变成黑色，可能是针脚结垢后无法与显卡完全接触导致黑屏。于是用棉花签蘸酒精对针脚进行反复清洗后再次开机，能够顺利进入 Windows 桌面。

33 电脑工作一段时间后死机如何处理

故障现象：

一台电脑开机连续工作几小时后，电脑突然黑屏没有任何反应，重新开机，故障依旧。如果自然冷却一段时间后再开机，又可以工作一段时间。

故障分析与处理：

打开机箱并按下电源开关后仔细检查，机箱电源指示灯亮，电源风扇、CPU 散热风扇都可以正常运转，说明电脑的电源没有问题。关机后检查各个板卡和所有接插件，排除了接触不良的可能性后，再一次开机检查，故障依然。

由于电脑是在正常工作的情况下出现的故障，并且没有打开过机箱，静电损坏芯片的可能也被排除。于是怀疑稳压供电系统有问题，拔除主板上的所有的板卡、接插件、拧下固定螺丝后取下主板仔细翻看，没有发现任何烧焦变色的零件。接着分别检查主板上 3 路稳压电路的降压功率管，最后发现 3 只引脚中两只的焊点已经褪色发暗，用万用表测试，发现已经短路。用相同型号的管子替换后打开电源，一切恢复正常。

知识加油站

在电脑发生故障时，BIOS 自检通不过，就会使用 PC 喇叭进行报警。根据报警声音的长短组合，用户可以判断具体故障所在。

1．Award BIOS

一短：系统正常启动。

两短：常规错误，请进入 CMOS Setup，重新设置不正确的选项。

一长一短：RAM 或主板出错。可更换内存或者主板来确定。

一长两短：显示器或显示卡错误。

一长三短：键盘控制器错误。检查主板。

一长九短：主板 Flash RAM 或 EPROM 错误，BIOS 损坏。换块 Flash RAM 试试。

不断地长声报警：内存条未插紧或损坏。重插内存条，若还是不行，只有更换一条内存。

不停地报警：电源、显示器未和显示卡连接好。检查一下所有的插头。

重复短声报警：电源有问题。

无报警无显示：电源有问题。

2．AMI BIOS

一短：内存刷新失败。更换内存条。

两短：内存 ECC 校验错误。在 CMOS Setup 中将内存关于 ECC 校验的选项设为 Disabled 就可以解决，不过最根本的解决办法还是更换一条内存。

三短：系统基本内存（第 1 个 64kB）检查失败。换内存。

四短：系统时钟出错。

五短：中央处理器（CPU）错误。

六短：键盘控制器错误。

七短：系统模式错误，不能切换到保护模式。

八短：显示内存错误。显示内存有问题，更换显卡试试。

九短：ROM BIOS 检验和错误。

一长三短：内存错误。内存损坏，更换即可。

一长八短：显示测试错误。显示器数据线没插好或显示卡没插牢。

3．Phoenix BIOS

一短：系统启动正常

一短一短两短：主板错误。

一短一短四短：ROM BIOS 校验错误。

一短两短两短：DMA 初始化失败。

一短三短一短：RAM 刷新错误。

一短三短三短：基本内存错误。

一短四短两短：基本内存校验错误。

一短四短四短：EISA NMI 口错误。

三短一短一短：从 DMA 寄存器错误。

三短一短三短：主中断处理寄存器错误。

三短两短四短：键盘控制器错误。

三短四短两短：显示错误。

四短两短两短：关机错误。

四短两短四短：保护模式中断错误。

四短三短三短：时钟二错误。

四短四短一短：串行口错误。

四短四短三短：数字协处理器错误。

一短一短一短：系统加电初始化失败。

一短一短三短：CMOS 或电池失效。

一短两短一短：系统时钟错误。

一短两短三短：DMA 页寄存器错误。

一短三短两短：基本内存错误。

一短四短一短：基本内存地址线错误。

一短四短三短：EISA 时序器错误。

两短一短一短：前 64K 基本内存错误。

三短一短两短：主 DMA 寄存器错误。

三短一短四短：从中断处理寄存器错误。

三短三短四短：屏幕存储器测试失败。

三短四短三短：时钟错误。

四短两短三短：A20 门错误。

四短三短一短：内存错误。

四短四短两短：并行口错误。

第 6 章　CPU 和内存常见故障

- 是否 CPU 的频率越快，其性能就越好
- 加装半导体制冷片和硅胶后引起黑屏是什么原因
- 突然无法开机，屏幕无显示信号输出该如何处理
- 系统经常自动进入安全模式是什么原因
- 内存加大后，系统资源反而降低是什么原因
- 增加的内存条时而检测得到时而检测不到怎么办
- 开机显示器不亮，主机报警不断如何处理
- 内存插在第一内存槽上电脑不能启动是什么原因

6.1 CPU 常见故障

CPU（Central Processing Unit）是中央处理器的简称，相当于人体的大脑，承担着系统大部分的运算处理任务，指挥、协调着整个电脑系统的正常运行。其他硬件都以 CPU 为中心展开工作。一台电脑性能的好坏跟 CPU 自身的性能有着直接的关系，而且 CPU 的选择也同时关系到主板和内存的搭配问题。

1 怎样确认 CPU 故障

由 CPU 造成的故障表现虽然是多种多样，但归纳起来也无外乎频繁死机、开机自检显示的工作频率反复变化、因超频而无法开机，以及系统加电后没有任何反应等几种方式。当然，应对的办法也都不尽相同，下面我们将分别加以介绍：

1．频繁死机

这种故障现象比较常见，主要原因一般是由散热系统工作不良、CPU 与插座接触不良、BIOS 中有关 CPU 高温报警设置错误等造成的。采取的对策主要也是围绕 CPU 散热、插拔件是否可靠和检查 BIOS 设置来进行。例如：检查风扇是否正常运转（必要时甚至可以更换大排风量的风扇）、检查散热片与 CPU 接触是否良好、导热硅脂涂敷得是否均匀、取下 CPU 检查插脚与插座的接触是否可靠、进入 BIOS 设置调整温度保护点等。

2．开机自检显示的工作频率不正常

具体表现为开机后 CPU 工作频率降低，屏幕上出现“Defaults CMOS Setup Loaded”的提示，在重新设置 CMOS 中的 CPU 参数之后，系统可恢复正常显示，但故障会再次出现。产生这种情况与 CMOS 电池或主板的相应电路有关。遇此故障可遵循先易后难的检修原则，首先测量主板电池的电压，如果电压值低于 3V，应考虑更换 CMOS 电池。假如更换电池没多久，故障又出现，则是主板 CMOS 供电回路的元器件存在漏电，此时需将主板送修。

3．超频造成的无法开机

过度超频之后，电脑启动时可能出现散热风扇转动正常，而硬盘灯只亮了一下便没了反应，显示器也维持待机状态的故障。由于此时已不能进入 BIOS 设置选项，因此，也就无法给 CPU 降频了。遇到这种情况的处理方法有两种：

❖ 打开机箱并在主板上找到给 CMOS 放电的跳线（一般都安排在钮扣电池的附近），将其设置在“CMOS 放电”位置或者把电池去掉，稍微等待几分钟之后，再将跳线或电池复位并重启电脑即可。

❖ 现在较新的主板大多具有超频失败的专用恢复性措施。比如：可以在开机时按住“Insert”键不放，此时系统启动后便会自动进入 BIOS 设置选项，随后即可进行降频操作。

而在一些更为先进的主板中，还可在超频失败后主动“自行恢复”CPU 的默认运行频率。因此，对于热衷超频而又缺乏实际操作经验的人来说，选择带有“逐兆超频”、“超频失败自动恢复”等人性化功能的主板，会使超频 CPU 的工作变得异常的简单轻松。

4．系统加电没有反应

一般在遇到这种故障时可采用“替换法”来确定故障的具体部位。假如消除了主板、电源引发故障的可能性，则可确定是 CPU 的问题并多为内部电路损坏。倘若如此的话，就只能通过更换 CPU 来解决了。

> **提 示**
>
> 有些人认为 CPU 散热风扇的转速越高，散热的效果越好，其实这种认识是比较片面的。事实上风扇的散热能力与扇叶的多少、角度、有效排风面积、排风量都有着直接的联系，而提高转速虽然可以提高排风量，但会带来噪音增大、寿命缩短等问题。因此，在选择散热风扇时应该综合考虑。

2 是否 CPU 的频率越快，其性能就越好

可能很多朋友都有这样的误区：频率越高，CPU 性能当然越好。其实这个观点是很片面的。决定处理器性能的唯一标准应该是其运算能力，比如说每秒钟可以执行多少条指令、可以做多少次浮点运算等，而这些指标与处理器的内部设计和频率高低都有关系，但绝对不是高频率就必然高性能。在不同体系的 CPU 之间，简单以频率来比较是没说服力的。比如，在实际应用当中，不少频率比较低的 Athlon XP 处理器的性能却比较高频率的 P Ⅳ 处理器要好。而在同一体系的处理器当中，频率越高，CPU 性能越好这个观点还是正确的，比如同是 P4 C 系列的 CPU，当然频率越高，性能就越好了。

3 CPU 频率自动降低是怎么回事

故障现象：

电脑一直使用正常，某天开机后发现 CPU 的频率降低了，显示的信息是“Defaults CMOS Setup Loaded”，在重新设置 CMOS Setup 中的 CPU 参数后，CPU 频率显示正常，且使用正常，但此后这种情况时有发生。

故障分析与处理：

这是主板电池问题，多半是电池电压已经低于 3V 了，需要更换 CMOS 电池。

关机，在主板上找到钮扣形的锂电池，更换电池，开机，重新设置 CPU 等参数。

4 CPU 超频后显示器黑屏怎么办

故障现象：

CPU 超频后正常使用了几天，一次开机，显示器黑屏，复位后无效。

故障分析与处理：

先检查显示器的电源是否接好，电源开关是否开启，显卡与显示器的数据线是否连接好。确认无误后，关闭电源，打开机箱，检查显卡和内存条是否接好，或重新安装显卡和内存条。再启动电脑，屏幕仍无显示，说明故障不在此。因为 CPU 是超频使用，且是硬超，怀疑是超频不稳定引起的故障。开机后，用手摸了一下 CPU 发现非常烫，于是找到 CPU 的外频与倍频跳线，逐步降频后，启动电脑，系统恢复正常，显示器也有了显示。

将 CPU 的外频与倍频调到合适的情况

后，应检测一段时间看是否很稳定，如果系统运行基本正常，但偶尔会出点小毛病（如非法操作、程序要单击几次才打开），此时如果不想降频，为了系统的稳定，可适当调高 CPU 核心电压。

5 加装半导体制冷片和硅胶后引起黑屏是什么原因

故障现象：

为了改善散热效果，在散热片与 CPU 之间安装了半导体制冷片。同时，为了保证半导体制冷片导热良好，在其两面都涂上硅胶，在使用了近两个月后，某天开机后机器黑屏。

故障分析与处理：

因为是突然死机，怀疑是硬件有松动而引起接触不良。打开机箱把硬件重新插了一遍后开机，故障依旧。怀疑是显卡有问题，因为从显示器的指示灯来判断无信号输出，使用替换法检查，显卡没问题。又怀疑是显示器有故障，使用替换法同样发现没问题，接着检查 CPU，发现 CPU 的针脚有点发黑和绿斑，这是生锈的迹象。看来故障找到了。

原来，制冷片有结露的现象，一定是制冷片的表面温度过低而结露，导致 CPU 长期工作在潮湿的环境中，日积月累，终于产生太多锈斑，造成接触不良，从而引发这次故障。

找来一块橡皮，仔仔细细地把针脚擦一遍，然后把散热片上的制冷片取下，再装好机器，然后开机，故障排除。

6 突然无法开机，屏幕无显示信号输出该如何处理

故障现象：

一台 Athlon XP CPU 的电脑，平日使用一直正常，有一天突然无法开机，屏幕无显示信号输出。

故障分析与处理：

开始认定显卡出现故障。用替换法检查后，发现显卡无问题，后来又推测是显示器故障，检查后，显示器也一切正常。纳闷之余，拔下插在主板上的 CPU，仔细观察并无烧毁痕迹，但就是无法点亮机器。后来发现 CPU 的针脚均发黑、发绿，有氧化的痕迹和锈迹（CPU 的针脚为铜材料制造，外层镀金），便用牙刷对 CPU 针脚做了清洁工作，电脑又可以加电工作了。

7 电脑性能大幅度下降怎么办

故障现象：

一台 Pentium Ⅳ CPU 的电脑在使用初期表现非常稳定，但后来似乎感染了病毒，性能大幅度下降，偶尔伴随死机现象。

故障分析与处理：

首先使用杀毒软件查杀毫无发现。接着怀疑磁盘碎片过多所致，用 Windows 的磁盘碎片整理程序进行整理，问题依旧。又认为是 Windows 有问题，格式化重装系统，仍然没有效果。打开机箱发现 CPU 散热器的风扇出现问题，通电后根本不转。更换新散热器，故障解决。

8 电脑不断重启是什么原因

故障现象：

一次误将 CPU 散热片的扣具弄掉了。后来又照原样把扣具安装回散热片。重新安装好风扇加电评测，刚开机，电脑就自动重启。检查其他部件都没问题，按照常规经验应该是散热部分的问题。有可能是主板侦测到 CPU 过

热，自动保护；但反复检查导热硅脂和散热片都没有问题，重新安装回去还是反复重启。更换了散热风扇后，一切 OK。

故障分析与处理：

难道散热片有问题？经反复对比终于发现，原来是扣具方向装反了。结果造成散热片与 CPU 核心部分接触有空隙，CPU 过热，主板侦测 CPU 过热，重启保护。原来 CPU 散热风扇安装不当，也会造成 Windows 自动重启或无法开机。

9 电脑频繁死机是什么原因

故障现象：

在使用时，电脑频繁出现一个蓝色 Windows 警告窗口，接着便出现死机故障。

故障分析与处理：

由于警告内容为乱码，出现故障前又刚安装了一个从网上下载的应用软件，故怀疑是该软件带有病毒，随即，将所安装的软件删除并使用杀毒软件进行查、杀毒操作，均未发现病毒存在。关机并重新启动，约 4 分钟后，再次出现上述现象，反复多次仍然如此。为了彻底排除存在病毒的可能，格式化硬盘，重新安装系统。使用 Windows 安装盘进行安装，在安装即将完成时，上述现象重新出现，使安装无法正常完成。

该故障系 CPU 散热器的排风扇润滑不好，扇叶转动阻力增大，导致扇叶转速低下而失去散热功能，从而使 CPU 在开机几分钟后因温度过高而进入自保护状态，出现死机的现象。

打开机箱盖，启动电脑，发现 CPU 芯片上散热器的排风扇转速十分缓慢，已失去正常散热功能。关机，将该排风扇拆下，用手拨动扇叶时，感觉扇叶的转动很不灵活，故用平头起子插入扇叶根部底下的缝隙内向上翘，将整个扇叶与扇座分离，翻过扇叶时，看到在扇叶的中心部位有一个用数条小弧形磁铁围成的圆罩形，显然，这就是该风扇电机的转子，而定子是与扇座固定在一起的一个微型绕组，若将扇叶与扇座组合在一起，则该微型绕组正好能插在转子的内部。进一步观察发现，在定子轴的顶部和与转子相接的轴承部位都粘有一些干涸的黑色油泥，用纱布分别将其擦除干净，再在该处点入若干滴润滑油，然后将扇叶与扇座重新组合在一起，此时，用手指轻轻拨动扇叶，扇叶即可轻松地转动。待重新将排风扇安装到 CPU 的散热器上，加电试验，可以看到扇叶转动正常，通电 10 分钟，触摸 CPU 芯片，感觉温度仅在微温状态，说明风扇的散热功能已完全恢复。盖好主机机箱后，重新开机并安装系统，一切正常，长时间连续运行工作，上述故障也再未出现。

10 CPU 与风扇接触不良也会造成问题

故障现象：

一台计算机，换了 CPU 工作几十分钟后突然黑屏，重启后工作几十分钟又黑屏。

故障分析与处理：

分析故障是换了 CPU 后引起的，那就应该从这方面找原因，仔细查看 CPU 的有关设置：电压 1.7V 正常，外频和倍频也正常。风扇转动也正常，用主板自带的 CPU 温度侦测程序发现 CPU 温度相当高，看来原因就在这里；但是风扇又正常。问题就应该是风扇和 CPU 的接触不良了。在 CPU 的散热片上涂一些导热硅脂，装好 CPU，重新开机，运行几个小时一直正常，故障排除。

11 CPU 风扇转速正常，在 BIOS 中却报告为零怎么回事

故障现象：

一台新配置的兼容机，平时使用一切正常。只是在主板 BIOS 中，CPU 风扇转速报告为 0 r/m（转/分），而风扇实际运转情况却是良好的。

故障分析与处理：

目前，ATX 架构的主板基本上都支持风扇转速监测功能。这使我们可以在不打开机箱的情况下及时了解 CPU 风扇的运转情况。本例中的故障现象明显是因为 BIOS 监测不到 CPU 的运转信息而进行了误报告。导致误报现象的原因通常有以下几种：

- CPU 风扇的电源线没有插到主板的 CPUFan（CPU 风扇）接口上，而插在了其他风扇接口。这样插接虽然不影响计算机正常运转，但 BIOS 却无法监测到 CPU 风扇的运转情况。
- CPU 风扇的电源线与主板上相应的接口接触不良，这种情况比较常见。
- 所采用的 CPU 风扇为不合格产品。其电机只有两根电源线，而没有中间的测速导线，从而无法向 BIOS 反馈风扇的转速信息。
- 该机的主板与 CPU 风扇在测速导线的电气性能指标上存在差异。从而使 BIOS 不能得到正确的电气信息。但这种情况常常导致 BIOS 所报的风扇转速与实际转速有较大差距。在确定前两种情况不存在的前提下，一般不会出现报告转速为零的情况。

经过分析，对误报原因有了一个大致的了解，这样解决起问题来也就有的放矢了。经过检查，发现该 CPU 风扇的电源线插在了 BAKFan（备用风扇）接口上。将其正确插到 CPUFan 接口上，然后到 BIOS 中进行监测，一切正常。

12 为什么超频设置无法保存

故障现象：

新装机器，主要配置为承启 7NJL1 主板，Althon XP1700+ BO CPU、Kingstone DDR400 256MB×2 内存，世纪之星大风车电源。由于 BO 版本的 XP1700+超频性能良好，因此回家之后开机进入 BIOS 后很容易地就调节倍频超频至 2000+，保存后重启进入系统，用 Windows 优化大师检测时 CPU 频率也显示为 2000+，然而冷启动后屏幕显示却为 Althon 1700+。反复尝试多次，每次开机如果想超频，都得进入 BIOS 中重新设置一下才能成功。

故障分析与处理：

可以肯定的是 BIOS 保存设置方面存在 BUG。于是准备上网到驱动之家下载此款主板最新的 BIOS 文件，但是发现驱动之家主板最新 BIOS 文件为 6.25 版本，与主板现在使用的版本相同。为了验证究竟是不是 BIOS 方面存在着 BUG，于是将 BIOS 刷回低版本，当 BIOS 版本变为 4.25 时，超频后 BIOS 中的设置起了作用，再次冷启动时，屏幕显示超频后的 CPU 为 Althon XP2000+。

虽然故障得到解决了，但是用着落后的 BIOS 版本心里总感觉不舒服，又去下载了最新的 9.15 版本的 BIOS，更新后，毛病终于消失了，超频完全成功。

13 电脑不断地重启该怎样排除故障

故障现象：

最近电脑不断重启，其表现为有时刚刚出

现启动画面即重启，或者进入系统后不久就重启。

故障分析与处理：

因为本机已通过 ADSL 连入宽带网，而且近期网上病毒肆虐，所以先查杀病毒，问题依旧。重新格式化硬盘安装系统，在安装过程中出现蓝屏和死机的现象，跳过错误提示后，总算装完了系统。

可是，系统不断重启的问题依然没有解决。打开机箱，对重要的部件如电源、CPU 风扇、内存进行了清洁和擦拭。完工后重新开机，电脑依然不断重启。怀疑是电源的问题，直接更换了某名牌 300W 的电源，故障依旧。

只得采用“最小系统法”。保留系统启动必备的硬件进行故障排查，结果电脑依然不断重启。于是更换 CPU 并安装良好后，故障消失。

> **提 示**
>
> 对于一般的电脑故障，如果不是系统彻底瘫痪，我们很少怀疑到 CPU 损坏的可能。但什么事都不是绝对的，在发生故障时，我们要谨慎、小心地按顺序认真排查，不放过一丝可疑，就能找到故障的真正所在。

14 CPU 频率有时自动降低正常吗

故障现象：

电脑一直使用正常，某天开机后发现本来是 1 100MHz 的 CPU 变成了 550MHz 了，屏幕上的提示信息是“Defaults CMOS Setup Loaded”，在进入 BIOS 重新设置 CPU 的参数后，CPU 频率显示正常，且使用正常，但下次开机时又会出现这种情况。

故障分析与处理：

这是主板电池的问题，多是使电池电压已经低于 3V 了，需要更换 CMOS 电池。解决方法：

关闭计算机，拆开机箱，在主板上找到钮扣形的锂电池，更换电池，然后启动电脑进入 BIOS 设置程序，重新设置 CPU 的参数即可。

15 机箱内出现很大的噪声怎么办

故障现象：

电脑在使用一段时间后，机箱内出现很大的噪声。

故障分析与处理：

CPU 的风扇使用时间长了，会因为灰尘的长期积累而降低转速，出现噪音，致使散热性能也随之降低。应当除去风扇上的灰尘，并在风扇的中轴处滴上几滴润滑油，故障即可排除，也可避免电脑产生与 CPU 温度相关的故障。

16 超频会导致声卡不正常

故障现象：

超频后能够正常进入 Windows ，但是发现主板集成的声卡不发声了。

故障分析与处理：

从故障现象来看，是主板上集成的声卡不能够工作在非标准的外频下面。

查看设备管理器，发现声卡没有设备冲突，但是有一个黄色的惊叹号，将主板外频设为 75MHz，故障依旧，把外频设为 100MHz，声卡就正常了。这是因为在 100MHz 以下的外频时，PCI 设备工作在外频的 1/2，当系统外频为 75MHz，83 MHz 时，PCI 设备分别工作在 37.5MHz 和 41.5MHz 下面。此时会有一些设备无法工作，而在 100MHz 外频时，PCI 设备工作在外频的 1/3 即 33.3MHz，所以声卡又可以工作正常了。

17 内存自检后死机是怎么回事

故障现象：

一台电脑开机后屏幕上显示内存自检通过后便死机，按<Del>键可进入 CMOS 设置。

故障分析与处理：

首先进入 CMOS 设置，仔细检查各项设置均无问题。然后用替换法检测硬盘和各种板卡，结果所有硬件都正常。估计问题可能出在主板和 CPU 上，按照主板说明书，试着降低 CPU 的工作频率后再次启动电脑，一切正常。

18 CPU 与显卡也会不兼容

故障现象：

一台电脑开机后不能正常进入 Windows，即使有时能进入 Windows，用显示卡自带的驱动程序将颜色从 256 色调至 16 位色，重新启动 Windows 后，双击该驱动程序图标便黑屏，只能重新启动。

故障分析与处理：

首先怀疑是由病毒引起，用杀毒软件检测没有发现病毒，再按照主板说明书重新设置了 CMOS 的参数，并将"Shadow RAM"和"Internal/EXternal Cache"等全部改为"Disabled"，但故障仍存在，于是采用插拔法对内部硬件进行测试，发现将两根内存条前后位置互换后，死机的情况减少了，但没过多久，又会出现以前的故障，后来把 CPU 和显示卡放在另一块主板上使用，没有任何问题，把另一块主板上的 CPU 和显示卡放在该主板上运行，也无任何问题。于是确定是 CPU 芯片与主板及显示卡不兼容导致的故障，换上其他型号的 CPU 后启动正常。

19 CPU 温度不高却报警是什么原因

故障现象：

一台电脑的配置为华硕主板，在开始格式化硬盘时，PC 喇叭发出刺耳的报警声。

故障分析与处理：

打开机箱，用手触摸 CPU 的散热片，发现温度不高，主板的主芯片也只是微温。仔细检查了一遍，没有发现问题。再次开机后到 BIOS 的硬件检测里查看 CPU 的温度为 95℃，但是用手触摸 CPU 的散热片，没有一点温度，说明 CPU 有问题。原来，该主板的 CPU 温度感温检测与其他主板不同，它是利用 CPU 芯片内部自带的一个感温元件检测温度，然后通过 CPU 的引脚传递给主板的一个解码芯片。因此，主板测量的是 CPU 的内核温度，而有些散包 CPU 的散热片和内核接触不好，造成了内核的温度很高，而散热片却是温温的。

拆下 CPU 的散热片，发现散热片和芯片之间贴着一片像塑料的东西，清除粘在芯片上的塑料后，然后涂了一层薄薄的硅胶，再安装好散热片，重新插到主板上检查 CPU 温度，一切正常。

知识加油站

什么是超频？怎么进行超频？

超频是指任何提高计算机某一部件工作频率而使之工作在非标准频率下的相关设置行为，其中包括 CPU 超频、主板超频、内存超频、显示卡超频和硬盘超频等很多部分，而就大多数人的理解仅仅是提高 CPU 的工作频率而已，这是狭义的超频概念。

生产线上制造出的 CPU 只能保证最终产品在一定频率范围之内运行，而不可能恰好定在某个需要的频率上。偏差范围要视具体生产工艺水平和制造 CPU 的晶圆片品质而定。因此生产线下来的 CPU 每一颗都要经过细致的测试以后，才能最终标定它的频率，这个标定出来的频率就是我们在 CPU 外壳上看到的频率，这个频率的高低完全由 CPU 生产商来标定。

要说如何去超频，就要先讲一下 CPU 频率设定的问题。CPU 的工作时钟频率（主频）是由两部分：外频与倍频来决定的，两者的乘积就是主频。所谓外部频率，指的就是整体的系统总线频率，它并不等同于经常听到的前端总线（FrontSideBus）的频率，而是由外频唯一决定了前端总线的频率——前端总线是连接 CPU 和北桥芯片的总线。AMD 系统前端总线频率是两倍的外率，而 P Ⅳ平台上是 4 倍的外率，只有在以前的老 Athlon 和 P Ⅲ/P Ⅱ平台上，前端总线频率才和外频相等。倍频的全称是倍频系数，CPU 的时钟频率与外频之间存在着一个比值关系，这个比值就是倍频系数，简称倍频。倍频是以自然数为基础的数字，以 0.5 为间隔，例如 11.5，12，12.5 这类，现在最高的倍频能达到将近 25。比如 P4 2.8G CPU 就是由 133MHz 的外频乘以 21 的倍频得到的。

CPU 超频就是手动去设置 CPU 的外频和倍频，以使得 CPU 工作在更高的频率下，然而现在 Intel 的 CPU 倍频都是锁死的，而 AMD AthlonXP 也仅有很少数的产品是没有锁倍频的，因此现在的超频大多数都是从外频上面去做手脚，也就是提高外部总线的频率这个被乘数来使 CPU 的主频得以提高。

现在的主板厂商很多都做了人性化的超频功能设计，因此超频的方法也从以前的硬超频变成了现在更方便更简单的软超频。所谓硬超频是指通过主板上面的跳线或者 DIP 开关手动设置外频和 CPU、内存等工作电压来实现的，而软超频指的是在系统的 BIOS 里面设置外频、倍频和各部分电压等参数，一些主板厂商还推出了傻瓜超频功能，主板可以自动以 1MHz 为单位逐步提高外频频率，自动为用户找到一个让 CPU 能够稳定运行的最高频率，这是一种傻瓜式自动超频。

文件中加入了“emm386.exe”文件而造成的，只要将其屏蔽掉即可解决问题。

7 主板与内存不兼容怎么办

故障现象：

显示器显示的 Windows 桌面上有一条线从上到下贯穿屏幕，就像是一滴水从屏幕上流下。该主板上集成了显卡和声卡。

故障分析与处理：

这不是显卡与显示器的问题，而是主板与内存条不兼容。因为集成显卡一般都是使用内存作为显存的，而实际上显卡使用的缓存要比内存严格，不少内存条不能满足显卡的要求，因此出现上述情况，更严重还会引起电脑不能启动、黑屏等。

更换质量较好的内存条即可。

8 内存检测时间较长如何处理

故障现象：

本来电脑在开机时只检测一遍，但现在出现电脑检测 3 遍的现象，128MB 内存检测时间太长了。

故障分析与处理：

解决方法：开机时，按“<Del>”键进入 BIOS 设置。选择“BIOS Features Setup”，回车。按“<PageDown>”键把“Quick Power On SelfTest”设置为“Enabled”。保存设置并退出 BIOS 设置。开机自检内存时，按“<Esc>”键跳过自检。

9 电脑为什么不能识别 128MB 以上内存

故障现象：

给电脑插上 128MB 以上的内存，电脑不能正确识别出内存的实际容量。

故障分析与处理：

这种情况可能是主板限制所致。

主板有个指标，就是最大内存容量支持。一般的限制是256MB，高的512MB。而128MB是比较低档的主板的内存容量限制。只能更换主板。因此，与其增加内存条不如更换主板和CPU。

10 内存数量与实际不符是怎么回事

故障现象：

电脑显示的内存数与内存的实际大小不一样。

故障分析与处理：

因为内存条与主板存在兼容性，因此有可能出现这样的问题。这时是不能根据两条 32 位内存条同时有效的理论解释的。

更换与主板兼容的内存条即可。

11 显示的内存比实际内存少是怎么回事

故障现象：

电脑的可用内存数比实际内存大小少。

故障分析与处理：

如果使用的是集成在主板上的显示卡，而显示卡与主板共享内存，就会发生这样的情况。

禁用集成显卡，安装独立的显卡。

12 常规内存只有 639KB 是什么原因

故障现象：

无意间发现电脑的常规内存只有639KB。

故障分析与处理：

早期的名牌电脑，如 COMPAQ 等本身就少一千字节甚至几千字节内存，是正常的。一些 386/486 电脑上 BIOS Setup 中在 BIOS Features Setup 中有 CMOS 参数是否占有 DOS 1KB 的选项，也是可以让内存减少 1KB 的，选择另外的选项就可以解决这个问题。

解决方法是检查病毒、查看 CMOS 参数。

13 Windows 系统运行不稳定，经常产生非法错误是什么原因

故障现象：

Windows 系统运行不稳定，经常产生非法错误。

故障分析与处理：

出现此类故障一般是由于内存芯片质量不良或软件原因引起。解决方法是如果确定是内存条原因，只能更换内存条。

14 Windows 注册表经常无故损坏怎么办

故障现象：

系统提示注册表已经损坏，要求我们恢复。

故障分析与处理：

此类故障一般都是因为内存条质量不佳引起，很难予以修复。解决方法是更换内存条。

15 电脑经常死机如何处理

故障现象：

电脑出现随机性死机现象。

故障分析与处理：

此类故障一般是由于采用了几种不同芯片的内存条，由于各内存条速度不同产生一个时间差从而导致死机。

对此可以在 CMOS 设置内降低内存速度予以解决，否则，唯有使用同型号内存。还有一种可能就是内存条与主板不兼容，此类现象一般少见；另外也有可能是内存条与主板接触不良引起电脑随机性死机，此类现象倒是比较常见。

16 内存条某些芯片损坏怎么办

故障现象：

Windows 启动时，在载入高端内存文件“himem.sys”时系统提示某些地址有问题。

故障分析与处理：

此问题一般是由于内存条的某些芯片损坏造成。解决方法是更换内存条或送至专业维修人员处维修。

17 开机后多次自动重启是什么原因

故障现象：

在电脑启动时，系统多次自动重新启动。

故障分析与处理：

此类故障一般是由于内存条或电源质量有问题造成，当然，系统重新启动还有可能是 CPU 散热不良或其他人为故障造成，对此，唯有用排除法一步一步排除。

如果确定是内存原因而引起的该故障，请取下内存条，用橡皮擦擦拭其金手指，然后再重新插入内存插槽中，如果不能解决问题，那么可能是内存已经损坏。

18 增加的内存条时而检测得到时而检测不到怎么办

故障现象：

增加内存后，开机内存显示 128MB，偶尔显示 256MB。

故障分析与处理：

打开机箱检查，发现两条内存品牌不同，做工设计也有很大差异。因此先把内存条单独插到机子上测试，都显示为 128MB，没有问题；但是一起插上仍然显示 128MB，调换了内存的插槽也没用。很明显，两根内存条不兼容，将其中一根内存条更换成与另一根同型号，故障排除。

> **提 示**
>
> 内存的兼容问题虽然不是很多，但是危害还是不小，因为它们往往有很多奇怪的表现，我们要尽量避免不同型号的内存混用，这样能最大限度避免兼容问题的发生。

19 Windows XP 频繁死机，并且不能重装系统是什么原因

故障现象：

电脑配置为 KT133 主板、Geforce4 MX440 显卡、128MB 内存，装 Windows XP 频繁死机，始终无法正常安装。

故障分析与处理：

刚给电脑进行了除尘，之后发生了系统崩溃，然后就无法安装操作系统了。经过对硬件的仔细察看，发现其内存上有一处不是很明显的硬划伤，伤及了部分 PCB 上的电路。经过换用其他内存，故障消失。

装机或者除尘的时候，一定要注意不要给硬件造成损伤，像这样无意中损坏配件的事情，小心一点是完全可以避免的。

20 为什么增加内存后，原内存不能被识别了

故障现象：

电脑配置为 815EP 主板、128MB 内存，原本使用正常，后来得到一条 64MB 内存，一起插上之后，内存总量只认出是 64MB。

故障分析与处理：

首先将内存一条一条单独插到主板上，证实都是好的，可以排除内存条的质量问题，看来兼容问题再次出现。不过这次用换内存的方法不是很现实，毕竟 64MB 内存小了点，换 128MB 内存也需要不少花销。忽然想起升级主板 BIOS 可能会对内存支持有所提高，于是顺便把 BIOS 进行了购买以来的第一次升级，故障终于排除。

> **提 示**
>
> 很多时候兼容问题可以通过升级主板 BIOS 解决，因此经常去看看有没有适合自己 BIOS 的驱动也是很有帮助的。

21 为什么电脑突然黑屏

故障现象：

电脑某天突然开机黑屏，主板报警。

故障分析与处理：

由主板发出的报警声可以判断，极有可能是内存或者内存插槽有问题。先把内存条拔下换个插槽，故障依旧，看来内存插槽正常；接着换另外一条内存插上，故障消失。看来是内存条有问题，但内存条无故损坏的可能性很小，于是仔细察看内存，发现金手指部分有厚

厚的污垢，看来问题在于接触不良。于是找来橡皮在金手指部分擦拭几次，重新插入插槽，一切正常。

> **提 示**
>
> 内存金手指和插槽接触是否良好，对于工作是否稳定非常重要。如果出现类似接触不良，我们只需要用橡皮擦拭即可，因此电脑的防尘还是有必要强调的。

22 添加内存条后，运行时频繁死机和热启动怎么办

故障现象：

给电脑添加一条内存后，系统运行时频繁死机和热启动。

故障分析与处理：

系统原有内存为 LGS PC100 32MB，新加的内存为 HY PC133 64MB。插任意一条内存时均能正常运行，排除了内存条本身质量的问题。进入 BIOS 设置程序，在"Advanced Chipset Features"中看到"DRAM Timing By SPD"被设为"Enable"，遂将其改为"Disable"，然后把"DRAM Clock"设为 100MHz，重新启动机器后故障消失。

升级内存时尽量选择与原内存条一样的型号，像以上情况，两条内存的品牌、速度、容量都不相同，就很容易产生问题。解决的办法通常可根据"就低"原则，将内存工作参数设置为较低值。

23 电脑在 Windows 下频繁出现"非法操作错误"如何处理

故障现象：

一台电脑采用 KT133 主板，普通 HY PC133 128MB 内存。在 Windows 下频繁出现"非法操作"错误。

故障分析与处理：

在排除了软件方面原因后，经询问得知用户此前从网上下载了一个可以优化 BIOS 设置的程序，对 BIOS 作了一番优化。于是进入 BIOS，在"Advanced Chipset Features"中将"SDRAM Cycle Length"由"2"改为"3"，将"Bank InterLeave"由"4Bank"改为"Disable"，重新启动电脑后故障消失。

一些质量不过硬的内存条，往往不能在最优设置下稳定工作，而使用 BIOS 缺省值一般就没有问题。

24 集成显卡引起的故障怎么处理

故障现象：

集成显卡的电脑，在 Windows 下一启动 3D 游戏就立即死机，在"显示属性"中修改分辨率和色深会导致显示器"花屏"并死机，进行其他操作时也经常产生"蓝屏"现象。

故障分析与处理：

该故障现象与显卡有关，这块主板使用集成显卡，显存共享主内存。进入 BIOS 设置程序检查显存容量为 4MB，不能增大设置。在系统配置文件"config.sys"中加载"himem.sys"，启动时检测内存报错。关机后采用"替换法"将插槽二上的内存条取下，仅留插槽一上的内存条，故障依旧，再用取下的内存条替换掉插槽一上的内存条后，故障消除。

显卡共享主内存须使用第一个内存插槽，当插槽一上的内存有问题时，显存设置就会出现问题。

25 内存质量引起的系统故障怎么排除

故障现象：

电脑运行 Windows 98 正常，但在安装 Windows 2000 的过程中，经常中途发生异常中断，退回 DOS 提示符，有时能完成安装，但运行不太稳定。

故障分析与处理：

将 Windows 2000 的安装光盘拿到别的机器安装，没有任何问题。于是用“替换法”将本机各配件逐一替换，在将内存更换后，非常顺利地完成了 Windows 2000 的安装，运行也十分稳定。

26 内存无故减少，机器运行起来十分缓慢是什么原因

故障现象：

一台兼容机速度变得奇慢无比，例如打开一个窗口需要 1 分钟，启动速度更是慢不堪言。

故障分析与处理：

根据故障现象自然怀疑是病毒作怪，用最新升级的瑞星杀毒软件进行全面查毒，未果。打开“系统配置实用程序”查看“启动”项的加载选项，并未发现任何需占用大量内存空间的程序项加载。

无意中在“系统配置实用程序”的“高级疑难设置解答”中发现了可疑点，内存限制选项设置成了 20MB。赶紧打开“系统属性”窗口，发现当前内存容量显示为 20MB。于是将内存限制前的“√”取消，重启计算机故障排除。

27 系统提示内存不足怎么办

故障现象：

系统提示内存不足。

故障分析与处理：

当系统出现内存不足时，如果又不想重启电脑，可以通过下面 5 种方法来释放内存：

❶ 清除剪贴板的内容。

若剪贴板中现存的是一幅图画或相当篇幅的一段文本，则会占用相当多的内存，解决办法是：依次单击“开始”→“程序”→“附件”→“剪贴板查看程序”选项，打开了“剪贴板查看程序”窗口，然后单击“编辑”菜单的“删除”命令，最后单击“是”按钮。

❷ 关闭不常用的窗口。

若打开了多个窗口，其实也就是运行了多个程序，耗用的内存就多，依次关闭，达到节省的目的。

❸ 保留硬盘空间作为额外内存。

右键单击桌面上“我的电脑” 图标，再左键单击“属性”，打开“系统属性”对话框。在此对话框中单击“性能”按钮，再单击“虚拟内存”按钮，复选“让 Windows 管理虚拟内存”，最后单击“确定”按钮（该方法实用于 Windows 98）。

❹ 删除“启动”组中不需要 Windows 自动加载的程序。

❺ 查杀病毒。

28 为何第一次开机后毫无反应

故障现象：

电脑第一次开机无任何反应，必须重新开机或者 reset 之后系统才能点亮，此后系统正常工作，关机一段时间之后，下次重新开机故障依旧。

故障分析与处理：

本来怀疑是显卡或者内存接触不良，可重新安装之后故障依旧；又怀疑显卡或内存金手指氧化导致接触不良，清洁金手指后故障依旧；于是又怀疑是主板和机箱短路造成该故障，把主板从机箱内移出，故障仍然存在，看来机箱和主板并没有短路存在，并且采用排除法更换显卡和同样的内存条，故障仍然未能解决。看来故障原因并不是处在显卡或者内存上。

于是进入 BIOS 设置程序，将内存参数设置为 CL=3，故障排除。

尽管此类故障比较少见，但是从这个故障我们可以看出，内存质量对于系统的稳定性有紧密的联系，特别是目前市面上的内存质量良莠不齐，很多朋友忽略了 CL 这个重要的参数，希望通过该故障能够让大家在选购内存时对参数引起重视。

29 内存偏小也会导致系统罢工

故障现象：

朋友的电脑装上 Windows XP 以后一直运行稳定，可近日频繁出现重启、死机现象。电脑配置为赛扬 667MHz CPU、内存 128MB、集成显卡。

故障分析与处理：

开机不久即出现上述症状，起初怀疑是感染了“冲击波”病毒，使用最新的 KV 杀毒软件杀毒后故障仍旧。

看到 Windows XP 每次启动时都自动加载的QQ、定时关机工具以及稀奇古怪的桌面、鼠标图案。突然想到会不会是因为启动时加载的程序过多令电脑不堪重负了呢？该电脑配置的 128MB 内存刚刚达到 Windows XP 的最低内存要求，而且该机没有独立的显卡，主板集成的显卡本身要消耗掉部分内存，外加启动时自动加载很多软件，电脑很可能会罢工。于是运行“Msconfig”，把启动项内的所有项目去掉，运行一切正常。

30 开机显示器不亮，主机报警不断如何处理

故障现象：

电脑开机时显示器不亮，主机报警不断。

故障分析与处理：

该电脑超限使用已经近三年了，有时开机报警不能启动，经多次拔插内存后可正常开机使用。而这次反复拔插内存和其他板卡再也无济于事。

这是一块有两个 SDRAM 内存插槽（其中的一个 SDRAM 内存插槽早在一年半前已经损坏）的主板，检查连线正常。机箱内部基本上看不到灰尘，排除了灰尘造成故障的可能。拔下声卡、网卡、内置 Modem，卸下硬盘、光驱电源线，只留下显卡和内存，用“最少硬件配置系统法”测试机器，经多次拔插显卡和内存，机器总是报警，无法点亮。

在太阳光下仔细观察主板，发现 SDRAM 内存插槽一端第 5 线一侧的内存金手指接触点（金属丝）下端略略向内缩了一点进去，而上端微微向上突起，估计问题就出在这里。

于是将插槽内的金手指接触丝挤进它所在缝隙中，然后将这片问题主板装上 CPU、板卡和连线，插上内存，开机顺利进入 Windows98，故障排除。

31 内存引起的集成显卡故障该怎样排除

故障现象：

在电脑城购得一块二手主板，该主板采用 SiS 530 芯片组，集成有 AGP 8MB（分享主内存）显卡，还板载 CMI8338 声卡。

想将一台 486 机器升级。于是拆开该机机箱，把原来的部件全拆下，再把买来的 CPU、主板、硬盘、光驱等安装好，将内存条插在最靠近 CPU 的那一条插槽上。装好后开机，只见风扇转，别的什么动静也没有。

故障分析与处理：

采用最小系统法，只剩主板、CPU、内存（显卡已集成在主板上了）。再开机，一切依旧，显示屏一片黑暗。又采用替换法，换上 486 机器的显卡，开机，有显示了，进入 BIOS 设置程序里查看，没发现什么问题。拆下该显卡再开机，屏幕仍是一片黑暗。

忽然想起集成显卡要共享主内存，要求内存条要插在第一条插槽才能检测到内存并分享。于是将内存条插入第一条插槽，开机，屏幕上闪现出了熟悉的开机画面，故障排除。

提 示

芯片组集成的显卡，如果分享主内存的话，往往要求第一条插槽必须插有内存条。

32 登录系统即弹出警告是什么原因

故障现象：

一台 Dell 4400 的原装机（使用 Intel 主板芯片组，操作系统为 Windows XP Pro SP1），在登录到系统时即弹出页面文件太小或不存在的警告信息，不能运行任何程序。

故障分析与处理：

查看“虚拟内存”的大小，发现它的值在任何分区均没有设置；设置好后重新启动电脑，它的值仍然为“0”。打开注册表编辑器，定位到“HKEY_LOCAL_MACHINE\SYSTEM\CurrentControlSet\Control\SessionManager\Memory Management”子键，找到“PagingFiles”键值，发现它的值正是刚设置好的，只是没有起作用。同时，在任何分区中均没有找到“pagefile. sys”文件（已修改“文件夹”的相关参数，可以查看系统文件和隐藏文件）。

在系统分区中有足够的自由空间，各分区的“安全”属性均没有修改，为什么也会导致不能设置虚拟内存呢？仔细检查发现本台电脑上安装有 Intel 的“Application Accelerator”应用程序，而且它的版本比较低，为 2.1。

经过查看 Intel 公司的网页后，发现低版本的“Application Accelerator”可能会导致磁盘存取问题。于是，卸载掉低版本的“Application Accelerator”，下载并安装最新版本的该程序，重新启动电脑后一切正常。

33 内存插在第一内存槽上电脑不能启动是什么原因

故障现象：

新买的 128MB 内存条，使用后开机有时电脑不能启动。主板上共有三根内存插槽，原来的内存是插在第二根内存插槽上的，于是就将新买的内存条插在第一根内存插槽上。这条内存原来在电脑上测试过，肯定是可以用的。

故障分析与处理：

因为主板上的第一条内存与系统启动有一定关系，因此对内存的使用很严格。因此，能使用的内存条不一定能用来启动。测试时可能使用的是第三个插槽，而这次使用的是第一个内存条槽。

把新的内存条插在第三个内存槽上即可，或更换内存条。

34 内存插在第二内存插槽导致开机花屏怎么办

故障现象：

刚组装的电脑，128MB SDRAM 内存插在第一个内存槽上正常，插在第二个内存槽时开机花屏。

故障分析与处理：

这是比较常见的故障。还有一种情况，如果在两个槽上都插有内存时就能正常开机显示。第一个内存插槽的稳定性比后面的内存槽更好。因此，如果出现这样的问题，请把内存条插在第一个内存槽上就可解决问题。

35 主板不能识别内存条是什么原因

故障现象：

一根华硕 128MB 内存条，开机后不能被主板识别。

故障分析与处理：

使用替换法检查，在其他主板上也是如此，根据经验来看不是内存芯片就是引脚有问题。于是找来万用表进行测量（此条共有 16 颗芯片）。

检测时应先画一张内存条的图形，给每颗芯片编上号，并标好引脚数。这样在用万能表测量时，就可边测边记录，不会弄混。先将各芯片都通的引脚测出并记好，再测基板上各脚与芯片各脚的对应。当测到基板上第 23 脚时，发现和对应的芯片为断路。再三测量，确实不通。于是搬出电烙铁，小心翼翼地焊上即可。

36 内存芯片损坏怎么办

故障现象：

一根 4MB×16 片的 64MB 杂牌 PC-133 内存条，可以上 145MHz 的外频。自检为 65536KB，进入 Windows 98 时自检通过，在运行大型程序时死机。

故障分析与处理：

估计内存条上某一个内存芯片有坏点。用 Windows 98 的“himem.sys”和“Dos 6.22”的“himem.sys”检测内存报错，错误地址一致为“02E103E0”。多次启动机器后，出现每次自检容量发生变化的现象。而且只要自检不是 64MB，Windows 98 启动就会失败，系统报告“保护错误”。至此，基本可以认定是内存条损坏。

送专业维修处维修或更换内存条即可。

37 新电脑频繁出现错误，甚至死机怎么办

故障现象：

电脑购买几个星期后，系统就不时地出现错误、蓝屏、甚至死机。

故障分析与处理：

电脑在刚开始使用时，偶尔就有蓝屏、非法操作、甚至死机情况出现，一开始以为是操作系统不稳定，但几天使用下来，情况却越来越严重，系统出错频繁，意识到问题的严重性，就用杀毒软件将硬盘彻底地清查了一遍，却没有发现病毒；打开“设备管理器”，并没有发现什么硬件冲突，驱动程序也没有问题。又打开注册表查看是否错误地删除了一些与系统有关的文件，结果还是一无所获。只好格式化 C 盘，重新安装 Windows。可是这一办法也无

收效，由此猜测可能是硬件问题。经检查，死机的原因既不是由于 CPU 温度过高，也不是电源供电不足等因素。最后，突然想到内存，经替换测试，故障排除。

38 为什么超频正常使用一年后，系统变得不稳定

故障现象：

一台电脑配置为 PIII 550MHz CPU（超频到 731MHz）、SiS630 主板、Hynix 192MB（128MB+64MB）SDRAM 内存。使用一年多后系统变得不稳定，经常在开机进入 Windows 后出现注册表错误，提示需要恢复注册表。

故障分析与处理：

刚开始时以为是操作系统不稳定，于是格式化硬盘。重装后问题也没有得到彻底解决，甚至变得更严重，有时甚至出现“Windows Protection Error”错误提示。由于 CPU 一直在超频状态下运行，初步怀疑故障源于 CPU，把 CPU 降频后注册表出错的频率明显降低，更换了 CPU 后，故障现象并没有消失，依然不时出现。为彻底排除故障，使用替换法进行测试，最终发现罪魁祸首是那条 64MB 的内存条。该电脑长期在超频状态下运行，CPU 和内存的时钟频率均为 133MHz。那条 64MB 的内存条采用的是 HY-7K 的芯片，做工也较差，长期在 133MHz 外频下运行不堪重负，导致注册表频频出错。一些做工较差、参数较低的内存条也许可以在一段时间内超频工作，但长此下去往往会出现问题，引发系统故障，这是我们应该注意的问题。

39 电脑升级后，开机就出现注册表错误怎么解决

故障现象：

一台电脑升级后，开机时总要显示注册表有错误，要求重新启动由系统自动修复。有时重新启动系统可以修复，有时需要多次重新启动系统才能修复注册表，直到后来无法修复。但若对系统的提示不予理睬，电脑还是可以正常工作。该电脑升级前工作正常，从未出现这种错误提示，升级后便出现了这种情况。其实升级也只是增加了内存条和更换了容量更大的硬盘。升级以后的电脑配置仍然较低，基本配置为：赛扬 II 800MHz CPU，内存为（64+128）MB、硬盘为希捷 30GB。

故障分析与处理：

由于电脑总是显示注册表有错误，且系统无法自动修复，首先想到的当然是调出注册表与其他正常电脑中的注册表比较，比较后发现没有多少差别，便怀疑操作系统受到病毒攻击，破坏了系统的修复功能。先杀毒，杀毒中没有任何染毒迹象显示。再重新安装操作系统，当安装到一半时，系统无法进行下去，只得退出安装环境，故障依旧。

从 DOS 开始重新安装整个系统软件。DOS 系统安装完后重新开机时，正常情况下，系统配置文件“config.sys”要将“himem.sys”和“emm386.exe”调入系统，完成对扩展内存或扩充内存的管理工作。但该系统显示“himem.sys”和“emm386.exe”无法管理扩展内存，并说明在扩展内存的某处地址有错误。

看来是内存条出现了问题，于是更换该内存条，DOS 系统顺利通过，Windows 98 系统也能顺利安装，整个系统恢复正常工作。

40 玩游戏时系统提示“内存不足”如何处理

故障现象：

毒龙 750 处理器，128MB 内存，在玩某些游戏时，常出现“内存不足”的提示且不能进入游戏，但在同型号的电脑上玩相同游戏时，却无此现象。

故障分析与处理：

系统提示“内存不足”，并不一定是安装的物理内存不足，如果我们的电脑已经有16MB 内存，那么玩一般的游戏都是应该不成问题的。至于出现“内存不足”的提示，主要是由于内存设置不当而造成的。

内存储器可以分为基本内存、上位内存、高区端内存、扩展内存、扩充内存多种，它们的划分是由用户自行设置的，具体说是在“config.sys”文件中，通过在“himem.sys”和“emm386.exe”两个命令行中选择不同的参数来设置的。所以物理内存相同，并不等于设置的各种内存区域相等。而各种游戏软件对各类内存的要求并不相同，在内存设置不当时，可能有些游戏就无法进行，而出现所谓的“内存不足”现象。

只需重新设置内存即可解决。

41 系统总是提示“内存不足”怎么办

故障现象：

P Ⅲ 733MHz CPU，现代 128MB 内存，希捷酷鱼 II 20GB 硬盘。电脑运行一直正常，但没多久发现在使用 Winamp 播放 MP3 后，就无法再进入 Word，给出的提示是：“内存不足，不能运行该程序”。此时也不能打开其他窗口，给出的提示也是：“内存不足，不能打开该窗口”。

故障分析与处理：

❶ 开机自检，显示内存为 128MB，用 MEM 检查内存容量为 128MB，说明物理内存没有问题。

❷ 用“sysedit”检查“win.ini”文件，没有设置“Load”和“Run”项，说明启动系统时没有加载应用程序，因而也没有占用内存资源，检查“config.sys”和“autoexec.bat”文件也无错误。

❸ 用多种杀毒工具检查内存和硬盘，均未发现病毒。

❹ 依次打开“控制面板”→“系统”，检查系统资源使用情况，发现系统启动后可用资源为 90%，在打开 Winamp 之后，可用资源为 86%。但此时仍不能进入 Word，说明并非由于系统资源占用过多而不能工作。

❺ 如果启动系统之后先进入 Word 可以正常工作。但此时再打开 Winamp 就会出现提示“内存不足，不能运行该程序”，此时也不能打开其他窗口。说明故障现象与应用程序和打开的窗口无关。

❻ 经检查，该硬盘分为 C，D，E，F，G 5 个逻辑盘，C 盘容量为 2GB，但是已经几乎装满，剩下的可用空间不到 60MB。

从 C 盘中移动几个应用程序到 D 盘下，此时 C 盘的可用空间增加为 123MB。再打开多个窗口并进入 Winamp 和 Word，均能够正常工作，故障排除。

42 电脑自检之后显示的内存值比实际内存值大是什么原因

故障现象：

电脑自检之后显示的内存值比实际内存

值大。

故障分析与处理：

因为开机时所显示的内存，其单位是 KB（千字节，而一般我们称内存条为 16，32，64，128，256MB 是以百万字节为单位，在十进制中，若要将 1 000 换算成 1 000 000，只要乘以 1 000 就可以了；而在十六进制中，字节组是以 1 024 进行换算的）。例如 64MB 的内存，在开机时应该会显示为 65 536KB，如果将这个数值除以 1 024 就是 64MB 了。

43 开机提示“Error:Unable to ControLA20 Line”，怎么回事

故障现象：

一台电脑在开机时屏幕显示“Error:Unable to ControLA20 Line”出错信息，然后就死机。

故障分析与处理：

这是内存条与主板插槽接触不良、内存控制器出现故障的表现，仔细检查内存条是否与插槽保持良好接触或更换内存条即可。

44 为什么电脑会间断性死机

故障现象：

给一台电脑更换风扇后常常使用一段时就死机，且每次死机的时间长短不一，格式化并重新安装系统后故障依旧。

故障分析与处理：

由于格式化并重新安装了系统，所以不应该是软件引起的故障，怀疑是某个硬件松动引起。于是打开机箱重新拔插各板块后再启动，故障仍然存在。由于电脑换过一个 CPU 风扇，故障也是在更换风扇后出现的，再仔细查看，发现风扇离内存条太近，于是将内存条重新插在离风扇较远的插槽后再开机测试，故障现象消失。

知识加油站

1. 什么是内存?

什么是内存呢？在计算机的组成结构中，有一个很重要的部分，就是存储器。存储器是用来存储程序和数据的部件，对于计算机来说，有了存储器，才有记忆功能，才能保证正常工作。存储器的种类很多，按其用途可分为主存储器和辅助存储器，主存储器又称内存储器（简称内存），辅助存储器又称外存储器（简称外存）。外存通常是磁性介质或光盘，像硬盘、软盘、磁带、CD等，能长期保存信息，并且不依赖于电来保存信息，但是由机械部件带动，速度与CPU相比就显得慢得多。内存指的就是主板上的存储部件，是CPU直接与之沟通，并用其存储数据的部件，存放当前正在使用的（即执行中）的数据和程序，它的物理实质就是一组或多组具备数据输入输出和数据存储功能的集成电路，内存只用于暂时存放程序和数据，一旦关闭电源或发生断电，其中的程序和数据就会丢失。

既然内存是用来存放当前正在使用的（即执行中）的数据和程序，那么它是怎么工作的呢？我们平常所提到的计算机的内存指的是动态内存（即DRAM），动态内存中所谓的"动态"，指的是当我们将数据写入DRAM后，经过一段时间，数据会丢失，因此需要一个额外设电路进行内存刷新操作。具体的工作过程是这样的：一个DRAM的存储单元存储的是0还是1取决于电容是否有电荷，有电荷代表1，无电荷代表0。但时间一长，代表1的电容会放电，代表0的电容会吸收电荷，这就是数据丢失的原因；刷新操作定期对电容进行检查，若电量大于满电量的1／2，则认为其代表1，并把电容充满电；若电量小于1／2，则认为其代表0，并把电容放电，借此来保持数据的连续性。

2. 什么是双通道内存技术?

双通道内存技术其实是一种内存控制和管理技术，它依赖于芯片组的内存控制器发生作用，在理论上能够使两条同等规格内存所提供的带宽增长一倍。双通道并不是什么新技术，早就被应用于服务器和工作站系统中了，只是为了解决台式机日益窘迫的内存带宽瓶颈问题它才走到了台式机主板技术的前台。

双通道内存技术是解决CPU总线带宽与内存带宽的矛盾的低价、高性能的方案。现在CPU的FSB（前端总线频率）越来越高，在单通道内存模式下，DDR内存无法提供CPU所需要的数据带宽从而成为系统的性能瓶颈。而在双通道内存模式下，双通道DDR 266/DDR 333/DDR 400所能提供的内存带宽分别是4.2GB/s，5.4GB/s和6.4GB/s，在这里可以看到，双通道DDR 400内存刚好可以满足800MHz FSB Pentium Ⅳ处理器的带宽需求。而对AMD Athlon XP平台而言，其处理器与北桥芯片的数据传输技术采用DDR（Double Data Rate，双倍数据传输）技术，FSB 是外频的两倍，其对内存带宽的需求远远低于英特尔 Pentium Ⅳ 平台，其 FSB 分别为 266/333/400MHz，总线带宽分别是 2.1GB/s，2.7GB/s 和 3.2GB/s，使用单通道的 DDR 266/DDR 333/DDR 400 就能满足其带宽需求，所以在 AMD K7 平台上使用双通道 DDR 内存技术，可说是收效不多，性能提高并不如英特尔平台那样明显，对性能影响最明显的还是采用集成显示芯片的整合型主板。

普通的单通道内存系统具有一个 64 位的内存控制器，而双通道内存系统则有两个 64 位的内存控制器，在双通道模式下具有 128 位的内存位宽，从而在理论上把内存带宽提高一倍。虽然双 64 位内存体系所提供的带宽等同于一个 128 位内存体系所提供的带宽，但是两者所达到的效果却是不同的。双通道体系包含了两个独立的、具备互补性的智能内存控制器，理论上来说，两个内存控制器都能够在彼此间零延迟的情况下同时运作。比如说两个内存控制器，一个为 A、另一个为 B。当控制器 B 准备进行下一次存取内存的时候，控制器 A 就在读/写主内存；反之，亦然。两个内存控制器的这种互补“天性”可以让等待时间缩减 50%。双通道 DDR 的两个内存控制器在功能上是完全一样的，并且两个控制器的时序参数都是可以单独编程设定的。这样的灵活性可以让用户使用两根不同构造、容量、速度的 DIMM 内存条，此时把双通道 DDR 简单地调整到最低的内存标准来实现 128 位带宽，允许不同密度/等待时间特性的 DIMM 内存条可以可靠地共同运作。

第 7 章　板卡常见故障

- 使用过程中画面停止并死机，是什么原因
- 屏幕出现杂点或图案是怎么回事
- 运行过程中出现花屏是什么原因
- 显示器边缘有两条垂直黑带如何处理
- 为什么声卡不支持个别软件所带的音效
- 重装 Windows 后没有声音如何处理
- Windows 下声卡无法工作，怎么排除故障
- 为什么 MIDI 输出无法工作在 4 音箱模式下

7.1 显卡常见故障

显卡影响到计算机显示的效果，如不能设置分辨率、颜色显示不正常、显示屏出现小斑点等。还有显卡与显示器不匹配、显卡显存等问题。下面就一一讲解。

1 为什么开机后屏幕无显示

故障现象：

电脑开机无显示。

故障分析与处理：

此类故障一般是因为显卡与主板接触不良或主板显卡插槽有问题造成的。对于一些集成显卡的主板，如果显存共用主内存，则需注意内存条的位置，一般在第一个内存条插槽上应插有内存条。由于显卡原因造成的开机无显示故障，开机后一般会发出一长两短的蜂鸣声（对于 AWARD BIOS 显卡而言）。

2 显示屏出现小斑点是什么原因

故障现象：

显示器平时使用正常，但在上网时只要用鼠标拖动滚动条上下移动时就会出现严重的花屏（屏幕上出现很多小斑点），以致影响使用。

故障分析与处理：

这种花屏的原因很可能是显卡所带的显存有问题。可以尝试降低显卡的工作性能，看问题能否解决，如果不行就只有更换显卡了。

3 显示花屏，看不清字迹怎么办

故障现象：

显示器花屏，看不清屏幕上的字迹。

故障分析与处理：

此类故障一般是由于显示器或显卡不支持高分辨率造成的。花屏时可切换启动模式到安全模式，然后再在 Windows 98 下进入显示设置，在 16 色状态下选择“应用”、“确定”按钮。重新启动，在 Windows 98 系统正常模式下删掉显卡驱动程序，重新启动电脑即可。也可不进入安全模式，在纯 DOS 环境下，编辑“system.ini”文件，将“display.drv=pnp drver”改为“display.drv=vga.drv”后，存盘退出，再在 Windows 里更新驱动程序即可解决。

4 为什么颜色显示不正常

故障现象：

显示器屏幕上的颜色显示不正常。

故障分析与处理：

此类故障一般有以下原因。

- ❖ 显卡与显示器信号线接触不良。
- ❖ 显示器自身故障。

❖ 在某些软件里运行时颜色不正常，一般常见于老式机，在BIOS里有一项校验颜色的选项，将其开启即可。

❖ 显卡损坏。

❖ 显示器被磁化，此类现象一般是由于电脑与有磁性的物体过分接近所致，磁化后还可能会引起显示画面出现偏转的现象。

5 使用过程中画面停止并死机，是什么原因

故障现象：

电脑在使用过程中画面停止并死机。

故障分析与处理：

出现此类故障一般多见于主板与显卡的不兼容或主板与显卡接触不良；显卡与其他扩展卡不兼容也会造成死机。

6 屏幕出现杂点或图案是怎么回事

故障现象：

显示器屏幕上出现异常杂点或图案。

故障分析与处理：

此类故障一般是由于显卡的显存出现问题或显卡与主板接触不良造成。需清洁显卡金手指部位或更换显卡。

7 显卡驱动程序丢失该怎样处理

故障现象：

显卡驱动程序载入，运行一段时间后驱动程序自动丢失。

故障分析与处理：

此类故障一般是由于显卡质量不佳或显卡与主板不兼容，使得显卡温度太高，从而导致系统运行不稳定或出现死机，此时只有更换显卡。

此外，还有一类特殊情况，以前能载入显卡驱动程序，但在显卡驱动程序载入后，进入Windows时出现死机。可更换其他型号的显卡在载入其驱动程序后，插入旧显卡予以解决。如若还不能解决此类故障，则说明注册表故障，对注册表进行恢复或重新安装操作系统即可。

8 开机后无信号黑屏怎么办

故障现象：

一台电脑使用一年来，一直正常工作，但最近以来，电脑出现黑屏故障。开机后，系统自检正常，小喇叭不报警。但屏幕上显示“No Signals”。

故障分析与处理：

据此，初步判断是显卡有问题。将显卡卸下后，发现显卡上沾满了灰尘，先用刷子把显卡刷干净，再用橡皮擦拭显卡的金手指。然后插上显卡，开机，正常进入系统。

这种问题，一般是由于时间长了，显卡的金手指部分因氧化而与插槽接触不良所引起的。它的特征是系统自检正常，小喇叭不报警，显示器黑屏（比较老的显示器）或显示“No Signals”（比较新的显示器）。处理这种故障的方法是检查显卡是否接触不良或插槽内是否有异物影响接触。

9 运行过程中出现花屏是什么原因

故障现象：

电脑在运行过程中出现显示器花屏。

故障分析与处理：

这个问题较多是由显卡所引起的。如果是新换的显卡，则可能是显卡的质量不好或不兼容，再有就是还没有安装正确的驱动程序。如果是旧显卡而加了显存的话，则有可能是新加进的显存和原来的显存型号参数不一致。

重新安装显卡的驱动程序，如果问题还是不能解决，就只能换购其他的显卡了。

10 显示器边缘有两条垂直黑带如何处理

故障现象：

显示器边缘有两条垂直黑带。

故障分析与处理：

这种现象多发生在较为早期的电脑上，这是由于显卡的显存不够所致。较早的电脑显卡的显存只有 1MB，如果将分辨率设得太高，则会出现上述现象。

要解决此问题，可在显卡上加装显存，这类显卡上一般都会留有加装显存用的插座。

11 为什么不能设置分辨率

故障现象：

显示器不能设置真彩色和增强色（颜色质量下拉框中无此选项），像素只能设置为 640×480。有时开机只有 16 色，要求重新启动，重启之后就变成 256 色了。

故障分析与处理：

请重新安装显卡的驱动程序，检查软件冲突，重新设置显示器的类型。特别检查新安装的软件，可能有软件对分辨率或颜色数产生干扰，修改分辨率或颜色数后，执行一下软件，查看分辨率和颜色数，直到发现冲突软件。

知识加油站

什么是 Sli 技术?

在一块主板上插两块同样的显卡，视频信息被一分为二分别交给两块显卡处理，处理完后再合并在一起输出，这样视频处理速度就会大大增加了。这种多显卡并行处理技术，NVIDIA 叫做 Sli，ATi 叫做 CrossFire（交叉火力）。

SLI（Scalable Link Interface 即交换扫描模式）允许多个图形芯片同时工作而获得更高的性能。SLI 技术就是将两张搭载 NVIDIA 绘图芯片的显卡同时插入主板 PCI-EX16 的两个插槽，然后用一张 SLI 连接卡连接起来，这种连接卡在两张显卡之间传输数字信号，显卡处理完的帧数据被集合起来处理，然后作为一个整体信号被输出。为了保证两张显卡的任务分工和协同工作，NVIDIA 将 SLI 控制功能直接集成在 GPU 芯片内部，那么芯片就负责显卡的连接和协同工作，它将任务分派给两块显卡渲染处理，然后将处理结果收集起来，经过自己的运算和重新合成，输出完整高效的图形画面。

当然，两块显卡并不是同等工作，其中一块显卡作为主卡，另一款作为副卡，其中副卡只是接收来自主卡的任务进行相关处理，然后将结果传送回主卡，两块显卡都是通过 PCI-E 接口与主板相连接，而这两块显卡之间还要有一个通信的 PCB 卡（即 SLi 桥接卡）。也就是说，被处理的数据来源是通过 PCI-E 插槽从主板获得，而处理过的数据是通过连接卡来进行传输的。

当两个图形显卡通过一个外置的桥式连接器连通后，驱动程序能自动识别该配置并进入"SLI Multi-GPU"模式。在"SLI Multi-GPU"模式下，驱动程序将两个显卡配置为一个独立的设备，也就是说，所有的图形处理程序将这两个图形芯片视为一个独立的逻辑设备。NVIDIA 的驱动程序在维持着色中的对称上扮演了一个重要的角色，它考虑工作量并作出两个关键决定：（1）决定着色方法；（2）根据着色方法，决定两个 GPU 之间的工作量分担。

NVIDIA 支持两个主要的着色方法：Alternate Frame Rendering（帧渲染器模式，AFR）和 Split Frame Rendering（分割帧渲染器模式，SFR）。就像名字揭示的那样，AFR 让每个 GPU 对隔开的帧着色（举例来说，GPU 1 着色所有的奇数帧，而 GPU 2 着色所有的偶数帧），只要每个都是独立帧，AFR 效率最高，这是因为包括逐顶点、光栅化和逐像素在内所有的渲染都要在图形之间平均分割。我们经常看到的 3Dmark03 就是运行在 AFR 模式中，最高有 87％的性能提升。而 SFR 是把一个单帧的着色分配到两个 GPU 当中。NVIDIA 的驱动程序平时并不确定使用 AFR 还是 SFR，NVIDIA 的软件工程师配置了 100 个流行游戏中的大多数并为每一个创建了配置文件，决定在每个游戏中它们默认应该使用 AFR 还是 SFR 模式。只要帧之间没有依赖关系，NVIDIA 的驱动程序就默认为 AFR。

7.2 声卡常见故障

声卡是决定计算机声音的设备，其故障出现也是各种各样。目前有主板集成的声卡。若对声音有较高要求，还是选择独立声卡较好。下面介绍一些声卡常见的故障。

1 声卡没声音如何排除故障

故障现象：

声卡安装过程一切正常，设备都能正常识别，也没有插错槽，但却无法发出任何声音。

故障分析与处理：

这就要从以下几个方面来解除故障：

（1）声卡与音箱的连线是否已经正确连接。

（2）音频连接线有无损坏，是否完好。

（3）Windows 音量控制中的各项声音通道是否被设置成为静音模式。

如果上面的情况都很正常，依然没有声音，那么可以试着更换较新版本的驱动程序试试。如果还不行则可把声卡插到其他的机器上进行试验，以确认声卡是否是硬件本身的损坏故障。

驱动程序的质量对于声卡的安装难易程度也有很大影响，而且 Windows 9x/2000 有自动检测即插即用设备并自动安装驱动程序的特性。如果安装的这个驱动程序偏偏不能正常使用，这就麻烦了。以后，每次删掉设备重新启动后，Windows 都会自动匹配原来的驱动程序，并且不能用“添加新硬件”的方法解决。此时我们可以进入 Windows 9x\Inf\Other 目录，把与声卡相关的 INF 文件统统删掉，再重新启动后用手动安装。

2 是什么原因导致播放 MIDI 无声

故障现象：

声卡在播放 WAV、玩游戏时非常正常，但就是无法播放 MIDI 文件。

故障分析与处理：

在一些旧的 ISA 声卡 WAV 和 MIDI 的驱动是分开安装的，重新安装声卡，看显示兼容设备里有没有 MIDI 的驱动选项，如有安装，一般问题会解决。早期的 ISA 声卡可能是由于 16bit 模式与 32bit 模式不兼容造成 MIDI 播放的不正常。如今流行的 PCI 声卡大多采用波表合成技术，如果 MIDI 部分不能放音则很可能因为没有加载适当的波表音色库。

3 为什么声卡不支持个别软件所带的音效

故障现象：

声卡不支持某些软件所带的音效。

故障分析与处理：

如果在 Windows 9x 下运行 DOS 程序，则很可能出现这种问题。原因在于系统可能没有引导该声卡在 DOS 下工作的驱动程序。最简单的方法自然是安装该声卡在DOS下工作的驱动程序。确认Autoexec.bat文件里是否有该驱动程序。如果是高档PCI声卡，则主板必须支持SB-LINK接口技术，才能支持DOS程序的音效。

另外一种可能性是该软件支持的声卡和你的声卡不兼容所致。以轻轻松松背单词（BDC）为例，在排除上述可能性之后，运行BDC自带的Sound.exe，改变发声方案（如使用声卡自带的.WAV播放器）就可解决问题。

4 为何声卡不能正常使用四声道

故障现象：

现在市面上的很多声卡都号称支持四声道，但使用中有时不正常，如SB PCI64和SB PCI128。具体表现为在玩游戏时四个音箱可以同时发音，但在听MP3或是CD时，却只有前面的两个音箱有声音。

故障分析与处理：

其中的主要原因是因为这类声卡的四声道需要DS3D支持。在DS3D环境下可以正常使用，而到了非DS3D环境下只有立体声输出。也就是说，这类声卡的四声道不是真正的四声道，而仅仅是通过软件模拟的。

5 开机后为什么一直有爆音

故障现象：

电脑开机以后，一直有爆音出现。

故障分析与处理：

这种情况，一是声卡与音箱未连接好；二是超频所致(一些杂牌声卡经常有这种情况)；三是声卡有硬件问题。

6 为什么声卡也会引起死机

故障现象：在未装Windows 9x时声卡工作正常，而安装了Windows 9x后就死机。

故障分析与处理：

这主要是Windows 9x将主板BIOS中有关声卡的IRQ和DMA设置内容进行了修改，而当修改后的IRQ或DMA与系统冲突时，就会出现上述故障。这时只要用声卡驱动程序组内自带的有关程序，修改BIOS的相关内容即可解决。

7 怎样消除音箱的啸声

故障现象：

打开多媒体电脑音箱电源后，音箱即传来刺耳的啸叫声。

故障分析与处理：

这种情况多半由三种原因引起：一是声卡问题。二是音箱本身有毛病，这两种原因可通过将声卡、音箱分别换到别的电脑上观察其使用效果来判定。如出现故障，即时维修或更换即可。第三类原因较复杂，现介绍如下：

1. 连线干扰

声卡和音箱间的连线未使用屏蔽线，或屏蔽线未良好接地，都可能引起啸叫声。尤其在连线较长时，由连线感应带来的外界电磁波会导致高频啸叫。

2. 板卡的电磁辐射

电脑内的板卡，尤其是带有连接电视机射频信号输出的显示卡，其电磁辐射会带来高频干扰。这时可将声卡安放在远离显示卡的插槽中以减小啸叫声，或在两卡间加一接地金属板，或更换显示卡。

3．电源滤波不良

电脑电源中有 48kHz 左右的高频振荡信号，如果电源的高频滤波不良，会对声卡的正常工作造成影响。这时可在声卡的电源滤波电解电容（最大的一只电容）两端并联一只 1 000pF 的电容来解决问题。

如果不是以上原因，可在声卡输出端，左右声道对地各连接一只 1 000pF 左右的电容来减小啸叫声。

8 重装 Windows 后没有声音如何处理

故障现象：

机器发生故障，重装 Windows 后，无声音，打开“系统”→“设备管理”→“声音视频和游戏控制器”，其中有 3 个选项“MPU-401COMPATIBLE”，“YAMAHA”，“OPL3 SAX SOUND SYSTEM”，第 3 项前有一黄色惊叹号。删除刷新后，右下角出现喇叭图标，有了声音，但关机后重新启动又无喇叭图标，无声音，之后，每次开机都要删除刷新后才有声音。

故障分析与处理：

估计是重装 Windows 之后没有安装声卡的驱动程序，或者安装不正确。当驱动程序安装不当或发生资源冲突时都会给出黄色惊叹号警告。

一般应该采用该声卡的驱动程序，并检查 IRQ、DAM 和 IO 地址有无冲突。

9 播放 CD 时无声是怎么回事

故障现象：

一台多媒体电脑，放 VCD 正常，而放 CD 无声，是什么原因？

故障分析与处理：

放 VCD 有声，说明声音系统（声卡、音箱）的工作都是正常的。播放 CD 无声的原因是 CD-ROM 与声卡之间的音频信号连接线有故障。

（1）可能是连接线接触不良，这时只要重新保持良好信号即可。

（2）可能是音频信号连接线本身有断路，可换一根连接线试一试。

（3）可能是音频信号连接线在声卡上插入的插座有误，因为有的声卡对于不同的光驱，要求插入不同的插座，因此可以对照说明书重新选择插座。

10 Windows 下声卡无法工作，怎么排除故障

故障现象：

重新安装 Windows 后，原先正常工作的声卡无法发声。

故障分析与处理：

因为原来声卡工作正常，故基本可排除硬件故障可能。查看 Windows 下的“系统信息”，发现声卡类型被正常识别，其占用的 DMA1 和 7、IRQ9 和起始 I/O 地址 240 与其他设备均无冲突，且所有的硬件设备均显示工作正常。起先怀疑微软的驱动程序有问题，于是安装声卡自带的驱动程序，但故障依旧。

在 Windows 的 DOS 下安装游戏，安装过程中发现程序自动检测到声卡占用的系统资源为 DMA：1，I/O：240，IRQ：2，也无法通过“Test Sound”选项。尝试手动修改声卡在该游戏下的中断号，发现可以选择的中断号只有 2，5，7，10 几个。于是怀疑重点落在了 Windows 为声卡分配的中断号上。

在 Windows 98 下用手动方式将声卡的中断号强制改为“7”，随后单击系统的“Restart”，故障排除。

> **提 示**
>
> 即插即用绝非万能，即使每个硬件占用的系统资源看上去都没有毛病，也不能排除它们协同工作时不协调的可能。

11 声卡不发声怎么处理

故障现象：

音箱不发声，但将耳机或音箱直接插入光驱面板上的耳机插孔，音箱发声正常。

故障分析与处理：

根据上述现象可以判断问题可能出在声音信号传送上。

打开机箱发现光驱与声卡相连接的音频线连接错误，根据光驱的型号，参照说明书重新插接，还是不发声；经过仔细分析，又发现有一组 JP 跳线与说明标注的不同，重新开机试验，故障排除。

12 麦克风失效怎么办

故障现象：

在 Windows 98 中使用网络电话时麦克风失效但播放正常，重新装过声卡驱动和 Windows 98 后故障依旧。本声卡在其他机器上测试正常。

故障分析与处理：

请双击任务栏上的小喇叭标志，检查“属性”→“高级”中的 Microphone 前是否有对钩，如有是否被静音。缺省时，麦克风将不被选中。

打开 Microphone，故障排除。

13 声音怎么会出现间断现象

故障现象：

开机 Windows 启动时的声音间断现象出现，单独播放 MP3 等音乐时没有间断现象，如果进行硬盘操作时，马上又出现声音间断现象，硬盘操作结束后，声音又恢复正常。

故障分析与处理：

现在使用 Intel 芯片的微机，都使用了两个中断控制器，第一个中断控制器的值从 0～7，共 8 个中断，第二个中断控制器的值从 8～15，也是 8 个中断，两个中断控制器采用串联的方式，第二个中断控制串联在第一个中断控制器的原中断 2 的引脚上，所以第二个中断控制器的优先级就继承了中断 2 的中断优先级，原来硬盘的 IRQ 值为 14，硬件中断 5 和 7 的中断优先级要比 14 的中断优先级低，平时大家都知道，中断值越低，中断优先级就越高，那只是针对同一个中断控制器而言。现在的优先级排队为：0，1，8，9，10，11，12，13，14，15，3，4，5，6，7，其中中断 5 和中断 7 排在倒数第三和倒数第一位，所以一旦有硬盘操作，它先响应的是硬盘操作，声音自然就出现间断现象。

现在的问题就在于一有硬盘操作，声音就间断，打开“控制面板”，看声卡的硬件属性，声卡的 IRQ 值为 5，将值调为 10 或 11 时，故障排除。

14 声卡驱动程序安装失败后如何处理

故障现象：

在各种操作系统下声卡安装都不正常，而声卡在别的电脑上安装正常。

故障分析与处理：

首先应检查计算机是否染上了病毒，用最新的杀毒软件查一查，在排除了病毒影响的因素后，主要考虑 CMOS 设置不当和各硬件之间的冲突问题，应该再仔细查看一下 CMOS 中各项设置是否合适，着重于 IRQ 和 PnP 的设置。保证所有的 IRQ 设置为“PCI/ISA PnP”，检查是否为显示卡与声卡不兼容的问题，可换一块显示卡试一试，因为它与声卡最易出现资源冲突。如果这样还不成功，那就是主板与声卡间存在着兼容性问题，只能找经销商换卡。

15 提示“Failed to load the wave sets”是什么原因

故障现象：

创新的 Vibro 128 声卡，在启动 Windows 98 时出现“Failed to load the wave sets…”错误信息提示。

故障分析与处理：

该问题可能是由于音色库文件 Eapcl2m.ecw 或 Eapcl4m.ecw 没有安装到 /Window-s/System 目录下出现的。

重新安装和此卡捆绑的音频安装软件，故障排除。

16 提示“Config file is incomplete Product…”是什么原因

故障现象：

创新的 Vibro 128 声卡，在 MS-DOS 模式下执行 Apinit 文件时出现“Config file is incomplete Product…”错误信息提示。

故障分析与处理：

出现这个问题可能是因为音频驱动程序和软件安装不正确以及名为 Sndscape.ini 的初始化文件不完全造成的。

可以利用 Windows Explorer 或 MS-DOS 提示检测 Sndscape 的文件大小。该文件大小的正确值应该是 629B。如果在您的系统中安装的文件只有 171B，这就不正确了，重新安装音频安装软件，故障排除。

17 提示“SNDSCAP environment variable not found”是什么原因

故障现象：

创新的 Vibro 128 声卡，当在 MS-DOS 模式下运行时出现“SNDSCAP environment variable not found”的错误信息提示。

故障分析与处理：

当在 MS-DOS 模式下运行时可能出现该错误提示信息。在 Autoexec.bat 文件中可能没有设置 Sndscape 环境参数。

确保该文件包含如下两个语句：

SET SNDSCAPE=C：\〈DIR〉

DIR 代表 Sndscpe.ini 文件所在的目录

SET Vibro=A220 17 D1 T2

同样确保在设备管理中 Vibro 128 属性页下的“Enable Legacy Emulation”复选框被选中。

也可以试着通过重新安装音频软件和驱动程序来解决此问题。

18 提示“Memory Manager not detected”是什么原因

故障现象：

创新的 Vibro 128 声卡，运行 Apinit 文件时出现“Memory Manager not detected”错误信息提示。

故障分析与处理：

在 MS-DOS 模式下运行 Apinit 时可能出现这个问题。Apinit 需要一个内存管理器，如 EMM386.exe。

确保在 config.sys 文件中有类似下列命令行装载 emm386.exe 文件：

DEVICE=C：\Windows\emm386.exe RAM

19 提示"AudioPCI？DOS driver is not loaded"是什么原因

故障现象：

使用创新的 Vibro 128 声卡，当试图运行 MT32.EXE 文件时，出现了错误信息提示"AudioPCI？DOS driver is not loaded"。

故障分析与处理：

在 MS-DOS 模式下运行 MT32.exe 时可能出现该错误信息提示。这可能是因为该应用程序要求的 DOS 驱动程序 Apinit.com 没有被装载。

确保 Dosstart.bat 文件中有下列语句：

〈您的 Vibro 128 目录〉APINIT.COM

MT32.exe 是 DOS 应用程序，用于将 Vibro 128 的 MPU401-Emulation 从默认的普通 MIDI 转换为 MT32。

20 为什么 MIDI 输出无法工作在 4 音箱模式下

故障现象：

使用创新的 Vibro 128 声卡，当玩"Final Fantasy VIII"游戏时，MIDI 输出似乎无法工作在 4 音箱模式下。

故障分析与处理：

当使用 Vibro 128 声卡和 4 音箱在 4 音箱模式下玩 Final Fantasy VIII游戏时，可能会遇到并非所有音箱都有 MIDI 输出的问题，这是因为 MIDI 回放不支持 4 音箱模式。

转换为 2 音箱模式，MIDI 将工作正常。

21 声卡金手指氧化如何处理

故障现象：

一台电脑在播放 MP3 时把音量调节到最大时无声，把音箱音量旋到最大，仍然无声。而且凡是与"声卡"有关的都没有反映，检查音频线——连接正确。

故障分析与处理：

首先换一个正常的音箱仍没有声音，然后检查系统有关设置，无资源冲突，再将声卡换个插槽，依旧无声音。取下声卡仔细观察，在卡表面的电路元件未见异常，发现卡与插槽接触的"金手指"表面长出铜锈，可能是造成音频信号不能正常输出的原因。用小刀轻轻刮去"金手指"表面的铜锈，然后用无水酒精洗去污垢，重新插上后故障排除。

22 声卡与计算机速度不匹配是怎么回事

故障现象：

一台电脑在升级时没有更换声卡，升级后在使用有关声音的程序时，有时提示"驱动程序未安装"，有时则正常。

故障分析与处理：

出现这种情况是因为升级前使用的声卡工作速度相对较慢，升级后声卡的工作速度跟不上计算机整体运行速度。当启动系统时系统会自动检测硬件并进行一系列的初始化工作。而声卡的速度跟不上时系统就会误认为是驱动程序未安装，因而给出错误信息。

如果不想更换声卡，可在 CMOS 的设置中把计算机设置成"LOW"，这样在启动计算机时就不会因速度不匹配而出现出错提示。

23 声卡驱动兼容性不好怎么办

故障现象：

一块新声卡在 Windows 系统下安装声卡自带驱动程序后，在实际使用中，有时会突然无声。

故障分析与处理：

出现这种情况主要是因为有部分声卡的驱动程序跟一些主板或系统兼容性不太好。可以把该驱动程序删除后让系统重新检测声卡，当系统提示安装驱动程序时，按照提示用 Windows 系统安装盘为声卡安装驱动程序，而不用声卡自带驱动盘的驱动程序。当安装成功后就不会出现上述故障。

24 声卡与显示卡不兼容怎么办

故障现象：

一台配有 MVP3 主板、K6-2/266CPU、Sound- BlastPCI64 声卡的计算机，主频设置为 83MHz，当加装了一款显示卡后，原本正常使用的 PCI 声卡在 Windows 98 系统下不能发声。

故障分析与处理：

出现这种现象可能是由于显示卡与声卡不兼容引起，把主机频率从 83MHz 跳回到 66 MHz，重新安装了声卡的驱动程序，以及更换声卡所使用的 PCI 插槽，故障依旧。再查看“系统”的“设备管理器”，没有无法识别或资源冲突的设备。于是怀疑是因为安装的声卡与显示卡发生了冲突，安装 MVP3 主板所带光盘中的声卡和显示卡 IRQ 冲突的补丁程序后故障消失。

25 声卡为什么不能安装在第 1 根 PCI 插槽

故障现象：

一台电脑的主板带有 5 条 PCI 插槽，将声卡安装在第 1 条插槽时无法安装驱动程序，如果安装在其他插槽就能顺利安装。

故障分析与处理：

如果所用的操作系统为 Windows 98，则可能会出现这种问题。在某些硬件环境中，Windows 98 有可能不能识别安装在第 1 条 PCI 插槽中的声卡。如果声卡没有故障，主板 PCI 插槽也没有故障，就应考虑将声卡插到其他插槽或改用其他操作系统。

26 为何找不到已安装的声卡

故障现象：

一块主板自带声卡近来不能发声，重装声卡后 Windows 仍然不能找到已安装的声卡。

故障分析与处理：

可能板载的声卡在 BIOS 中被禁用了，只需在 BIOS 的“Advanced Chipset Features”设置中将“Onchip Sound”选项由“Disabled”改为“Auto”即可。

专业提升

声卡（Sound Card）是多媒体技术中最基本的组成部分，是实现声波/数字信号相互转换的硬件。声卡的基本功能是把来自话筒、磁带、光盘的原始声音信号加以转换，输出到耳机、扬声器、扩音机、录音机等声响设备，或通过音乐设备数字接口（MIDI）使乐器发出美妙的声音。

声卡的工作原理：声卡的工作原理其实很简单，我们知道，麦克风和喇叭所用的都是模拟信号，而电脑所能处理的都是数字信号，声卡的作用就是实现两者的转换。从结构上分，声卡可分为模数转换电路和数模转换电路两部分,模数转换电路负责将麦克风等声音输入设备采集到的模拟声音信号转换为电脑能处理的数字信号；而数模转换电路负责将电脑使用的数字声音信号转换为喇叭等设备能使用的模拟信号。

声卡主要有两种：内置独立声卡和内置集成在主板上的软声卡。

7.3 网卡常见故障

不论是局域网还是广域网，只要联机就需要网卡来作连接口。它不但可以影响网络的传输速度，还能造成系统方面的问题。下面对其常见的故障进行一一排查。

1 资源冲突造成网卡失效

故障现象：

一台无盘工作站无法安装 EN1688 网卡。经过检查，该批电脑使用 ga－6la7 或 qdi legend 7 主板。

故障分析与处理：

有些网卡的 Boot Rom 缺省的起始地址为 c800h，容易与 AGP 显卡等部件所占用的地址资源产生冲突导致安装失败。

修改网卡的 Boot Rom 默认起始地址和其他资源占用。建议把网卡的 Boot Rom 默认起始地址设置成 d800h，中断为 3，I/O 为 300h，另外，不要禁止 Bios Setup 中的软驱。

2 无法安装网卡该怎么处理

故障现象：

某台电脑无法安装网卡。

故障分析与处理：

先将网卡的驱动程序拷贝至“c:\windows\options\cabs”目录下，然后安装网卡的驱动程序。安装后关机，打开机箱，将网卡拔出后换一个扩展槽插入，关上机箱，重新开机。系统会检测到一个新设备，这时再安装一遍网卡的驱动即可。

3 安装网卡驱动后，网卡 LED 灯不亮，网络不通如何处理

故障现象：

正常安装 3com 网卡后，驱动程序正常，但接上网线后网卡指示灯不亮，网络不通。

故障分析与处理：

可能是未能优化网卡的原因。

解决方法是优化网卡。运行 3com 自带的设置程序，选择“属性”选项中的“优化”按钮后，网卡即可连接正常，正确上网。

4 无盘站网卡和 Boot Rom 时有时无怎么办

故障现象：

无盘站在启动后有时找不到网卡，有时找不到 Boot Rom。

故障分析与处理：

造成这种现象的原因有两个方面，一是 COMS 的 BIOS 设置中有一项 Report No FDD for Win 95，出厂的默认值为 Yes，当这一项为 Yes 时，对 DE220 和“Intel Pro 10＋”网卡，都有找不到网卡 Boot Rom 的现象。二是联想双子明星主板上预留有 Audio 芯片的位置，在 Bios Setup 的 Integrated Peripheralsals 中，有

一项 Build－In CPU Audio，当这一项打开时，其默认的中断为 IRQ5，地址为 220h，330h。而出厂的默认设置中没有将这一项设为 Disable。这样当使用“Intel Pro 10＋”网卡时，由于该网卡的中断经常被用户设置为 IRQ5。这样在启动时，系统有时会将 IRQ5 留给实际上并不存在的声卡从而使网卡得不到中断，造成启动时出错。

解决方法是，修改 Bios Setup 相关设置。查找 Bios Setup 设置中的“Report No FDD for Win 95”，把出厂默认值“Yes”更改为“No”。将“Integrated Peripherals”中“Build－In CPU Audio”，设置成 Disabled。

5 网卡不能被电脑识别是什么原因

故障现象：

将新购买的网卡插在主板上，在开机后电脑并没有发现网卡，也无法安装相应的驱动程序。

故障分析与处理：

可能有以下两个原因导致网卡未被识别，一是网卡为非即插即用网卡；二是 BIOS 中进行了错误的设置。BIOS 的“BIOS Features Setup”中有一个“Report No FDD For Windows 98”项，其默认值为“Yes”，而该设置可能导致某些类型的网卡不能被系统识别。

对于第一种原因造成的网络故障可以通过“添加硬件”的方式来安装网卡。

第二种原因的解决办法：只需将“Report No FDD For Windows 98”项的值改为“No”即可。

6 可 Ping 自己的 IP 地址，但互相 Ping 却不通是什么原因

故障现象：

在一个小型局域网中，每台主机都可以 Ping 通自己的 IP 地址，但是不能互相 Ping 通。

故障分析与处理：

经检查，每台电脑 IP 地址设置没有问题，网线的做法和连接都是正确的，但其中一台电脑通过网线连接到集线器上的指示灯为红色，证明该电脑没有正常连接到网络。开始以为是网卡没连接好，重新插拔网卡并安装驱动程序配置后，故障依旧。

打开机箱后发现，紧邻网卡的插槽插着 Modem。尝试把 Modem 拔下后，网络访问正常了。

7 提示“网络设备不正常，无法使用网络资源”如何处理

故障现象：

在 Windows 的登录对话框中输入正确的用户名和密码后，系统提示“网络设备不正常，无法使用网络资源”。

故障分析与处理：

按<Esc>键进入系统后，检查“网络属性”中的网卡、标识、协议、登录方式等都正确，更新网卡驱动程序再重启后故障依旧。后来发现在“设备管理器”中网卡前面有个惊叹号，表示网卡和其他设备有冲突，在 BIOS 中检查发现，网卡被设置成了非即插即用网卡。

在 BIOS 中改变网卡的设置为即插即用，重新设置后网络工作正常。

8 配置好网卡后，不能连通局域网怎么办

故障现象：

新装了一块 PCI 网卡，Windows 自动识别并安装了驱动程序，一切参数设置完成后发现无论如何也不能连到局域网上。

故障分析与处理：

这种类似的故障我们可以用排除法来解决：

（1）有可能是网卡的中断或输入 / 输出地址与其他设备有冲突，鼠标右键单击“我的电脑”，选择“属性”，在弹出的“系统属性”窗口中选择“设备管理器”，在其中的硬件设备列表中自动选中“网络适配器”下的网卡，然后单击“属性”按钮，在打开的窗口中选择“资源”选项卡。取消“使用自动的设置”前的“√”后，重新设置网卡的中断（IRQ）和输入输出地址（I/Q Address）。

此外，有些老型号的网卡需要在纯 DOS 下运行设置程序来设置网卡的中断号，并且要与 Windows 中设置的中断号完全一致。可以运行随网卡附送的驱动程序软盘（或光盘）中的测试程序，检查网卡的参数设置，并确定里面的IRQ值与在Windows中设置的是否相同，如果不是请更正。

（2）重新启动电脑，按“<Del>”键进入 BIOS 设置程序，选择“PNP/PCI CONFIGURATION”项进入并找到网卡所占用的 IRQ 号，有些主板会将参数默认为“Legacy ISA”（保留 ISA 总线设备），将 IRQ 分给了系统保留的 ISA 总线设备，而系统中如果应用的是 PCI 总线的网卡，将导致网卡无法正常工作。如果是这样，请将该 IRQ 的参数选择为“PCI/ISA PnP”，保存退出后即可。

（3）检查网线与网卡、集线器的连接是否畅通；更换网线试试；将网卡换一个 PCI 插槽试试。

（4）检查网卡驱动是否正确，用鼠标右键单击“我的电脑”图标，在属性中选择设备管理器来查看“网络适配器”的前面是否有黄色感叹号。

9 网卡只有红灯闪烁，绿灯不亮如何处理

故障现象：

自适应网卡只有红灯闪烁，绿灯不亮。

故障分析与处理：

首先应该了解普通自适应网卡上的红灯和绿灯分别代表什么含义：

红灯：代表 Link/Act（连通/工作），因此，网络连通时红灯长亮，传输数据时红灯闪烁。

绿灯：代表 FKX（全双工，即同时接收/发送数据），即全双工状态时亮，半双工状态时灭。如果支持全双工的网卡和一个半双工的网络设备（如半双工的集线器）连接。自适应网卡即自动适应对方的工作状态，自动开始工作在半双工状态。所以这时绿灯不亮属于正常情况。

10 为什么电脑开机后不能自检，键盘也没有任何反应

一台电脑在开机后，屏幕一直显示 Logo 画面，不能继续自检，键盘也没有任何反应。

故障分析与处理：

首先怀疑是键盘问题，换了一个新的键盘，还是没反应。又怀疑是接口问题，换上一只 USB 键盘，问题仍然存在。

是不是 CMOS 有问题？因为有少部分电

脑有时不能开机，只要把 CMOS 放电后就可以正常开机了。于是将 CMOS 放电，开机“嘟”的一声后，键盘终于有了反应，几秒后跳过了 Logo 画面进入了 Windows。原以为问题就这样解决了，但过了几天这台电脑又出现了同样的问题，给 CMOS 放电也无济于事。开始怀疑是不是主机内的配件有问题，拆开机箱检查后先把疑点放在硬盘保护卡上，拆下保护卡开机还是没有反应。于是又怀疑主机内的 TOP2000 客户端卡，因为安装了多媒体教学平台 TOP2000，电脑的远程控制都是经过这块 TOP2000 客户端卡实现的，如果它有问题，那么出现键盘无反应是很有可能的。于是便把 TOP2000 的客户端卡拆下来，而结果还是一样；但当再次插上 TOP2000 的客户端卡，情况变得更糟了，这次显示器没有了信号显示，但显示器灯是亮的。无奈之下，只好逐一将硬件拔除，最后终于发现了罪魁祸首——网卡！经尝试，发现网卡和 TOP2000 客户端卡不能同时插入；否则，系统便不能正常启动了。

11 网络时断时续是怎么回事

故障现象：

一块 PCI 总线的 10/100Mbit/s 网卡，无论在 Windows 98，还是在 Windows NT 中网络都时断时续。查看网卡的指示灯，发现该指示灯时灭时亮，而且交替过程很不均匀。与该网卡连接的 Hub 所对应的指示灯也出现同样的现象。

故障分析与处理：

首先怀疑是 Hub 的连接端口出了故障，于是将该网卡接到其他的端口上，问题依旧，说明 Hub 没有问题。再用网卡随盘附带的测试程序盘查看网卡的有关参数，其 IRQ 值为 5。然后返回到 Windows 98 操作系统，查看操作系统分配给网卡的参数值，其 IRQ 同样是 5。后来又怀疑是安装该网卡的主板插槽有故障，于是打开机箱，换了几个 PCI 插槽，问题依旧。由此判断可能是网卡坏了或设置的故障，更换了多块网卡，故障依旧。最后认真检查 CMOS 参数设置。

进入 CMOS 状态，选择“PnP/PCI Configuration”一项，发现 IRQ5 后面的状态为“Legacy ISA”，将其改为“PCI/ISA PnP”后网卡工作正常。

12 提示网络适配器工作不正常，是什么原因

故障现象：

两台相同机型的电脑欲连为对等网，装好驱动程序、NetBEUI 协议、文件及打印机共享并将网卡中断设为 4，I/O 地址设为 0300H，重启动后 Windows 报告网络适配器工作不正常。

故障分析与处理：

打开“控制面板 / 系统 / 设备管理器”后发现网络适配器前有一黄色惊叹号，而此时中断及 I/O 地址并无冲突，重新启动并按<F8>键进入 DOS 状态，用“hwinfo”查看网卡的硬件设置，发现该网卡占用 IRQ4，可支持 IRQ3，IRQ4，IRQ5，IRQ7，IRQ11，I/O 地址为 02A0H。于是进入 Windows，将 I/O 地址改为 02A0H，重新启动后故障依旧。将 CMOS 中的“PnP OS Installed”由“Yes”改为“No”，重新启动后不再出现出错信息，但在网上邻居中找不到对方，安装 TCP/IP 协议并设置好 IP 地址及子网掩码后用“ping”命令也无法呼叫对方。关闭声卡、串口及并口，仍无结果。在关闭声卡、串口及并口时，将网

卡中断按 hwinfo 报告的 3，4，5，7，11 逐个更改，当中断改至 11 时网络一切正常。

13 为什么电脑没有登录网络的窗口

在一台电脑安装上网卡并配置好驱动程序后，没有登录网络的窗口。

故障分析与处理：

打开"控制面板"→"属性"，没有发现任何冲突，于是检查其他设备的 IRQ，DMA，I/O 地址，发现显存地址有的部分出现叹号，但并不与网卡的地址发生冲突。试着在 BIOS 中把显存由 32MB 改为 16MB，重新启动后故障依旧。重新安装 Windows 98、网卡驱动程序后故障仍然存在。换用其他网卡进行测试，问题仍未解决，所以怀疑 PCI 插槽与网卡地址冲突。因网卡无跳线，无法改变地址，查阅主板说明书，发现主板上 3 个 PCI 插槽中网卡应占用 3 号插槽，于是将其插入 3 号插槽，重新启动后网络登录窗口出现。

14 网卡无法在无盘工作站上工作该如何处理

故障现象：

当启动无盘工作站时系统没有提示找到网卡的信息。

故障分析与处理：

使用 DOS 系统软盘启动电脑，然后运行网卡的测试程序，在随后出现的界面中选择"Setup New Configuration"项，发现"Boot ROM Size"的状态为"No Boot ROM"，将光标移动到"No Boot ROM"上，在出现设置的界面中，选择"Boot ROM Enabled"一项，打开无盘启动芯片的远程引导功能，当再次启动电脑时系统将开始通过网卡来引导。

15 Boot ROM 引起网卡不能正常工作的原因是什么

故障现象：

一个网络系统设置好 IPX、TCP/IP 协议后，MS-DOS 方式下 Ping 服务器始终不通。

故障分析与处理：

首先查看"设备管理器"，没有发现任何冲突，再查看中断和地址，也没问题。删除驱动程序再重装上还是不能解决问题。因此问题可能是网卡的出厂设置存在问题，在纯 DOS 下运行 A 盘上的"Setup"程序，在"View"项中发现中断断口、地址都对，只是在"Boot ROM"项设成了有 16KB 的 Boot ROM，将其改为"Disabled"。保存设置并重新启动后一切正常。

专业提升

网卡也叫做“网络适配器”，英文全称为“Network Interface Card”，简称“NIC”，网卡是局域网中最基本的部件之一，它是连接计算机与网络的硬件设备。

在网络中，网卡起着重要的作用。网卡用于电脑之间信号的输入与输出。网卡有自己的中断号（IRQ）和 I / O 地址。目前使用较多的是 PCI 网卡。网卡有缓冲存储器，以便存储数据。与声卡等类似，网卡一般配有自己的驱动程序。使用时，网卡插在电脑的扩展槽中。网卡上有指示灯，用于表示网卡工作是否正常。

网卡所支持的传输速率不同，有的为 10Mb/s，有的则为 100Mb/s，有的能自我适应 10Mbit 位还是 100Mbit 甚至 1 000Mbit。

带有远程启动芯片的网卡，可以用在无盘工作站上。无盘工作站，没有硬盘，也可以没有软驱。通过网卡启动电脑，可以保证系统的安全性，避免病毒。另外，还可以降低费用。

在笔记本电脑中，使用灵巧的 PCMCIA 卡，用于与其他电脑交换数据。在高速网络中，还有光纤数据分布接口所用的 FDDI 网卡，异卡传输模式中使用的 ATM 网卡等。局域网中用于总线结构拓扑的网卡为 BNC 口的网卡，传输介质一段为 50Ω细同轴电缆，在一个网段的两端需用终结器封好，形成一个网络回路。

网卡的接口类型有以下几种：

（1）RJ-45 接口

这是最为常见的一种网卡，也是应用最广的一种接口类型网卡，这主要得益于双绞线以太网应用的普及。因为这种 RJ-45 接口类型的网卡就是应用于以双绞线为传输介质的以太网中，它的接口类似于常见的电话接口 RJ-11，但 RJ-45 是 8 芯线，而电话线的接口是 4 芯的，通常只接 2 芯线（ISDN 的电话线接 4 芯线）。在网卡上还自带两个状态指示灯，通过这两个指示灯颜色可初步判断网卡的工作状态。

（2）BNC 接口

这种接口网卡对应用于用细同轴电缆为传输介质的以太网或令牌网中，目前这种接口类型的网卡较少见，主要因为用细同轴电缆作为传输介质的网络比较少。

（3）AUI 接口

这种接口类型的网卡对应用于以粗同轴电缆为传输介质的以太网或令牌网中，这种接口类型的网卡目前更是很少见。

（4）FDDI 接口

这种接口的网卡是适应于 FDDI（光纤分布数据接口）网络中，这种网络具有 100Mb/s 的带宽，但它所使用的传输介质是光纤，所以这种 FDDI 接口网卡的接口也是光纤接口的。随着快速以太网的出现，它的速度优越性已不复存在，但它须采用昂贵的光纤作为传输介质的缺点并没有改变，所以目前也非常少见。

（5）ATM 接口

这种接口类型的网卡是应用于 ATM（异步传输模式）光纤（或双绞线）网络中。它能提供物理的传输速度达 155Mb/s。

第 8 章　存储器常见故障

- 硬盘容量与标称值明显不符是什么原因
- 开机后提示“HDD Controller Failure”是什么意思
- 更改了硬盘传输模式后，为何不能进入系统
- 新增硬盘不能在系统中被识别是什么原因
- 联想家悦的一键恢复出现问题如何处理
- 为什么光驱工作时硬盘灯始终闪烁
- 更改光驱的 IDE 接口导致光驱不读盘如何处理
- 光驱出现读写错误或无盘提示是什么原因

8.1 硬盘常见故障

硬盘存储了电脑中所有的数据。由于硬盘的发展速度缓慢，所以是属于发病率高的一种设备。对其有效地维护与保养是不可缺少的。下面对一些常见的硬盘故障进行讲解。

1 为什么系统不认硬盘

故障现象：

系统从硬盘无法启动，从 A 盘启动也无法进入 C 盘，使用 CMOS 中的自动监测功能也无法发现硬盘的存在。

故障分析与处理：

这种故障大都出现在连接电缆或 IDE 接口上，硬盘本身故障的可能性不大，可通过重新插接硬盘电缆或者改换 IDE 接口及电缆等进行替换试验，就会很快发现故障的所在。如果新接上的硬盘也不被接受，一个常见的原因就是硬盘上的主从跳线出现问题，如果一条 IDE 硬盘线上接两个硬盘设备，就要分清楚主从关系。

2 硬盘不能读写或辨认怎么办

故障现象：

硬盘不能完成读写操作，或者不能被系统识别。

故障分析与处理：

这种故障一般是由于 CMOS 设置故障所引起的。CMOS 中的硬盘类型正确与否直接影响到硬盘的正常使用。现在的机器都支持“IDE Auto Detect”功能，可自动检测硬盘的类型。当硬盘类型错误时，有时干脆无法启动系统；有时能够启动，但会发生读写错误。比如 CMOS 中的硬盘容量小于实际的硬盘容量，则硬盘后面的扇区将无法读写，如果是多分区状态则个别分区将丢失。还有一个重要的故障原因，由于目前的 IDE 设备都支持逻辑参数类型，硬盘可采用“Normal、LBA、Large”等，如果在一般的模式下安装了数据，而又在 CMOS 中改为其他的模式，则会发生硬盘的读写错误故障，因为其映射关系已经改变，将无法读取原来的正确硬盘位置。

3 系统无法从硬盘启动怎么办

故障现象：

电脑不能从硬盘启动。

故障分析与处理：

造成这种故障通常是基于以下 4 种原因：

- ❖ 主引导程序损坏。
- ❖ 分区表损坏。
- ❖ 分区有效位错误。
- ❖ DOS 引导文件损坏。

其中 DOS 引导文件损坏最简单，用启动盘引导后，向系统传输一个引导文件就可以了。主引导程序损坏和分区有效位损坏一般也可以用“FDISK /MBR”强制覆盖。分区表损坏就比较麻烦了，因为无法识别分区，系统会把硬盘作为一个未分区的裸盘处理，因此造成一些软件无法工作。不过有个简单的方法——使用 Windows 2000。找个装有 Windows 2000 的系统，把受损的硬盘挂上去，开机后，由于 Windows 2000 为了保证系统硬件的稳定性会对新接上去的硬盘进行扫描。Windows 2000 的硬盘扫描程序“CHKDSK”对于因各种原因损坏的硬盘都有很好的修复能力，扫描完了基本上也修复了硬盘。

分区表损坏还有一种形式，具体的表现是出现一个和活动分区一样的分区，一样包括文件结构、内容、分区容量。假如在任意区对分区内容作了变动，都会在另一处体现出来，好像是映射的影子一样。这种问题特别尴尬，它不影响使用，不修复的话也不会有事，但要修复时，NORTON 的“DISKDOCTOR”和“PQMAGIC”却都变成了睁眼瞎，对分区总容量和硬盘实际大小不一致视而不见。对付这种问题，只有 GHOST 覆盖和用 NORTON 的拯救盘恢复分区表。

4 硬盘出现坏道该如何处理

故障现象：

对磁盘进行整理时，系统提示有坏道。

故障分析与处理：

这是个令人震惊的词。近来 IBM 口碑也因此“江河日下”。当用 Windows 操作系统自带的磁盘扫描程序 SCANDISK 扫描硬盘的时候，系统提示硬盘可能有坏道，随后闪过一片恐怖的蓝色，一个个小黄方块慢慢地伸展开，然后，在某个方块上被标上一个“B”……

其实，这些坏道大多是逻辑坏道，是可以修复的，根本用不着送修。

那么，当出现这样的问题的时候，我们应该怎样处理呢?

一旦用“SCANDISK”扫描硬盘时，程序提示有了坏道，首先我们应该重新使用各品牌硬盘自己的自检程序进行完全扫描。注意，不选快速扫描，因为它只能查出大约 90%的问题。为了让自己放心，在这多花些时间是值得的。

如果检查的结果是“成功修复”，那可以确定是逻辑坏道，可以拍拍胸脯喘口气了；假如不是，那就没有什么修复的可能了，如果你的硬盘还在保质期，那赶快拿去更换吧。

由于逻辑坏道只是将簇号作了标记，以后不再分配给文件使用。如果是逻辑坏道，只要将硬盘重新格式化就可以了；但为了防止格式化可能的丢弃现象(因为簇号上已经作了标记表明是坏簇，格式化程序可能没有检查就接受了这个“现实”，于是丢弃该簇)，最好还是重分区，使用如 IBM DM 之类的软件还是相当快的，或者 GHOST 覆盖也可以，只是这两个方案都多多少少会损失些数据。

5 硬盘不能高级格式化怎么办

故障现象：

硬盘能低格能分区但不能高级格式化，提示为 0 磁道坏了。

故障分析与处理：

既然系统已经提示为硬盘的 0 磁道损坏，我们可以屏蔽该区域，或是将硬盘送去维修。

解决方法是，先用 Fdisk 分区，将硬盘的 D 区分大一些，C 盘只分几兆字节就可以了。对 D 进行 Format 后，用 Fdisk 激活使用 D 盘引导系统即可。

6 开机时，系统提示“disk I/O error”是什么意思

故障现象：

开机时，系统提示“disk I/O error”，无法启动系统。用软盘启动后，发现 C 盘里什么都看不到了，而其他盘却正常。

故障分析与处理：

从现象看很可能是主引导记录 MBR 或系统文件因意外而损坏或被病毒破坏了。

如果只是主引导记录和系统文件损坏，可以从软盘启动，首先查一下有无病毒，再执行“A:\>FDISK/MBR”，然后执行“SYS A:”，C 盘上数据或许还能挽救。

如果是 FAT 表或数据区本身被破坏就没有多少修复的可能了，C 盘由于读写最为频繁且可能存在不少病毒，如 CIH 等都将 C 盘作为破坏的首要对象，建议大家不要把重要的个人数据文件放在 C 盘。比如：可以把“我的文档”设置到其他盘的某个目录上，C 盘只用来安装系统和应用程序。稳定一段时间后，可将 C 盘做成 Ghost 镜像文件，一旦被破坏，恢复起来也方便些。

7 硬盘时停时动正常吗

故障现象：

硬盘常常无缘无故就“嘟”一声停了，当打开某个程序的时候又启动了。

故障分析与处理：

这是由于使用了 BIOS 的硬盘电源管理所致。

检查 BIOS 的“Power Management”中的“HDD PowerDown”选项，将其参数选为 Disable 就可以解决。

8 硬盘主引导扇区出错怎么办

故障现象：

硬盘主引导扇区的信息出错了，如何找回丢掉的分区？

故障分析与处理：

可以找一个容量和分区完全和这个硬盘相同的硬盘，启动 KV3000，保存下硬盘主引导扇区的内容，恢复到硬盘上即可找回丢掉的分区。

9 不能使用双硬盘怎么办

故障现象：

将另一个备用硬盘里的文件 COPY 到电脑上。但在光驱的数据线上不行，硬盘上的 Slave/Master 换了几次也都不行。

故障分析与处理：

接在光驱数据线上不需要作跳线，前提是光驱与原来的硬盘是不同的数据线。另一个方法是在原来的硬盘数据线的第二个接口上接上新的硬盘，但这需要将新硬盘接到 Slave 上。如果这样还不行，换一根数据线再检查一下是否接错了或者接上去的硬盘是否有足够的电源供应，如果还是不行就是硬盘坏了。

10 开机提示 I/O 错误如何处理

故障现象：

不知是何原因电脑最近关机出现了不能启动的问题，提示是硬盘 I/O 错误。

故障分析与处理：

检查硬盘线及硬盘跳线看能否解决问题。因为有时接上其他硬盘然后又取掉会产生这样的问题。如果硬盘曾经有震动也会发现这样的问题。拿到其他电脑上试试，如果行了，再接上原来的电脑上；如果问题还是解决不了，就有可能是主板坏了。

11 硬盘无法引导系统启动怎么办

故障现象：

硬盘无法引导系统启动。

故障分析与处理：

在硬盘主引导扇区中还存在一个重要的部分，那就是其最后的两个字节“55aa”，此字节为扇区的有效标志。当从硬盘、软盘或光盘启动时，将检测这两个字节，如果存在则认为有硬盘存在，否则将显示“Missing Operating System”。

可使用DOS系统通用的修复方法修复：用软盘或光盘引导系统后使用SYS命令传送系统，即可修复故障，包括引导扇区及系统文件都可自动修复到正常状态。

12 硬盘容量与标称值明显不符是什么原因

故障现象：

硬盘的实际容量与硬盘的标称值不一致。

故障分析与处理：

一般来说，硬盘格式化后容量会小于标称值，但此差距绝不会超过2%，如果两者差距很大，则应该在开机时进入BIOS设置。在其中根据你的硬盘作合理设置。如果还不行，则说明可能是你的主板不支持大容量硬盘，此时可以尝试下载最新的主板BIOS并进行刷新来解决。此种故障多在大容量硬盘与较老的主板搭配时出现。另外，由于突然断电等原因使BIOS设置产生混乱也可能导致这种故障的发生。

13 怎样解除硬盘“逻辑锁”

故障现象：

无论使用什么设备都不能正常引导系统。

故障分析与处理：

这种故障一般是由于硬盘被病毒的“逻辑锁”锁住造成的，“硬盘逻辑锁”是一种很常见的恶作剧手段。中了逻辑锁之后，无论使用什么设备都不能正常引导系统，甚至是软盘、光驱、挂双硬盘都一样没有任何作用。

提 示

“逻辑锁”的上锁原理：电脑在引导DOS系统时将会搜索所有逻辑盘的顺序，当DOS被引导时，首先要去找主引导扇区的分区表信息，然后查找各扩展分区的逻辑盘。“逻辑锁”修改了正常的主引导分区记录，将扩展分区的第一个逻辑盘指向自己，使得DOS在启动时查找到第一个逻辑盘后，查找下个逻辑盘总是找到自己，这样一来就形成了死循环。

给“逻辑锁”解锁比较容易的方法是“热拔插”硬盘电源。就是在当系统启动时，先不给被锁的硬盘加电，启动完成后再给硬盘“热插”上电源线，这样系统就可以正常控制硬盘了。这是一种非常危险的方法，为了降低危险程度，碰到“逻辑锁”后，大家最好依照下面几种比较简单和安全的方法处理。

（1）首先准备一张启动盘，然后在其他正常的机器上使用二进制编辑工具（推荐“UltraEdit”）修改软盘上的“IO.SYS”文件（修改前记住先将该文件的属性改为正常），具体是在这个文件里面搜索第一个“55AA”字符串，找到以后修改为任何其他数值即可。用这张修改过的系统软盘就可以顺利地带着被锁的硬盘启动了。不过这时由于该硬盘正常的分区表已经被破坏，我们无法用“Fdisk”来删除和修改分区，这时可以用“Diskman”等软件恢复或重建分区即可。

（2）因为 DM 是不依赖于主板 BIOS 来识别硬盘的硬盘工具，就算在主板 BIOS 中将硬盘设为“NONE”，DM 也可识别硬盘并进行分区和格式化等操作，所以我们也可以利用 DM 软件为硬盘解锁。

14 开机时硬盘无法自检，系统不认硬盘该如何处理

故障现象：

开机时硬盘无法自检，系统不认硬盘。

故障分析与处理：

这种故障往往是最令人感到可怕的。产生这种故障的主要原因是硬盘主引导扇区数据被破坏，表现为硬盘主引导标志或分区标志丢失。这种故障的罪魁祸首往往是病毒，它将错误的数据覆盖到了主引导扇区中。市面上一些常见的杀毒软件都提供了修复硬盘的功能，大家不妨一试；但若手边无此类工具盘，则可尝试将全 0 数据写入主引导扇区，然后重新分区和格式化。其方法如下：用一张干净的 DOS 启动盘启动电脑，进入“A:\>”后输入以下命令（括号内为注释）：

A:\>DEBUG（进入 DEBUG 程序）

－F 100 3FF0（将数据区的内容清为 0）

－A 400（增加下面的命令）

MOV AX,0301

MOV BX,0100

MOV CX,0001

MOV DX,0080

INT 13

NT 03

－G=400（执行对磁盘进行操作的命令）

－Q（退 DEBUG 程序）

用这种方法一般能使硬盘复活，但由于要重新分区和格式化，里面的数据可就难保了。

15 开机后提示“Device error”是什么意思

故障现象：

开机后屏幕显示：“Device error”，然后又显示：“Non－System disk or disk error，Replace and strike any key when ready”，说明硬盘不能启动，用软盘启动后，在 A:\\>后键入 C:，屏幕显示：“Invalid drive specification”，系统不认硬盘。

故障分析与处理：

造成该故障的原因一般是 CMOS 中的硬盘设置参数丢失或硬盘类型设置错误造成的。

进入 CMOS，检查硬盘设置参数是否丢失或硬盘类型设置是否错误，如果确是该种故障，只需将硬盘设置参数恢复或修改过来即可，如果忘了硬盘参数不会修改，也可用备份过的 CMOS 信息进行恢复，如果没有备份 CMOS 信息，也别急，有些高档微机的 CM OS 设置中有“HDD AUTO DETECTION（硬盘自动检测）”选项，可自动检测出硬盘类型参数。若无此项，只好打开机箱，查看硬盘表面选项卡上的硬盘参数，照此修改即可。

16 开机后提示"HDD Controller Failure"是什么意思

故障现象：

开机后，“WAIT”提示停留很长时间，最后出现“HDD Controller Failure\"”。

故障分析与处理：

造成该故障的原因一般是硬盘线接口接触不良或接线错误。先检查硬盘电源线与硬盘的连接，再检查硬盘数据信号线与多功能卡或

硬盘的连接，如果连接松动或连线接反都会有上述提示，最好是能找一台型号相同且使用正常的计算机，可以对比线缆的连接，若线缆接反则一目了然。

17 主引导记录分区表错误怎么办

故障现象：

开机后，屏幕上显示："Invalid partition table\"，硬盘不能启动，若从软盘启动则认C盘。

故障分析与处理：

造成该故障的原因一般是硬盘主引导记录中的分区表有错误，当指定了多个自举分区（只能有一个自举分区）或病毒占用了分区表时，将有上述提示。

主引导记录（MBR）位于0磁头/0柱面/1扇区，由"Fdisk"对硬盘分区时生成。MBR包括主引导程序、分区表和结束标志55AAH三部分，共占一个扇区。主引导程序中含有检查硬盘分区表的程序代码和出错信息、出错处理等内容。当硬盘启动时，主引导程序将检查分区表中的自举标志。若某个分区为可自举分区，则有分区标志80H，否则为00H，系统规定只能有一个分区为自举分区，若分区表中含有多个自举标志时，主引导程序会给出"Invalid partion table\"的错误提示。最简单的解决方法是用NDD修复，它将检查分区表中的错误，若发现错误，将会询问你是否愿意修改，只要不断地回答YES即可修正错误，或者用备份过的分区表覆盖它也行。如果是病毒感染了分区表，格式化是解决不了问题的，可先用杀毒软件杀毒，再用NDD进行修复。

如果上述方法都不能解决，还可以先用"Fdisk"重新分区，但分区大小必须和原来的分区一样，这一点尤为重要，分区后不要进行高级格式化，然后用NDD进行修复。修复后的硬盘不但能启动，而且硬盘上的信息也不会丢失。其实使用FDISK分区，相当于用正确的分区表覆盖原来的分区表。尤其当用软盘启动后不认硬盘时，这一招特灵。

18 自检后提示"No ROM Basic，System Halted"该如何处理

故障现象：

电脑启动自检完毕之后，从硬盘启动时死机，或者屏幕上显示"No ROM Basic，System Halted"的错误信息。

故障分析与处理：

造成该故障的原因一般是引导程序损坏或被病毒感染，分区表中无自举标志，或是结束标志55AAH被改写。从软盘启动，执行命令"Fdisk /mbr\"即可。FDISK中包含有主引导程序代码和结束标志55AAH，用上述命令可使FDISK中正确的主引导程序和结束标志覆盖硬盘上的主引导程序，这一招对于修复主引导程序和结束标志55AAH损坏既快又灵。对于分区表中无自举标志的故障，可用NDD迅速恢复。

19 开机后提示"Error loading operating system"是什么原因

故障现象：

开机后屏幕上出现"Error loading operating system\"或"Missing operating system"的提示信息。

故障分析与处理：

造成该故障的原因一般是DOS引导记录出现错误。DOS引导记录位于逻辑0扇区，是由高级格式化命令"format"生成的。主引

导程序在检查分区表正确之后，根据分区表中指出的 DOS 分区的起始地址，读 DOS 引导记录，若连续读五次都失败，则给出“Error loading opearting system\”的错误提示，若能正确读出 DOS 引导记录，主引导程序则会将 DOS 引导记录送入内存“0:7C00h”处，然后检查 DOS 引导记录的最后两个字节是否为 55AAH，若不是这两个字节，则给出“Missing operation system\”的提示。一般情况下用 NDD 修复即可。若不成功，只好用“format C:/S”命令重写 DOS 引导记录，也许你会认为格式化后 C 盘数据将丢失，其实不必担心，数据仍然保存在硬盘上，格式化 C 盘后可用 NU8.0 中的“UNformat”恢复。如果曾经用 DOS 命令中的 MIRROR 或 NU8.0 中的 Image 程序给硬盘建立过 Image 镜像文件，硬盘可完全恢复，否则硬盘根目录下的文件全部丢失，根目录下的第一级子目录名被更名为 DIR0，DIR1，DIR2...，但一级子目录下的文件及其下级子目录完好无损，至于根目录下丢失的文件，你可用 NU8.0 中的“Unerase”再去恢复即可。

20 硬盘逻辑故障该怎样解决

故障现象：

在 Windows 中，准备使用 Ghost 软件对 C 盘做镜像（C 盘为系统盘），以便以后系统出现故障时可以快速恢复系统。

在用 Ghost 做镜像时忘记了查看硬盘空间，在镜像文件制作到一半的时候系统弹出窗口提示硬盘空间不足，Ghost 停止制作镜像文件，于是选择退出，返回 Windows 界面。再次运行 Ghost 软件，重新制作镜像文件。可是 Ghost 在出现进度条时停止了响应，死机。于是重新启动计算机，在运行到 Windows 98 的蓝天白云画面时停止响应，但是并没有死机，可就是进不了 Windows。

起初以为是系统崩溃了，于是找来 Windows98 安装盘，打算重新格式化后安装系统；但是在运行了“Format C:”命令后，只见光标下移一行后开始闪烁，并没有出现每次格式化时的提示语，过了一会儿在屏幕的左上角出现了一个白色的方格，提示：“ATTENTION A Serious disk error has occurred while writing to drive C. Retry r?”，按下<R>键重试后过一会儿又出现这个提示语。

故障分析与处理：

根据系统的提示信息，可能是 C 盘出现了逻辑错误或是坏道，于是使用“Scandisk”对 C 盘进行扫描，发现了几处逻辑错误，并且排除了它。因为在使用 Ghost 的时候也对 D，E 盘进行了读写，所以也对 D，E 盘进行了扫描，在 D 盘里发现了错误，E 盘并没有错误。修复所有错误后退出重启。这次进入 Windows 后，电脑又长时间没有响应，但是没有死机，也没有出现提示信息。于是再次用启动盘重启计算机，并使用“Scandisk”扫描硬盘，没有发现错误。

运行“Fdisk”命令，发现 C 盘大小为 5GB、D 盘大小为 7GB，而 C 盘原来只有 3GB，D 盘原来只有 5GB，看来分区表还有错误，于是使用硬盘分区魔术师软件对硬盘分区表进行修改，进入软件后提示分区重叠，进行修复后退出，重新启动，故障排除。

提示

这次故障是由于使用 Ghost 时，没有正常操作，造成硬盘逻辑错误和分区重叠错误。出现这种故障的时候，一定要先使用“Scandisk”扫描硬盘，再使用分区魔术师。

21 硬盘数据突然丢失如何处理

故障现象：

我们在使用电脑的过程中，有时候会遇到电脑突然出现死机蓝屏，有时候还会提示某个分区无法正常读写，这时候只能重启，但重启后却发现无法正常进入系统，有的时候连DOS也进不去。从光盘启动后查看C盘会发现要么C盘一个文件也没有；要么C盘只有一个或几个非常巨大的文件。

故障分析与处理：

实际上，这种情况多数不是硬盘有问题，也不是系统崩溃，而是由于以下原因所造成的：

- 计算机的工作环境周围存在强磁强电干扰；
- 硬盘数据线两端接口接触不良；
- 硬盘电源线有松动；
- D形插头氧化造成供电电压不稳；
- 电源性能下降，输出电压不稳；
- 非正常的关机操作；
- 突然掉电。

这些原因都可能造成系统在读取C盘时，因为数据传输错误，造成误写C盘的引导扇区或FAT表、BOOT表等，致使C盘的数据全部丢失。

不过，也有部分硬盘的性能质量不稳定，在使用一段时间后会突然出现数据全部丢失，就像一个刚买来的新硬盘一样，必须重新分区格式化以后才能使用，而不是部分数据丢失或仅仅硬盘的分区表被破坏。

22 硬盘格式化后不能启动怎么办

故障现象：

使用“Fdisk”将硬盘分区格式化之后，电脑在系统启动的地方就不动了，没有任何出错提示。而CMOS能够正确检测到硬盘。

故障分析与处理：

从故障的现象来看，很可能是在对硬盘进行了分区之后，忘记了设置激活分区或是错误地将激活分区设置在了扩展分区所致。

用光盘启动电脑，输入Fdisk命令，在出现的菜单中选择第二个“set active partition ”（设置激活分区），在出现的“Enter the number of the partition you want to make active ……[ ]”的中括号里输入“1”（“1”即代表C盘所在主分区）。完成设置后按<Esc>键退出“Fdisk”，重新启动电脑即可。

23 硬盘在工作中突然丢失怎么办

故障现象：

有时候硬盘正在使用，会突然“铛铛”直响，然后无法继续读写数据，重新启动电脑，在BIOS里也不能找到硬盘了。这类故障，有时候硬盘还能够找到，比较的典型的故障表现是硬盘刚开机时使用正常，但是当硬盘使用一个或两个小时后，就突然出现上面的现象。

故障分析与处理：

硬盘为什么会出现在工作中突然丢失呢？

硬盘工作时需要稳定的电压和足够的电流供应，如果电压不稳或者电源提供的电流不足时，就会出现寻道困难，硬盘“咔咔”直响，要么找不到硬盘或者数据读取困难，要么表现为在工作过程中硬盘突然丢失，数据无法读取等情况。

这两种情况一般是我们计算机所使用的开关电源功率不足，或有故障才会出现上述情况。对于电源提供的+5V和+12V电压不稳的现象，我们可以使用万用表测试来进行判断。过高和过低都不行，一般在10%波动之内都可以认为是正常情况。对于电源提供电流不足的情况，我们可以根据自己主机所使用的硬盘、光驱及相关配置的多少计算出其满负荷工作时所需要的功率，与我们所使用的开关电源功率相比较。一般情况下，电源功率应该大于各部件最大功率总和的10%，而不能使两者相等。

还有一种情况就是硬盘自身出现问题，可能芯片出现故障，也可能电机损坏，再可能是磁臂断裂。不过这里所说的硬盘突然“咔咔”响的问题既不是电源供电不足，也不是硬盘控制芯片损坏所致，而是硬盘电路板与硬盘盘体的磁臂供电接口部分接触不良所致。该硬盘电路板与盘体供电相接部分不是采用插针或柔性电缆，而是采用压接方式，因为硬盘长时间使用，再加上工作环境不好，电路板的接口镀锡层氧化，盘体弹簧片氧化，造成两者接触不良，导致磁臂寻道电机供电不稳，而出现寻道异常，硬盘无法正常工作。

解决的方法也很简单，拆开固定电路板的四个螺丝，取下电路板，向上拿起电路板，在电路板的接口一侧会有两排弹簧片，我们需要小心的用水砂纸将每一个弹簧片的触点打磨光亮。同时将电路板上的对应触点也要打磨光亮，然后再将电路板原样装回即可。

24 电脑自检时找不到硬盘怎么办

故障现象：

电脑上有两个硬盘，旧的是IBM硬盘，新的是迈拓硬盘。一天打开电脑，发现系统自检时无法通过，并且听到机箱内有“啪啪”的响声，而且硬盘灯闪烁不止。重启用软盘引导，发现已经无法识别硬盘。

故障分析与处理：

由于是在增加了新的硬盘之后出现的故障，所以怀疑是这块新硬盘有问题，于是重启BIOS进入查看，发现两块硬盘都没有被识别出，连续检测几次后终于可以正确识别了。保存信息后退出重启，这回自检没有出现问题，但是进入系统桌面时，再次出现“啪啪”的响声，硬盘灯闪烁不止。虽然偶尔可以进入系统，但是在打开资源管理器时又会失去响应。把新装的迈拓硬盘卸掉，只接旧的IBM硬盘，故障消失。

本来以为问题找到了，可是第二天开机故障重新出现，意识到可能是硬盘电源线或数据线出了问题。把数据线拔下来，再插牢后，“啪啪”的响声彻底消失，进入系统，文件读写操作一切正常。看来可能是在安装硬盘时，牵拉硬盘线过猛造成硬盘数据线插头和硬盘数据插槽接触不良，从而导致自检时磁头无法找到硬盘引导区，而频繁进行定位发出“啪啪”的响声。

25 不能格式化C盘怎么办

故障现象：

电脑配置为，P Ⅳ 2.4C GHz处理器、磐正4PCA3I主板、希捷SATA 80GB硬盘。使用“Format”命令或“Format /q”命令时不能将C盘格式化，使用“Fdisk”命令时提示：“Error reading fixed disk”，使用“PQMagic 6.0”，“Smart Fdisk 2.05”，“Diskman 1.20”，“BootMagic 6.0”时系统均会报错。使用希捷的检测工具“Seatools Disc Diagnostic”检测硬盘，没发现什么问题。

故障分析与处理：

从故障现象来看，很可能是硬盘有问题，可以从以下几个方面来检查一下：

❶ 确认在 BIOS 设置中已经打开了对串行硬盘控制器的支持，确认选定的启动设备是串行硬盘而不是 IDE 硬盘。

❷ 确认串行硬盘的连接线连接正确，而且接触良好。

❸ 如果上述两点都确认无误，还需要对硬盘的情况进行检查，最好的方法是用替换法，把该硬盘拿到其他的串行硬盘平台上进行检查。

不能仅凭希捷的检测工具就推断硬盘是好的，因为不少的硬盘故障使用该软件是检查不出来的。

26 更改了硬盘传输模式后，为何不能进入系统了

故障现象：

电脑配置为，GA-8PE800 主板、Maxtor 80GB 硬盘，在 BIOS 中将硬盘的传输模式设定为 ATA66/100 时，电脑重启后无法进入系统，屏幕提示："Disk error，Press any key to restart"。

故障分析与处理：

这是因为使用了不符合 ATA66/100 模式的硬盘数据线所造成的，要将硬盘的传输模式设置为 ATA66/100，必须使用标准的 80 芯硬盘数据线。如果使用了劣质的硬盘数据线或受损的硬盘数据线，那么在 BIOS 中设定硬盘的传输模式为 ATA66/100 后，重启系统就会出现上述错误提示，这时只要换一根质量好的标准 80 芯硬盘数据线就可以了。

27 重启后找不到硬盘等硬件是什么原因

故障现象：

电脑最近总是自动重启，重启以后经常找不到硬盘，而且重启后键盘鼠标在自检时正常，一进入 Windows XP 就没有了，在自检时系统提示尽快备份，更换硬盘。

故障分析与处理：

从故障现象来看，有三种可能的原因：

❶ 电源的负载能力和输出电流稳定性不好，因此会造成系统工作不稳定，从而引起不规则的自动重启。由于 Windows XP 在非正常重启时某些文件会被损坏，所以会提示尽快备份。

❷ 硬盘有坏道。如果硬盘有坏道，就会造成系统文件损坏，因此 Windows XP 会提示备份。

❸ 主板存在故障。如果主板存在故障，如 IDE 控制部分出现故障，工作时会造成文件破坏或丢失，启动时 Windows XP 也会提示备份。

基于以上几个原因，建议采用排除法来排除故障，首先更换一个性能稳定、负载能力强的电源看看，如果没有改善的话，就可能要替换硬盘和主板了。如果时间充裕，不妨重新给硬盘分区格式化并重新安装操作系统，这样可避免因系统问题而引起上述故障发生。

28 新增硬盘不能在系统中被识别是什么原因

故障现象：

电脑上已装有一个 60GB 的硬盘，想再增加一个 80GB 的硬盘，新硬盘安装好后，在 CMOS 中能找到，但是进入系统以后却没有发现新的硬盘。

故障分析与处理：

这是由于硬盘跳线没有调整的原因所造

成的。IDE 接口上只能有一个主盘，所以，第二个硬盘虽然在 BIOS 里识别，但是系统识别不了，所以请把第二个硬盘的跳线设置为从盘，就可以使用了。

29 联想家悦的一键恢复出现问题如何处理

故障现象：

联想家悦电脑，原来的分区为两个，使用 DM 万用版重新将硬盘分为四个分区，再用联想恢复盘安装 Windows XP，复制完文件后重新启动时总是提示“hal.dll”文件损坏，不能继续。

故障分析与处理：

新一代的联想系列电脑采用了称为“LEOS”的一键恢复技术，能很好地对硬盘数据进行备份、恢复，这个功能的实现是通过集成于 BIOS 中的一个程序和 Windows 下的一个接口软件相互配合而实现的（即在硬盘上建立一个非隐含分区进行主分区的备份，以用于文件系统被破坏时的一键恢复）。

由于使用的是非微软的分区，所以电脑在使用的过程中不建议用户对整个硬盘进行重新分区，原因是 BIOS 下接口程序已经默认开起，在安装系统的时候 Windows 会认为是坏的扇区，即会出现系统不能安装的故障。

如果实在要重新对硬盘进行分区，建议卸载一键恢复系统，或与联想服务站联系。

30 一个“*.AVI”文件在安全模式不能被删除是什么原因

故障现象：

在网上下载了一部“.avi”格式的电影，由于该电影的数据不全不能够播放，想删除的时候提示文件正在被使用，不能删除；重启电脑进入安全模式，仍然不能将其删除；重装系统后故障依旧。

故障分析与处理：

这可能是磁盘文件系统出错造成的，所以用普通的方法是无法删除的。

可以先把这个盘的其他文件转移到别的分区，然后格式化该分区。

31 单硬盘出现盘符错乱怎么办

故障现象：

电脑安装的是单硬盘、Windows 2000 操作系统，有 C，D 两个分区，光驱的盘符是 E。有一天突然发现盘符顺序乱了，光驱的盘符变成了 D，原来的 D 盘则变成了 E 盘。

故障分析与处理：

出现这种情况可能是安装了一些软件所导致。

在 Windows 2000/XP 中修改盘符比较简单，依次单击“开始”→“设置”→“控制面板”→“性能和维护”→“管理工具”→“计算机管理”→“存储”→“磁盘管理”，然后就可以调整了。

专业提升

一块主板上有两个 IDE 口，每个 IDE 口可以接两个 IDE 设备，最多可以接 4 个 IDE 设备。一般装机时只安装一个硬盘和一个光驱，通常 IDE1 接硬盘，IDE2 接光驱。其连接线俗称为硬盘线以及光驱线（其实是 80 芯和 40 芯之分）。

当一根数据线连接两个设备时，就产生了主从盘的问题，其中一个为主，另一个为从。同一数据线两个设备后部跳线，一个为 MA（主），另一必须为 SL（从）。

对于 80 芯的数据线，还必须蓝头接主板，黑头接主盘，灰头接从盘，否则无法获得最大 DMA 传输速度。

硬盘出厂默认为主盘，光驱出厂默认为从盘。当一根数据线只有一个设备时，建议设置为主盘，理论上可以减少检测时间和微小的传输速度提升。在系统进行自检的时候，出现检测不到硬盘的故障，如果跳线没有错误，应检查 BIOS 是否关闭了 IDE 相关选项，或取默认值就可。如果还是无法检测到，用替换法确认是数据线问题还是主板上的 IDE 口出了问题。如果开机自检到设备，而操作系统无法检测到，则是驱动的问题。在设备管理器内卸载相关设备，重启后一般能够找到。

当然，还可以在有些主板加速程序内找找原因。

挂接双硬盘前，首先要设置好硬盘跳线，硬盘的跳线方法可参考硬盘说明书，不同的硬盘，跳线方法一般也不同。如果一根 IDE 数据线上只接唯一的一个 IDE 设备（例如硬盘、光驱、ZIP 或 MO 等），就不需要对这个唯一的 IDE 设备设置跳线，系统会自动识别这个 IDE 设备（例如硬盘）的身份。

一般都是将性能好的新硬盘（第一硬盘）设为主盘 MA（Master Device）接在第一个 IDE 接口（Primary IDE Connector）上。至于旧硬盘（第二硬盘）有几种接法：

两个硬盘接在同一根硬盘数据线上，则第二硬盘应设为从盘 SL（Slave Device）。

第二硬盘接在第二个 IDE 接口（Secondary IDE Connector）上，如果该接口的数据线上只有一个硬盘，也没接光驱，那么，第二硬盘就不用跳线；如果这根数据线上还挂有光驱，一般将第二硬盘和光驱的其中一个设为 Master Device，另一个设为 Slave Device，由用户自行决定。

8.2 光驱和刻录机常见故障

在安装系统、应用软件或是欣赏歌曲、影视时都需要用到光驱，很多时候还要使用刻录机对数据进行存储。

由于光驱和刻录机有大量的机械结构，因此也是容易产生问题的电脑配件，这里就讲解一下如何对常见的光驱和刻录机故障进行排除。

1 为什么光驱工作时硬盘灯始终闪烁

故障现象：

光驱工作时硬盘灯始终闪烁。

故障分析与处理：

这是一种假象，实际上并非如此。硬盘灯闪烁是因为光驱与硬盘同接在一个 IDE 接口上，光盘工作时也控制了硬盘灯的结果。可将光驱单独接在一个 IDE 接口上。

2 系统无法检测到光驱怎么办

故障现象：

电脑在启动的时候自检能检测到光驱，但是当使用软驱来启动系统的时候却提示找不到光驱，并且进入 Windows 后也没有光驱。如果拔掉硬盘线后，用软盘启动就可以找到光驱。硬盘和光驱分别各用一根数据线的，硬盘设置为主盘，光驱设置为从盘。

故障分析与处理：

出现这样的问题，请将 CMOS 设定恢复为默认值，如果还不能解决的话，就在 Windows 中手工添加硬件。出现这样问题很可能是由于主板的硬件问题，可以更换一块主板试试。

3 BIOS 设置会引起光驱故障吗

故障现象：

电脑在设置 BIOS SETUP 之后启动时死机。死机时屏幕上提示光驱驱动程序信息，在出现“Supporting the following units”时光标不动了。光驱型号是松下 52X。该电脑原来是正常的，因此把 BIOS 的“LOAD BIOS DEFAULTS”执行了一遍，系统就可以正常引导了。

故障分析与处理：

测试“BIOS FEATURES SETUP”中的“System BIOS Cacheable”。开机时按“<Del>”键时进入 BIOS SETUP，选择“BIOS FEATURES SETUP / System BIOS Cacheable”，将之设置成“Disabled”。

遇到这样的问题，通常需要执行“LOAD BIOS DEFAULTS”来装入保守的 BIOS 设置，一般可以解决问题。

4 光驱一读盘就死机是什么原因

故障现象：

电脑在运行光盘、单击选项时，常常死机，并有出错提示：“A fatal exception OE has occurred at 015F：BEF9E01F The current applicatin will be terminated"。

故障分析与处理：

可能是光驱纠错能力下降，供电质量不好。把光驱安装在别的电脑上测试，如果故障仍然存在，则需清洗激光头甚至更换光驱。如果故障排除，则是供电情况不理想。若光驱使用的电源线上有连接软驱的电源线，可将光驱换一根单独的电源线。

使用电脑时尽量使用单独的电源插座，不要将所有电器都打开，尤其是空调和电视等电器同时打开。

5 检测光驱花的时间很长是什么原因

故障现象：

电脑启动后，屏幕上显示："…Detecting HDD Secondary Master…LIN341"时，要等30~50s，然后才能启动 Windows。

故障分析与处理：

假如新的光驱这样慢，则可能是该光驱与主板有不兼容的地方，可换另外品牌的光驱试试。如果该光驱曾经比较快，现在慢了，则是光驱硬件上有变化。

可以把光驱设置成第一个 IDE 接口的从盘或第二个 IDE 接口的从盘，看光驱被检测的速度如何？这样可以检测主板接口问题。

6 所有 IDE 都不能工作怎么办

故障现象：

硬盘和 CD-ROM 指示灯常亮或闪烁，硬盘不能使用。

故障分析与处理：

这种故障大多是由于 CD-ROM 驱动器的 IDE 连接电缆接反造成的。一般情况下，观察 CD-ROM 驱动器面板指示灯的状况，就可以判断光驱是否正常。不同厂家、不同型号的 CD-ROM 驱动器，在正常情况下指示灯亮灭状况不太相同，可通过查看光驱的说明资料来判断。

7 光驱共享出现故障如何处理

故障现象：

在并口上选用 IPX 协议，将两台电脑通过"直接电缆连接"方式互联，在设置好共享驱动器、文件夹和主、客户机后便开始连接了。但两台机器无论怎么折腾都只能实现客户机对主机的单向访问，主机无法连接客户机的光驱。

故障分析与解决：

查看是否安装了 NetBEUI 通信协议。上述两电脑是否使用的是相同的操作系统，最好使用相同版本的系统。

两台电脑的并行口设置为相同的模式，可在 BIOS 中的"Chipset Features Setup"，"Parallel Port Mode"中设置。执行"控制面板"→"网络"→"配置"→"文件及打印共享"命令，选择"允许其他用户访问我的文件"和"允许其他用户访问我的打印机"。另外，鼠标右击客户机的光驱盘符，选择"属性"选项，在弹出的对话框中，勾选"共享"选项。

8 更改光驱的 IDE 接口导致光驱不读盘如何处理

故障现象：

原光驱和硬盘共用一个 IDE 接口。为提高 VCD 的播放速度，将光驱接至第二个 IDE 接口上，出现光驱不能读盘的故障。

故障分析与处理：

首先光驱接第一个 IDE 口时工作正常，所以可以肯定不是光驱的问题。

对于此类故障，应先怀疑是否在改接时，光驱跳线有误或电缆线接头接触不良。如果开箱检查，排除上述可能后故障依旧，就应考虑光驱支持的 PIO Mode（早期光驱一般只支持到 PIO Mode 2），BIOS 设置会对光驱有影响。再启动电脑，进入 BIOS 设置。

将“IDE Secondary xxxx PIO”项改为缺省值“AUTO”后，光驱就会正常工作的。

9 提示“32 磁盘访问失败”，然后死机是什么原因

故障现象：

在 Windows 环境下对 CD-ROM 进行操作时，系统显示“32 磁盘访问失败”，然后死机。

故障分析与处理：

很显然，Windows 的 32 位磁盘存取对 CD-ROM 有一定的影响。CD-ROM 大部分接在硬盘的 IDE 接口上，不支持 Windows 的 32 位磁盘存取功能，使 Windows 产生了内部错误而死机。进入 Windows 后，在“主群组”中双击“控制面板”，进入“386 增强模式”设置，单击“虚拟内存”按钮后再单击“更改”，把左下角的“32 位磁盘访问”核实框关闭，确认后，重新启动 Windows，在 Windows 中再访问 CD-ROM 就不会出错误。

10 光驱读盘为何出现故障

故障现象：

光驱无法正常读盘，屏幕上显示：“驱动器 X 上没有磁盘，插入磁盘再试”，或“CDR101:NOT READY READING DRIVE X ABORT .RETRY.FALL? ”偶尔进出盒几次也都读盘，但不久又不读盘。

故障分析与处理：

在此情况下，应先检测病毒，用杀毒软件对整机进行病毒查杀，如果没有发现病毒可用文件编辑软件打开 C 盘根目录下的“config.sys”文件，查看其中是否有挂上光驱驱动程序及驱动程序是否被破坏，并进行处理，还可用文本编辑软件查看“auioexec.bat”文件中是否有“ mscdex.exe/D:Mscdooo /M:20/V”。若以上两步未发现问题，可拆卸光驱维修。

11 光驱出现读写错误或无盘提示是什么原因

故障现象：

光驱使用时出现读写错误或无盘提示。

故障分析与处理：

这种现象大部分是在换盘时还没有就位就对光驱进行操作所引起的故障。对光驱的所有操作都必须要等光盘指示灯显示已经就位时才可进行操作。在播放影碟时也应将时间调到零时再换盘，这样就可以避免出现上述错误。

12 播放 VCD 时画面停顿或破碎怎么处理

故障现象：

使用光驱播放 VCD 时出现画面停顿或破碎现象。

故障分析与处理：

检查一下“autoexec.bat”文件中的“Smart-drv”是否放在“mscdex.exe”之后。若是，则应将“Smartdrv”语句放到“mscdex.exe”之前，改为“smartdrv.exe/u”，故障即可排除。

13 光驱有时读不出，或读盘的时间变长，是老化了吗

故障现象：

光驱在读取数据时，有时读不出，并且读盘的时间变长。

故障分析与处理：

光驱不能读盘的硬件故障主要集中在激光头组件上，且可分为两种情况：一种是使用太久造成激光管老化；另一种是光电管表面太脏或激光管透镜太脏及位移变形。所以在对激光管功率进行调整时，还需对光电管和激光管透镜进行清洗。

光电管及聚焦透镜的清洗方法是：拔掉连接激光头组件的一组扁平电缆，记住方向，拆开激光头组件。这时能看到护套罩着激光头聚焦透镜，去掉护套后会发现聚焦透镜由四根细铜丝连接到聚焦、寻迹线圈上，光电管组件安装在透镜正下方的小孔中。用细铁丝包上棉花蘸少量蒸馏水擦拭（不可用酒精擦拭光电管和聚焦透镜表面），并看看透镜是否水平悬空正对激光管，否则需适当调整。至此，清洗工作完毕。

调整激光头功率。在激光头组件的侧面有一个像十字螺钉的小电位器。用色笔记下其初始位置，一般先顺时针旋转 5°～10°，装机试机不行再逆时针旋转 5°～10°，直到能顺利读盘。注意切不可旋转太多，以免功率太大而烧毁光电管。

14 开机检测不到光驱怎么办

故障现象：

开机检测不到光驱或者检测失败。

故障分析与处理：

这有可能是由于光驱数据线接头松动、硬盘数据线损毁或光驱跳线设置错误引起的，遇到这种问题的时候，我们首先应该检查光驱的数据线接头是否松动，如果发现没有插好，就将其重新插好、插紧。如果这样仍然不能解决故障，那么我们可以找来一根新的数据线换上试试。这时候如果故障依然存在的话，我们就需要检查光盘的跳线设置了，如果有错误，将其更改即可。

15 为什么无法从光驱复制游戏

故障现象：

通过光驱不能往硬盘复制游戏。

故障分析与处理：

一些大型的商业软件或者游戏软件，在制作过程中，对光盘的盘片做了保护，所以在进行光盘复制的过程中，会出现无法复制，导致刻录过程发生错误，或者复制以后无法正常使用的情况发生。

16 在关机情况下，如何取出光驱中的盘片

故障现象：

电脑突然断电，或者忘记取出光驱中的光盘就把电脑关闭了。

故障分析与处理：

可以使用光驱前面的应急孔。

方法是，找个别针粗细的硬物，从光驱前面板的小孔插进去，稍微用些力，可以把光驱托盘弹出。

17 Windows XP 中光驱盘符为什么会丢失

故障现象：

一台电脑由于误操作造成光驱盘符丢失，该电脑的操作系统是 Windows XP。

故障分析与处理：

用鼠标右键单击"我的电脑"图标，从弹出的快捷菜单中选择"属性"项，打开"系统属性"对话框，然后选择"硬件"→"设备管理器"，单击"设备管理器"按钮，在设备管理器对话框中右键单击系统设备，在右键弹出菜单中选择"扫描检测硬件改动"，随后系统进行硬件扫描并自动安装驱动程序。光驱盘符重新出现在"我的电脑"中。

18 光驱自动将盘退出是什么原因

故障现象：

光驱不读盘，无论放进新盘、旧盘，"吱吱"旋转几下后，就自动将盘退出。

故障分析与处理：

在出现故障之前，该光驱读盘一直良好，只是一次在看 VCD 的时候，突然出现几声"吱吱"声，并且有很大震动，随后光盘随着光驱托盘架弹出，便再也无法正常使用。

初步怀疑可能是光驱内部组件损坏所致。拆开光驱外盖，再拆下盖着机芯的铁皮露出光头组件，发现该光头组件很新而且并没有明显的损坏印迹，便接上电源空载观察，光头正常循迹检索，这表明光头或光驱电路部分应该没太大问题，放入一张光碟重新开机试验，同样旋转几下后变停住退盘，似有异物卡住，仔细观察发现光驱内部组件压盘部位有一小团丝状物卡入其中，造成光盘在旋转时受阻停转，将其取出，故障消除。

19 光驱读盘震动很大，读盘能力严重下降是怎么回事

故障现象：

光驱在读盘时出现很大的"吡吡"声，并且震动很大，读盘能力也严重下降。

故障分析与处理：

这个问题一般应是光驱机械故障引起的，例如光驱内部的压碟转动机构变形、卡死或松动所造成。重点检查压碟机构上的压碟转片，发现一压碟转片已被异物卡死，用针轻轻挑出异物，重新试机，"吡吡"的响声消除，读盘能力有所好转，但还是偶有震动，又仔细检查，发现该压碟转片跟碟片接触的部位已有很大的磨损。于是找来一个报废光驱，取下其里边相同的压碟转片重新安装好后，故障完全消除。

20 光驱非常挑盘怎么办

故障现象：

光驱严重挑盘，甚至不读盘，放进光盘后光驱猛转，光驱指示灯也长亮不熄。

故障分析与处理：

此故障应为光头老化所引起，拆开光驱后仔细观察，接上电源，激光头上有红色激光束射出，光头的循迹聚焦动作也正常，后见其激光头的聚光透镜顶部有一直径为 0.5mm 左右的不规则区域被擦花，看样子这就是故障的原因所在了。

解决方法有两种，一是更换光头组件；一是更换光头的聚光透镜。

21 光驱拆卸后，出现不读盘的故障如何处理

故障现象：

盘片放进去后指示灯亮了几下，便再无任何反应。

故障分析与处理：

此款光驱在拆卸前，使用情况较好，没有出现过类似的毛病，检修的重点应放在检查其内部组件及连接线缆是否上好并还原到位。

拆开光驱，依次检查光驱内部组件的安装、垫片的使用、螺丝的松紧、线缆的连接等情况是否有异样，当查至光驱的激光头组件与主线路板的扁平片状薄排线时，发现其在主线路板一端的扁平排线插口处，其线缆被明显严重弯折，有内部断线的可能与迹象。用万用表测试，在整个十六根小排线中靠右的第二、第三根线明显不通，显然已在安装时被折断。

出现问题的原因找到了，解决起来就能有的放矢。

22 系统总是提示“设备还没准备好”是什么原因

故障现象：

刚打开电脑时，光驱一放进光盘系统总提示“设备还没准备好”，但等待几分钟或十几分钟后，光驱使用正常。

故障分析与处理：

先检查光驱的安装情况，接口和线缆都插接无误，便找来最新的正版软件杀毒，没发现任何病毒，将光驱拆下拿到其他电脑上测试，也存在这种现象。

拆开光驱仔细观察，发现光头上居然有一层薄薄的雾状物，看来这就是造成故障的元凶了。

找来吹耳球，轻轻地吹去残留在光头透镜根部的雾状物，然后再用电吹风的弱风挡对其远距离适当吹干。

23 资源冲突导致光驱丢失是什么原因

故障现象：

某台电脑安装有Windows 98和Windows 2000双系统。在Windows 98下找不到光驱，但在Windows 2000下却可以正常使用。据使用人员介绍，该故障是在重新安装了主板驱动程序后产生的。

故障分析与处理：

光驱能够在Windows 2000下正常使用，说明光驱本身没有问题，而且也可以排除BIOS设置、IDE接口、数据线等方面的问题。这时只能从Windows 98系统设置上寻找故障产生的原因，而系统资源冲突往往是造成硬件无法使用的主要原因。于是打开“系统属性”窗口，果然在“设备管理器”选项卡下发现“Intel82801DB Ultra ATA Storage Controller-24CB”选项前有一个黄色的叹号标志，说明该设备当前不可用。选中该项并单击“属性”按钮，在“资源”选项卡下的“冲突的设备列表”中显示该设备的输入/输出范围与主板资源相冲突。而“Ultra ATA Storage Controller”是Intel存储系统控制器，一定是该设备无法使用导致了光驱丢失。

我们只需重新为“Intel 82801DB Ultra ATA Storage Controller-24CB”分配其他资源即可解决问题。取消“使用自动的设置”，选中带红色禁用标志的选项，单击“更改设置”按钮，选择一段没有被使用的资源分配给该设备。重新启动电脑，故障排除。

> ▶🌐◀ 提 示
>
> 先软后硬是我们排除电脑故障的基本原则，像本例中的故障，如果不经过分析而直接从硬件上找原因，显然只能无功而返。

24 光驱托盘自动回仓该怎么处理

故障现象：

明基 52×光驱，两年来一直使用正常。最近出现光盘托盘弹出仓门后马上就会缩回去，连放进或取出光盘的时间都没有。起初这种故障只是偶尔发生，后来愈演愈烈，最近竟然每次弹出仓门都会马上缩回去。

故障分析与处理：

我们先来分析光驱开关仓门的原理。光驱托盘的弹出与进入是靠一个单刀双掷开关来实现的。通俗地说就是一个双面带触点的弹簧片左右摆动与两侧的弹簧片接触，从而实现出入仓的目的。

因为故障的产生是越来越严重的，所以初步判断故障的原因可能是弹簧片逐渐氧化，导致开关接触不良。

根据前面的分析，打开光驱外壳，取出机械部分。仔细观察上述提及的三个弹簧片，发现中间负责左右摆动的弹簧片触点有明显的锈迹。

于是找来无水酒精，反复擦拭该弹簧片的两个触点，直至去掉氧化层为止。为保证万无一失，将其余两个弹簧片也作了相同处理。小心将光驱装配起来，试机，故障排除。

> ▶🌐◀ 提 示
>
> 尽管电脑硬件故障层出不穷，但许多故障都可以通过自己动手加以解决。只要平时加强硬件方面知识的积累，排除故障时才会做到有的放矢，少走弯路。

25 光驱找不到光盘怎么办

故障现象：

一台光驱，放入光盘后无主轴马达加速及转动声，机器提示找不到光盘。

故障分析与处理：

初步怀疑是光驱主轴电机损坏，拆开光驱外壳，放入光盘，发现光盘缓慢旋转，说明主轴电机没有问题。由此推断可能是激光头出现故障，不能检测到光盘。目测检查连接光头的数据线完好，但清洗光头后故障依旧。这时联想到以前修理光驱时，当调整光头功率电位器旋转角度较大时，电位器触点滑动到接触区以外，电阻变得无穷大，光头供电被切断，这时光驱主轴电机无法加速到数据读取速度。因为该光驱以前读盘一直很流畅，上述故障是突然出现，因此断定是光头电位器接触不良，影响光头的功率输出，导致无法识别光盘。

稍微调整光头电位器，使触点移离接触不良点，故障排除。

26 一次安装多个驱动后致使光驱不能用是什么原因

故障现象：

电脑安装操作系统后开始安装驱动。因为主板、显卡、声卡的驱动都在一张光盘上，很快就装完了。重启后，换另一张光盘安装 Office 的时候，却发现光驱不能用了：盘符有，可就是读不出光盘中的内容，双击后提示“设备没准备好”。

故障分析与处理：

刚装完系统不会有病毒，光驱突然阵亡的

可能也不大，更不会是激光头老化或物镜变脏，机箱没动，数据线松动的可能也不大。看来还得从系统上找原因。系统是新安装的，没有别的软件，最大的嫌疑就是驱动程序了。打开“控制面板／系统／设备管理器”查看，所有的设备都是好好的，并没有黄色的问号，更没有惊叹号。

先把光驱删除，重新启动，让 Windows 重新安装一下光驱的驱动。没想到问题就这样解决了。

在安装驱动程序时，一般每装完一个驱动程序，系统都会提示我们重启计算机，有时候为了节省时间，便想装完所有驱动程序之后再重新启动电脑。致使驱动程序装完后并没有马上更新系统，一块儿安装几个设备的驱动，重启时需要更新大量的系统文件，这个过程可能会造成设备之间资源冲突。

因此，在安装驱动程序时还是循规蹈矩一点比较稳妥。

27 光驱托盘老是自动弹出怎么办

故障现象：

电脑配置是技嘉 845D 主板、P41.6GHz CPU、三星 256MB DDR 内存、GeForce2 MX400 显卡、三星 16X DVD-ROM 光驱，Windows 98 操作系统。光驱老是自动弹出，偶尔也会自动关上。试过重装系统还是不行。

故障分析与处理：

光驱托盘自动弹出与操作系统没有直接关系。原因可能有二：一是光驱的进出盘控制电路不稳定；二是主机电源不稳定。也可能是两者兼有。可采用替换的方法判断，若是原因一，可送销售商更换或维修；若是原因二，更换主机电源即可。

28 光驱托盘有盘能弹出，无盘却不能弹出是什么原因

故障现象：

一台 Sony 24×CD-ROM 光驱，当光驱内有盘片时，托盘出仓正常；而当光驱空载时，按光驱上的出仓键，光驱托盘无法正常弹出。

故障分析与处理：

当光驱内有盘片时，托盘弹出正常，在无盘片而托盘无法弹出时，细听也能听到光驱动作的声音，由此可判定，光驱出了机械故障，而不是控制电路的问题。

将光驱卸下，小心打开光驱的金属外壳，露出光驱的驱动部分，然后将它单独接在主机电源上。为了安全起见，不要接数据线，也不接其他负载。通过将电源的 20 针插口的绿线接地的方法开启主机电源，放入盘片，观察光驱运行的情况。

仔细观察得出结论，由于光驱传动部件老化，造成下夹盘的分离力减弱，当上下夹盘间夹持有盘片时，吸附力较弱，所以能正常分离；没有盘片时，上下夹盘直接接触，吸附力较强，大于分离力，所以上下夹盘无法分离。

要解决这个问题，最简单的办法就是减弱上下夹盘间的吸附力。将一块表面光滑的硬纸片修剪成大小合适的圆形，垫在上夹盘内永久磁铁与下夹盘的接触面上，以增大上夹盘磁铁和下夹盘接触面的距离，从而减弱吸附力。加电测试，托盘在没有盘片时也能正常弹出了；但是当将光驱竖直时，故障依旧。看来纸片太薄了。于是改用两片硬纸片，这时不管将光驱如何放置，托盘均弹出正常，光盘片也不会打滑。

提 示

最好不要选太厚的硬纸片，这样便于通过纸片

的数量来调整，以避免吸附力太弱导致盘片打滑。

29 光驱不读盘且指示灯长亮是什么原因

故障现象：

一台华硕 40x 光驱，只要一放入光盘，光驱的指示灯就长亮不熄，用手触摸光驱，一点动静都没有，感觉不到光盘旋转时的震动，此时按出仓键也无任何动作，系统提示“驱动器里没有光盘，请插入光盘。”

故障分析与处理：

拆开光驱的外壳，再接上电源线，用数字万用表测量光驱电源插座，正常。放入一张盘片，仔细观察发现激光头并无搜索光盘的动作，初步估计是激光头驱动电机或驱动集成块有故障。

将光驱底盖拆下正准备进一步检查时光驱却恢复了正常。看来光驱存在部件接触不良的问题，经过仔细观察，发现在印刷电路板的另一面，12V 电源插座根部与铜箔印刷线路接触处有一条很细的裂痕，不仔细看根本不容易发觉。断电将裂痕处补焊一遍，再将光驱外壳装好，光驱恢复正常。

30 DVD 驱动器无法弹出怎么处理

故障现象：

光盘从 DVD 驱动器中无法弹出来。

故障分析与处理：

这种现象的主要原因有以下两种：

（1）驱动器没有电源

原因可能出在电源线或者数据线上，应检查电源线，确认它是否牢固地插在驱动器中。

（2）应用软件停止

如果是应用软件停止，可重新启动电脑。重启动时可以释放一个应用软件可能对任意设备的抑制，包括 DVD 驱动器。

31 DVD 驱动器无法读取怎么办

故障现象：

一台 DVD 驱动器无法读取 DVD 光盘。

故障分析与处理：

当出现这种情况后，可按下面的方法进行诊断处理：

❶ 首先确认驱动器的托盘是否合紧了。轻轻按压直到它“喀哒”一声到位。打开托盘，确认光盘放置正确，应当使选项卡向上平放。

❷ 检查光盘是否脏了，如果需要清洁，则使用蘸水或中性清洁剂的干净布擦拭。

❸ 检查托盘中的其他物体是否阻挡激光读光盘，如有阻挡则应清除阻挡物。

❹ 检查电脑底部的可选择托架锁，应该处于锁定位置。

❺ 检查 DVD 光盘上的地区码，DVD 光盘的地区码必须与 DVD 驱动器上的地区码一致才能读取。

提 示

区域代码是 DVD 光驱的特有专利，大家在选购的时候注意购买标有中国区域代码的产品。这在 DVD 光驱的面板上或说明书上一般都有明显的标记或说明。另外，在市面上也有一些没有锁码，标称可读取全区域码的 DVD 光驱，它们同只能读取单区域码的 DVD 光驱价格相差不多，大家也可尽量选购这类 DVD，因为它用起来要方便许多。这种 DVD 光驱是许多 DVD 生产厂家为了抢占市场，迎合消费者的口味而特别推出的，也许在不久的将来，随着 DVD 行业法纪的健全，你再也不可能买到这种具有全区域代码读取功能的 DVD 光驱了。

计算机快速发展的今天，人们的数据越来越多，技术也越来越先进。我们可以把一些重要的数据、多媒体刻录为光盘，不但保存时间久而且方便携带。为人们的存储更上了新的台阶。下面介绍相关的故障排查。

32 提示“SCSI Target error”错误是什么原因

故障现象：

新买的刻录机，可以读盘，但是在 Windows XP 操作系统下使用 Nero 刻 VCD 的时候，总是出现“SCSI Target error” 错误报告。

故障分析与处理：

对于这种问题，很可能是由于刻录机和软件出现了不兼容而造成的。

可以首先从软件方面来着手：先更换一下刻录软件试试，如果还不能解决问题的话，再从硬件方面着手，由于刻录机的固件版本对刻录机的兼容性有着较大的影响，我们可以试着去该品牌刻录机的网站下载最新的固件，然后刷新一下试试。

33 安装刻录机后无法启动怎么办

故障现象：

新买的刻录机装进电脑之后，电脑无法启动。

故障分析与处理：

首先切断电脑供电电源，打开机箱外壳检查 IDE 连线是否完全插入，并且要保证 PIN-1 的接脚位置正确连接。如果刻录机与其他 IDE 设备共用一条 IDE 连线，需保证两个设备不能同时设定为“MA(Master)”或“SL(Slave)”方式，可以把一个设置为“MA”，一个设置为“SL”。

34 使用模拟刻录成功，实际刻录却失败是什么原因

故障现象：

使用模拟刻录成功，实际刻录却失败。

故障分析与处理：

刻录机提供的“模拟刻录”和“刻录”命令的差别在于是否打出激光光束，而其他的操作都是完全相同的，也就是说，“模拟刻录”可以测试源光盘是否正常、硬盘转速是否够快、剩余磁盘空间是否足够等刻录环境的状况，但无法测试待刻录的盘片是否存在问题和刻录机的激光读写头功率与盘片是否匹配等等。有鉴于此，“模拟刻录”成功，而真正刻录失败，说明刻录机与空白盘片之间的兼容性不是很好，可以采用如下两种方法来重新试验一下：

❶ 降低刻录机的写入速度，建议 52×以下；

❷ 请更换另外一个品牌的空白光盘进行刻录操作。

出现此种现象的另外一个原因就是激光读写头功率衰减现象造成的，如果使用相同品牌的盘片刻录，在前一段时间内均正常，则很可能与读写头功率衰减有关，可以送有关厂商维修。

35 光盘刻录过程中，经常会出现刻录失败怎么办

故障现象：

光盘刻录过程中，经常会出现刻录失败。

故障分析与处理：

提高刻录成功率需要保持系统环境单纯，即关闭后台常驻程序，最好为刻录系统准备一个专用的硬盘，专门安装与刻录相关的软件。在刻录过程中，最好把数据资料先保存在硬盘中，制作成“ISO 镜像文件”，然后再刻入光盘。为了保证刻录过程数据传送的流畅，需要经常对硬盘碎片进行整理，避免发生因文件无法正常传送造成的刻录中断错误，可以通过执行“磁盘扫描程序”和“磁盘碎片整理程序”来进行硬盘整理。此外，在刻录过程中，不要运行其他程序，甚至连鼠标和键盘也不要轻易去碰。刻录使用的电脑最好不要与其他电脑联网，在刻录过程中，如果系统管理员向本机发送信息，会影响刻录效果，另外，在局域网中，不要使用资源共享，如果在刻录过程中，其他用户读取本地硬盘，会造成刻录工作中断或者失败。除此以外，还要注意刻录机的散热问题，良好的散热条件会给刻录机一个稳定的工作环境，如果因为连续刻录，刻录机发热量过高，可以先关闭电脑，等温度降低以后再继续刻录。针对内置式刻录机最好在机箱内加上额外的散热风扇。外置式刻录机要注意防尘、防潮，以免造成激光头读写不正常。

36 为什么索尼刻录机的最高刻录速度不能达到标称值

故障现象：

一台 52×刻录机，在刻录光盘时发现可供选择的最高刻录速度只能达到 40×，距其标称的 52×有一段速度差距。

故障分析与处理：

起初怀疑可能是刻录软件 Nero 的自动检测功能有误，于是将 Nero 里的自动检测选项关掉但未见效果。而后又怀疑是刻录盘片的问题，便先后使用了明基、三菱，甚至索尼自家的金盘进行试刻，结果仍不能解决问题。并且，将上述盘片放入建基的 52×刻录机上试刻，却基本可以达到其标称的速度。

索尼 52×刻录机的预设速度默认为 40×，需要更高速刻录时，可以按退出键 5 秒钟以上，看到 LED 信号灯慢慢闪烁两次，此时的刻录速度将变为 52×。当退出刻录盘片后刻录机又会将速度从 52×重新设定为默认的 40×。并且，这种情况在索尼的 CDU5221 光驱、CRX230A 刻录机、CRX320A 康宝上也都是如此。

知识加油站

什么是虚拟光驱？虚拟光驱有什么用处？

虚拟光驱是一种模拟（CD-ROM）工作的工具软件，可以生成和电脑上所安装的光驱功能一模一样的虚拟光驱，一般光驱能做的事虚拟光驱一样可以做到，工作原理是先虚拟出一部或多部虚拟光驱后，将光盘上的应用软件，镜像存放在硬盘上，并生成一个虚拟光驱的镜像文件，然后就可以在操作系统中将此镜像文件放入虚拟光驱中来使用，当日后要启动此应用程序时，不必将光盘放在光驱中，也就无须等待光驱的缓慢启动，只需要在插入图标上轻按一下，虚拟光盘立即装入虚拟光驱中运行，快速又方便。

虚拟光驱的特点及用途：

（1）高速光驱

虚拟光驱直接在硬盘上运行，速度可和硬盘一样，远远大于真实光驱。

（2）笔记本最佳伴侣

虚拟光驱可解决笔记本电脑没有光驱、速度太慢、携带不易、光驱耗电等问题；光盘镜像可从其他电脑或网络上复制过来。

（3）复制光盘

虚拟光驱复制光盘时只产生一个相对应的虚拟光盘文件，因此非常容易管理；并非将光盘中成百上千的文件复制到硬盘，而且复制不一定能够正确运行，因为很多光盘软件会要求在光驱上运行，另外删除管理也是一个问题，虚拟光驱则完全解决了这些问题。

（4）运行多个光盘

虚拟光驱可同时运行多个不同光盘应用软件。例如，我们可以在一台光驱上观看大英百科全书，同时用另一台光驱安装“金山词霸2000”，用真实光驱听CD唱片。这样的要求在一台光驱上是无论如何也做不到的。

（5）压缩

虚拟光驱一般使用专业的压缩和即时解压算法，对于一些没有压缩过的文件，压缩率可达50%以上；运行时自动即时解压缩，影像播放效果不会失真。

（6）光盘塔

虚拟光驱可以完全取代昂贵的光盘塔，可同时直接存取无限量光盘，不必等待换盘，速度快，使用方便，不占空间又没有硬件维护困扰。

虚拟光驱文件格式有很多种，但说到文件格式，都脱离不开各种各样的刻录软件，因此这些文件一般都是由软件生成的。虽然现在刻录设备大范围流行，但是在文件格式方面并没有一个十分规范的标准，每一种刻录软件商都在推崇他们自己的镜像文件格式（真希望尽早能出现一个统一的刻录文件格式规范，至少不会头大了，更不用为了刻录去准备一大堆刻录软件）。一般的虚拟光驱格式有 CDRWin 的 CUE 和 BIN 格式、CloneCD 的 CCD 格式、Nero 的 NRG 格式、CDMate 的 CMP 格式、东方光驱魔术师的 DFI 格式、VcdromX 的 FCD 格式、Virtual Drive 的 VCD 格式、VirtualCD 的 FCD 格式、Paragon CD Emulator 的 CDI 格式等。还有 WinISO、UltraISO 等生成的 ISO 文件。尽管目前刻录界还没有一个明确的规范，但是 ISO 文件格式因为较为流行，所以它能够被大多数的刻录软件和虚拟光驱软件所识别。

第 9 章　显示器常见故障

- 画面出现拖尾现象是怎么回事
- LCD 显示器能否接电视盒看电视
- 在重启或关掉主机时为什么有时会画闪
- 普通液晶显示器与液晶电视所使用面板有何区别
- 为什么液晶显示器在关机时会有横线或竖线条纹
- 为何开机后显示器的屏幕边缘有闪烁现象
- 显示器内部“吱吱”响，是不是快坏了
- 显示器开机后，画面很久才出现怎么办

9.1 液晶显示器常见故障

液晶显示器是目前最流行的家用显示器，它体积小、辐射低、无闪烁，对用户的健康很有好处。液晶显示器在使用中也会出现各种故障，下面就一起来看看怎么处理这些故障。

1 为什么 LCD 屏幕出现干扰杂纹

故障现象：

在关闭电脑的时候，LCD 屏幕上出现干扰杂纹。

故障分析与处理：

这种情况是由于显卡的信号干扰所造成的，属于正常现象。

在显示器菜单中自动或手动调整相位来解决此问题，也有部分显示器经过调整之后还是无法解决，不过并不影响使用。

2 画面出现拖尾现象是怎么回事

故障现象：

使用 LCD 玩游戏时，画面出现了明显的拖尾现象，感觉很不流畅，为什么？

故障分析与处理：

这是因为 LCD 的响应时间特性所致，建议购买响应时间较短的 LCD，比如响应时间为 2ms。

3 为什么屏幕上有黑斑

故障现象：

在 LCD 的屏幕上有拇指大小的黑斑，请问这是怎么回事？

故障分析与处理：

这种情况很大程度上是由于外力按压造成的。在外力的压迫下液晶面板中的偏振片会变形，这个偏振片性质像铝箔，被按凹进去后不会自己弹起来，这样造成了液晶面板在反光时存在差异，就会出现黑斑。不过，这不会影响 LCD 的使用寿命。在以后的使用中请多加注意，不要用手去按液晶屏。

4 LCD 长时间工作会出现故障吗

故障现象：

LCD 显示器长时间工作会出现故障吗？

故障分析与处理：

LCD 长时间运行是没任何问题的。因为 LCD 发热小、功耗低，和 CRT 显示器相比更加适合长时间运行，但从保养的角度着想，还是应该尽量减少使用 LCD 的时间，因为 LCD 毕竟是一种比较娇贵的产品，而且灯管的使用寿命也是以时间为计算单位，出现了问题可不像 CRT 显示器那样容易解决。

5 LCD 显示器出现黑屏、蓝屏等现象怎么处理

故障现象：

一台LCD显示器进入Windows桌面时发生黑屏、甚至蓝屏等，该如何解决?

故障分析与处理：

出现这种问题是因为显示器的刷新率或分辨率设置超出了LCD的支持范围。

❶ 正常启动电脑，在开始启动Windows时按下键盘上的“<8>”键，选择以安全模式启动计算机。

❷ 在系统桌面上用鼠标右键单击空白处，在弹出的菜单中选择“属性”，会出现“显示属性”设置界面，选择界面右下角的“高级”选项，这时会出现显卡的设置界面，将“适配器”下的“刷新速度”更改为“默认的适配器”，保存后退出。

❸ 重新启动计算机，应该已经能够进入Windows桌面，将桌面分辨率更改为1 024×768即可。

6 空气湿度对LCD有什么影响

故障现象：

听说LCD对空气湿度要求非常苛刻，有这回事情吗?

故障分析与处理：

这种说法并不准确，一般湿度保持在30%～80%之间，LCD都能正常工作，但一旦室内湿度高于 80%后，显示器内部就会产生结露现象。其内部的电源变压器和其他线圈受潮后容易产生漏电，甚至有可能造成连线短路。因此，LCD 必须注意防潮，长时间不用的显示器，可以定期通电工作一段时间，让显示器工作时产生的热量将机内的潮气驱赶出去。而且值得注意的是，LCD 对工作环境的温度要求也比较高，超出正常的使用标准很容易造成LCD无法点亮。

7 显示器为何自动关闭

故障现象：

打开显示器时，显示器的指示灯突然变红了（正常时为绿色），然后显示器自动关闭，反复多次都是如此，但过一段时间又好了。

故障分析与处理：

显示器指示灯变红，随后自动关闭，这应该是显示器进入了高压保护状态。

应该立即拔下显示器的电源线，并检查给显示器供电的电源电压是否正常。如果供电电压正常，则可能是显示器内部由于某种故障产生了一个瞬间的高压，此时最好将显示器送专业人员维修。

8 LCD显示器能否接电视盒看电视

因为LCD显示器的可支持场频/行频范围为55Hz-75Hz、30kHz60kHz；而电视机的场/行频为：50H/15.625kHz。两者工作频率相差太多，所以，除非使用有倍频功能的电视信号接收盒（只要它的频率在显示器标准频率范围内是可以显示的）， 否则LCD显示器无法看电视。

9 为何从不同角度看，液晶显示器亮度及画面颜色会有所不同

液晶显示器是以液晶为基本材料，但液晶本身并不发光，所以采用背光透射机制，由于用户站在不同的角度，光透过液晶的折射角度不同，所以感觉到亮度不一样。在LCD中，采用背光透射机制，虽然光线能穿透正确的液晶像素，但倾斜的光线也会穿透相邻的像素，所以从正常视角之外观看时会发现颜色严重

失真。

10 在重启或关掉主机时为什么有时会画闪

同样寸别的液晶显示器可视面积，比普通CRT显示器可视面积大，它采用的是全画面显示方式。液晶显示器存储了不同分辨率的标准画面，设置了自动调整画面功能，就是液晶显示器在开关机或切换模式时会自动调整画面。所以用户看到开关机画闪是显示器正处于自动调整画面的过程，这是正常现象。

11 普通液晶显示器与液晶电视所使用面板有何区别

普通液晶显示器输入信号一般是静止的画面信号，而液晶电视输入的信号为连续变化的视频图像，所以对液晶电视的面板要求响应时间比较快，使画面不会有拖影现象。液晶TV可用来接收电视信号，那么它的亮度、对比度、可视角度要求比较高，使观众可以从较大距离及角度都能看清画面。

12 为什么液晶显示器有些分辨率下做图，所画的圆不圆

因为LCD的分辨率与CRT显示器不同，不能任意调整，它是制造商所设置和规定的。就是指LCD屏只含有固定数量的液晶单元，只能在全屏幕使用一种分辨率显示（每个单元就是一个像素），一般是1 024×768。计算机输出的模式是多种（如：640×480），液晶显示器会对超出或低于液晶面板分辨率的模式进行缩小或放大来合成像素点。所以，液晶显示器有些分辨率下做图，所画的圆不够圆。建议15英寸液晶使用1 024×768的分辨率，17英寸液晶使用1 280×1 024的分辨率。

13 为什么液晶显示器在关机时会有横线或竖线条纹

由于液晶屏是由240万个液晶单元组成，每个单元相当于电容。由于具有电容充放电的过程，所以液晶显示器显示的静止画面不会有闪烁现象。但是，显示3D画面，由于图像刷新快，液晶电容响应时间不如CRT来得快，在关机的时候或画面切换时屏幕会有淡淡的余晖，即关机看到横线或竖线条纹，这是正常的，请放心使用。

专业提升

液晶显示器取代 CRT 正逐步成为市场主流，如何选购液晶显示器也成为不少消费者关心的话题。

（1）屏幕尺寸

对于液晶显示器来说，其面板的大小就是可视面积的大小，这一点与 CRT 显示器有同样参数规格的显示器，LCD 要比 CRT 的可视面积更大一些，一般 15 英寸 LCD 相当于 17 英寸 CRT，17 英寸 LCD 相当于 19 英寸 CRT，而 19 英寸 LCD 相当于 21 英寸 CRT。

（2）响应时间

目前，液晶显示器的最大卖点就是不断提升的响应时间，从最开始的 25ms 到如今的灰阶 2ms，速度提升之快让人惊叹不已。响应时间决定了显示器每秒所能显示的画面帧数，响应时间越小，快速变化的画面所显示的效果越完美。

（3）亮度/对比度

液晶是一种介于液体和晶体之间的物质，本身并不能发光，因此背光的亮度决定了它的亮度。一般来说，液晶显示器的亮度越高，显示的色彩就越鲜艳，现实效果也就越好。如果亮度过低，显示出来的颜色会偏暗，看久了就会觉得非常疲劳。对比度是亮度的比值，也就是在暗室中，白色画面下的亮度除以黑色画面下的亮度。因此白色越亮、黑色越暗，对比度就越高，显示的画面就越清晰亮丽，色彩的层次感就越强。

（4）可视角度

由于液晶显示器的光线是透过液晶以接近垂直角度向前射出的，由此从其他角度来观察屏幕的时候，并不会像看 CRT 显示器那样可以看得很清楚，而会看到明显的色彩失真。这就是可视角度大小所造成的。具体来说，可视角度分为水平可视角度和垂直可视角度。在选择液晶显示器时，应尽量选择可视角度大的产品。目前，液晶显示器可视角度基本上在 140°以上，这可以满足普通用户的需求。无论可视角度数值多少，是否方便自己的使用才是根本，最好根据自己的日常使用习惯进行选择。

（5）色彩还原能力

液晶显示器的色彩一直都让人关注，目前很多厂商都提出了 16.2M 及 16.7M 这两个标准，这两个标准能够直观地反映出液晶显示器的色彩还原能力。如果对液晶显示器色彩要求比较严格的话，具备 16.7M 的产品才是最佳的选择。学会如何分辨一台真正的 16.7M 色彩液晶显示器也变得十分必要。

9.2 CRT 显示器常见故障

CRT 显示器亮度高，可视角度大，色彩艳丽，在专业的图形图像设计领域使用比较广泛，而在家用、办公等领域已经逐渐被液晶显示器所取代。

1 CRT 显示器有哪些常见故障

❶ 显示器上出现一条亮的横线，其他地方无字符

这种情况一般是显示器的帧扫描电路出了问题，这时应检查芯片及周围的电路。

❷ 显示器上出现一条竖的亮线，其他的地方无字符

这种故障发生在行扫描电路，这时要检查行输出管、高压整流管、阻尼二极管及周围电路，或行输出管的前级振荡、偏转线圈。

❸ 屏幕上无任何显示

故障常发生在电源部分及行扫描电路，这时可检查电源、高压、行输出管及阻尼管出了什么问题。

如果不是显示器本身的问题，很有可能是计算机输入的视频信号太弱，这时可调整显示器的亮度。若无效，则可能是无视频信号输入到显示器，可检查显示器的信号电缆是否接触不良或损坏。若不是此原因，则是无视频信号产生，说明显卡损坏，需要检修或更换。

这种情况出现时，如果有条件，可以用一个确认是好的显示器换接一下，用以判断故障部位是在显示器本身还是在显卡甚至是主机。

❹ 屏幕上字符左右扭曲

这种故障一般是由于行不同步造成的。出现这种故障首先调整水平同步旋钮（现在的一些高档显示器已没有供用户可调整的同步旋钮，完全是自动控制），使水平同步。若无效，则可能是行同步信号有问题，需检修显示器的行输出电路。还有可能是显卡有故障，可更换显卡试一试。

❺ 垂直不同步

垂直不同步也称场频不同步，其现象往往是整屏信息上下滚动而不能稳定地显示一屏信息。这种情况一般来说可通过调整垂直同步旋钮即可使垂直达到同步，若无效，则需检修和更换显卡。

❻ 屏幕上字符倾斜

此种故障多数是由于偏转线圈移位造成的，只要调整偏转线圈到合适位置即可。

❼ 屏幕上显示的字符，左边大，右边小

根据此种故障现象，可以断定是行输出管的输出特性线性程度不好，换上好的行输出管就能解决问题。

❽ 屏幕上的字符乱抖动

这种情况通常是显示器内的变压器有漏磁干扰引起的。还有可能是显示器附近有磁场。这时应把变压器用软铁皮包住接地，让显示器远离磁场。

❾ 显示器内高压打火

这种故障原因有两种：一是灰尘太多引起高压漏电；二是由于高压线绝缘不良。只要除

尘和换线就能解决问题。

⑩ 彩色不好或没有彩色

出现这种故障其中一种原因可能是显示器失调，可通过调整显示器的彩色控制来解决。若无效，则可能是彩色信号不正确。也可能是3根彩色信号线脱焊造成的。如果不是显示器本身的问题，则需检修或更换显卡。

2 为何开机后显示器的屏幕边缘有闪烁现象

故障现象：

开机后，显示器的屏幕边缘有闪烁现象。

故障分析与处理：

这种故障可能是显示器自身存在的问题。此外，在Windows中，如果显示器的类型识别不正确，就可能出现边缘闪烁故障。个别情况下还可能出现显卡驱动程序故障。当然，应该先检测插座电压是否正常，再使用替换法检查，确定显示器自身有没有问题。如果有问题，就需要送厂家修理；如果没有问题，就需要重新进行相关设置。

进入Windows的安全模式检测效果。开机后进入安全模式，若不出现闪烁，可能是显示器类型不匹配。用鼠标右键单击桌面空白处，依次执行“属性”→“设置”→“高级”→“监视器”→“更改”命令，按照提示操作更改显示器类型。

3 显示器出现多个屏幕是怎么回事

故障现象：设置新分辨率和颜色后，要求重新启动。但启动后，一个屏幕变成了4个屏幕，鼠标也有4个指针，每个屏幕上都有许多白色的竖线，很难看清楚屏幕上的内容。

故障分析与处理：

这是分辨率和刷新率设置过高造成的。

开机时按<F8>键，然后选择安全模式进入。用鼠标右键单击桌面，选择“属性”→“设置”，把分辨率修改一下。确定后，系统提示在安全模式下不能修改分辨率，将以缺省的640×480分辨率取代。重新启动电脑后，显示正常，就可以重新设置分辨率了。

4 显示器为什么显示为深蓝色

故障现象：

电脑开机后，显示器显示为深蓝色，时间长了也无法正常显示。

故障分析与处理：

可能是显示器与显卡连线有缺针或某个针弯曲造成的，请仔细检查。注意与正常显示器信号线对比，因为显示器信号线本身就有几根针不用。

解决方法是，关机后拔下显示器的信号线，看是否有缺针或某个针弯曲的情况。如果有，用尖嘴钳将弯曲的针拉直。

5 为什么白色字符显示为黄色

故障现象：

显示器在与主机联机工作时，信号显示正常，但是白色字符显示为黄色。

故障分析与处理：

显示器光栅正常时应为白色，它是由红、绿、蓝3种基色混色合成的。当光栅为黄色时，根据三基色原理，判定为缺少蓝色。

一般来说，有3种解决方法：

❶ 检查显示器与电脑之间的电缆。如果电缆有异常或被不正常拉伸，它就会阻碍红、绿、蓝颜色中的某一种颜色信号。

❷ 要保证电缆上针的数量和分布与连接

孔匹配。一旦不匹配，显示器就不会接收到正确的信号。

❸ 显示器可能需要修理。有时显示器内部显卡与电路板之间的连接松动会导致某种颜色消失。

6 显示器加电后字符显示正常，但缺红色这是怎么回事

故障现象：

显示器加电后，字符显示正常，但缺红色。

故障分析与处理：

此类故障一般是由显示器视频处理电路部分开路、虚焊或元件损坏所引起。

打开显示器后盖，检查显像管电路、视放级、视频处理集成电路芯片等部分，均未发现开路、断线及虚焊。测量红色（R）信号通道部分的三极管、二极管、电容、电阻等元件上的电压及对地电阻值，并与绿色（G）、蓝色（B）两路信号的对应点进行比较，发现相差不大。有可能是信号耦合电容失效所致，拆下R信号通道中的各耦合电容，用G，B两路的相同电容进行替换，故障依旧。再仔细检查，发现显示器15针插头里有一根针弯曲，贴在插头的外壳上（扫地），用万用表进行测量，该针果然是R信号的输入脚。用尖嘴钳把弯曲的针拉直，插上开机，一切正常，故障排除。

7 开机后显示器红屏如何处理

故障现象：

电脑使用一直正常，一次开机后显示器红屏。

故障分析与处理：

根据现象分析，是显示器的绿蓝阴极管发生衰减所致。

使用高压电击阴极管，可以让衰竭的阴极管暂时恢复，但这只是暂时性解决，应该考虑更换显示器了。

8 字迹由模糊变清晰是怎么回事

故障现象：

刚开机字符模糊，然后渐渐清楚，是正常现象吗?

故障分析与处理：

这个情况是显示器老化的前兆。

从原理上来说，显像管内的阴极管电子枪必须加热之后才能打出电子束，可是当阴极管开始老化的时候，加热的过程变慢了，所以在刚开机的时候，没有达到标准温度的阴极管，无法射出足够的电子束。因此我们这时看见的画面会由于没有足够电子束轰击荧光屏而不清晰，而长时间使用之后，温度达到标准的要求，足量电子束轰击荧光粉使显示器变得清晰起来，这个情况一般发生在购买显示器多年之后，已经没有维修的必要了，可以另行选购显示器。如果是新显示器出现这样的问题，说明该机已有老化征兆，有可能是翻新显像管，建议立刻退货。

9 显示画面先清楚后模糊是怎么回事

故障现象：

刚开机时，显示器的显示画面比较清晰，但过一会就变得模糊了，这是为什么?

故障分析与处理：

从原理分析，造成这种现象的原因主要在于聚焦电路，也有可能是散热不良造成的。首先是由于聚焦电路设计有问题，造成长时间使用之后无法保证其正常工作，使图像模糊；其

次呢，由于散热不良，造成行管太热，形成输出功率损耗，接着影响到高压的输出和加速级电压输出不够，从而影响到聚焦电路的正常工作。其实还是聚焦电路的问题。

解决方法：打开显示器的后盖，里面有一个可以调整高压的旋钮。不过这种方案只是在短期内有效，长时间让显示器在调整高压的情况下工作会加速显示器的老化，时间长了仍然会产生聚焦不良的情况。如果这台显示器已经服役多年，可以让其发挥生命中最后的热量，如果是新近购买的显示器，就一定要尽快更换。

10 显示器缺色是什么原因造成的

故障现象：

电脑开机后，显示画面始终缺少某一种颜色。

故障分析与处理：

由于显示器靠解码电路来分离色彩，出现缺色问题，基本故障确定在这个电路上，更换电路即可解决。不过一些隐性问题也可能造成缺色，这个就很不好区分和维修了。

由于缺色涉及电路板的更换和维修，甚至只是更换部分电容电阻等元件，出现这样的问题应立刻到专业的显示器维修中心去测试，如果是新显示器，则应立刻更换。

11 显示画面由大变小是正常的吗

故障现象：

电脑刚开机的时候，显示器的画面很大，然后在几秒钟后慢慢缩小到正常的情况。

故障分析与处理：

出现这种情况的显示器基本属于品质良好的显示器。

造成这种现象的原因是因为在刚开机的时候，偏转线圈所带的电流很大，为了防止此时有大量的电子束瞬间轰击某一小片荧光屏，造成此片的荧光粉老化速度加快而形成死点，高档的显示器都会有个保护电路开始工作，使偏转线圈让电子束散开，而不是集中在某块。而当偏转线圈的电流正常的时候，保护电路会自动关闭。所以我们看见的图像在刚开机的时候很大，后来缩小正常，这个过程就是保护电路开始工作的过程。不过值得注意的是，如果是在使用过程中，特别是在切换一个高亮、高暗的图像时如果出现画面缩放的情况，那表示这款显示器的“呼吸效应”较大，高压部分不稳定。如果在售后服务期内，应尽快更换新的显示器。

12 显示器屏幕闪烁怎么处理

故障现象：

同样的刷新率，为什么我的显示器看着比别的显示器更闪烁?

故障分析与处理：

这个原因主要在于行场处理不同步，也有可能是因为某些相关元件质量不好，造成显示器在工作中超出正常范围，无法达到正常工作的要求。

这种档次的显示器在实际使用过程中相当于“超频”使用，很容易造成显示元件损伤，应立刻降低其使用标准，恢复默认出厂设置，以延长显示器使用寿命。

13 显示器内部“吱吱”响，是不是快坏了

故障现象：

电脑开机后，显示器内部发出“吱吱”声。

故障分析与处理：

“吱吱”响是因为高压包在打火，而打火的主要原因是老化，使得高压包的某些地方绝缘不太好，就会出现这种情况。

这种情况下只有移交维修中心更换显示器的高压包，有些品牌的显示器甚至对高压包进行 3 年的保修服务，非常值得推荐。

14 显示器突然黑屏是怎么回事

故障现象：

显示器在使用一段时间的时候突然黑屏，为什么?

故障分析与处理：

这种情况只是小问题，主要是因为显示器内部的部分元件不稳定，当达到一定程度的时候，保护电路自动切断电源所致。

这种问题虽然很小，但是解决起来比较麻烦，应送至维修中心检修，更换部分元件即可。

15 显示器某几个角偏色怎么处理

故障现象：

显示器的显示屏幕出现某几个角偏色的现象。

故障分析与处理：

这种情况通常是受周围磁场影响。对显示器造成影响的磁场因素有很多，例如音箱、彩电、无绳电话等。

更换地点，更换显示器放置方向即可；此外，利用目前大多数显示器都具有的消磁功能，也可以解决部分偏色的问题。如果偏色非常严重，多次消磁之后依然存在，可以使用专业的消磁设备消磁即可完全修复偏色，也可以交给专业人士帮助消磁。

16 开机时显示器画面抖动是什么原因

故障现象：

电脑刚开机时显示器的画面抖动得很厉害，有时甚至连图标和文字也看不清，但过一两分钟之后就会恢复正常。

故障分析与处理：

这种现象多发生在潮湿的天气，是显示器内部受潮的缘故。要彻底解决此问题，可使用食品包装中的防潮砂用棉线串起来，然后打开显示器的后盖，将防潮砂挂于显像管管颈尾部靠近管座附近。这样，即使是在潮湿的天气里，也不会再出现以上的“毛病”。

17 显示器开机后，画面很久才出现怎么办

故障现象：

电脑开机后，显示器只闻其声不见其画，漆黑一片。要等上几十分钟以后才能出现画面。

故障分析与处理：

这是显像管座漏电所致，需更换管座。拆开后盖可以看到显像管尾的一块小电路板，管座就焊在电路板上。小心拔下这块电路板，再焊下管座，到电子商店买回一个同样的管座，然后将管座焊回到电路板上。这时不要急于将电路板装回去，要先找一小块砂纸，很小心地将显像管尾后凸出的管脚用砂纸擦拭干净。特别是要注意管脚上的氧化层，如果擦得不干净很快就会旧病复发。将电路板装回去就大功告成。

18 屏幕上有不少干扰杂波或线条怎么处理

故障现象：显示器屏幕上总有挥之不去的干扰杂波或线条，而且音箱中也有令人讨厌的杂音。

故障分析与处理：

这种现象多半是电源的抗干扰性差所致。如果懒得动手，可以更换一个新的电源。如果有足够的动手能力，也可以试着自己更换电源内滤波电容，这往往都能奏效；如果效果不太明显，可以将开关一并换下来。

19 启动电脑时，显示器发出“啪啪”声响是什么原因

故障现象：

电脑刚启动时，显示器发出“啪啪”声响。

故障分析与处理：

显示器在连接电源开关后，其内部的消磁圈就会工作，以消除周围磁场对显像管的影响，保证显示器不会因为磁化导致影像及色彩失真。开机的时候会听到“啪”的一声是由于消磁电流（比正常工作电流大得多）通过消磁圈产生的声音，这与显示器在工作的时候会发出“吱吱”的声音有相似之处。不同的是，变压器工作电流很小而且是连续的；显示器消磁电流是瞬间的而且强度很大，显示器越高档就越注重消磁线圈的作用。它不会给显示器造成负面影响。

20 为什么显示器中间有条灰线

故障现象：

新买的 Sony 纯平显示器，发现在屏幕上有一条比较细的灰色横线。

故障分析与处理：

这是正常现象，是 Sony 显示器的特殊技术，属于正常的产品。使用 Sony 显像管的显示器都会存在这样的问题。

21 显示器黑屏是什么原因

故障现象：

开机时，显示器没有换面显示，指示灯不停地闪烁并提示没有接收到信号。

故障分析与处理：

如果是显卡损坏或显示器断线等原因造成没有信号传送到显示器，则显示器的指示灯会不停地闪烁提示没有接收到信号。要是将分辨率设得太高，超过显示器的最大分辨率也会出现黑屏，重者销毁显示器，但现在的显示器都有保护功能，当分辨率超出设定值时会自动保护。另外，硬件冲突也会引起黑屏。

22 显示器有黑点该怎么处理

故障现象：

显示器的屏幕上有黑点。

故障分析与处理：

显示器有黑点的原因包括荧光粉脱落或被灰尘覆盖、光栅孔被堵住等多种。由于显示器的制作工艺比较复杂，成本较高，而生产工艺又不尽完善，难免形成黑点。业界在黑点问题上达成一系列的行业标准，消费者如果选购到这样的显示器要求更换即可。

23 显示器一边出现黑色的竖条，这是为什么

故障现象：

显示器屏幕的一边出现黑色的竖条。

故障分析与处理：

这种现象专业的说法叫做 Ringbar，是由于扫描电流在起始阶段的震动引起的，这在模拟电路中是不可完全避免的。每台显示器在把亮度调高，对比度调到零的情况下，调整画面的尺寸都会有这种现象。只要是其程度不影响用户的正常使用，一般都属于合格产品。

24 显示器短时间变色是不是快坏了

故障现象：

开机后，屏幕显示深蓝色（几乎接近紫色），过几分钟显示器恢复正常。

故障分析与处理：

显示器电路或元件需要加温，需要送专业维修。这多是电脑显示器使用年代过久的老化现象，可以考虑更换新的显示器，因为维修效果可能不理想或花费过多。

25 图像失真如何处理

故障现象：

显示器整个画面出现从左向右向上倾斜。

故障分析与处理：

这种故障现象叫做图像几何失真，一般故障点不会出现在线路板上，它是由于显像管偏转线圈几何位置的变动和固定在偏转线圈周围的磁性物质脱落、松动而造成的。中心调整片固定不紧，外界稍有振动就有可能使之转动一个角度，使图像中心位置发生相应的变化，图像中心不对称偏向某个方向。如果显示器设有垂直方向或水平方向的相位调整电位器，可通过电位器进行调整，如果没有只能通过调整套在显像管尾部的中心调整片来解决（这种调整工作一定要有相当的专业知识和维修经验，因为需要带电操作）。调整过程在联机状态下效果最佳。

首先将中心调整片的固定螺栓松开，前后移动，左右转动，调整好后将螺栓固定，然后再逐个调整放在线圈周围的磁块，直到调整到图像正常为止。

26 为什么开机后出现图像出现扭曲

故障现象：

一台显示器开机后显示图像出现扭曲。

故障分析与处理：

开机时显示的内容正常，说明机器各部分工作正常。过一会儿发生显示内容左右扭曲、上下晃动，说明电路有不稳定的元器件。这种元器件只能在低温条件下正常工作，当其温度上升到一定值时，就不能正常工作，维修时常称之为“活”故障。

对于这种故障，可采用人为“降温”的方法找到故障器件。具体办法有两个：

❶ 取一个吹头发用的“电吹风”，将其功能选到冷风档，对着可疑的元器件吹冷风，当吹到某一个元器件时故障解除，表示该元器件损坏，应更换。

❷ 用一个棉球沾上无水酒精擦拭可疑元器件表面，让酒精加速元器件散热，如果擦拭某一元器件表面时故障现象解除，说明该元器件损坏，应予以更换；但是机内元器件有几百个，要做到每个元器件都采用“降温”法来处理既不现实又不安全，因此，在采用“降温”法之前，最好先确定一下故障范围和可能损坏的元器件，然后再谨慎实施“降温法”。

小贴士

由于现在的 CRT 技术比较成熟，商家都纷纷推出了自己的特色技术吸引消费者，例如瘦身和高亮技术，其中三星 MB 系列的 MagicBright、飞利浦的显亮三代、中华 MV 高亮度显像管、Sony 高亮度特丽珑显像管、三菱 M2 的高亮度显像管等都能达到高亮效果，但是在高亮的情况下，文字的显示会有发虚现象而且比较刺眼，因此高亮技术不能作为选购的决定因素，而只能作为一个参考的标准。

另外由于受 CRT 显像管成像原理的制约，无论在何种的瘦身技术下，CRT 显示器瘦身的效果都难有质的飞跃，因此显示器的 size 也不该作为选购的决定因素。

显示器的带宽也是一个考虑的因素，一般而言 17 英寸的显示器只要有 110MHz 带宽就已足够，但是由于带宽与显示器的刷新率有关，刷新率越高，人眼感觉显示器闪烁的程度越小（一般刷新绿 75MHz 以上，人眼已经不会感觉闪烁）。三星的 Highlight Zone Ⅱ、MouScreen 和飞利浦显亮三代的智能高亮技术可以实现对特定区域或网页图片的局部高亮。

而像 OSD 的调节、通过的国际环保认证、不同品牌的特色功能等都可以拿来参考。甚至有的显示器还有 DVI 数字接口，突破了传统 CRT 显示器只支持模拟型号输入的局限。通过对收敛、聚焦、摩尔纹、色纯等OSD菜单的调节可以大大地改善显示的质量。而通过 TCO99 和 TCO03 的显示器，在对显示器的亮度、对比度、闪烁、反射、辐射、材料可回收以及人体工学等方面都进行了严格要求，对人体健康也是一个保障认证。其实选购显示器首要看日常的应有习惯，做到量体裁衣才是明智之举。